液压传动与控制

YEYA CHUANDONG YU KONGZHI

（第二版）

主　编　周小鹏　丁又青
副主编　李　良　杨永刚
主　审　朱新才

重庆大学出版社

内 容 提 要

本书是为高等院校机械工程与自动化专业编写的教材，其内容包括：液压流体力学基础知识，液压元件（含比例阀、伺服阀）的典型结构特点、工作原理、选用及应用，常用实用型液压回路的组成及分析，典型工程液压传动实例及分析。液压传动系统的设计计算，电液伺服系统的分析及其应用，液压元件的典型故障现象和排除，以及最新液压元件图形符号等。

本书可作为应用型本科院校机械类与机电类专业教材，也可供相关工程技术人员参考。

图书在版编目（CIP）数据

液压传动与控制 / 周小鹏，丁又青主编. — 2 版. — 重庆：重庆大学出版社，2020.1（2023.1 重印）
机械设计制造及其自动化专业应用型本科系列教材
ISBN 978-7-5624-8425-7

Ⅰ.①液… Ⅱ.①周… ②丁… Ⅲ.①液压传动—高等学校—教材②液压控制—高等学校—教材 Ⅳ.①TH137

中国版本图书馆 CIP 数据核字（2019）第 072016 号

液压传动与控制
（第二版）
主　编　周小鹏　丁又青
副主编　李　良　杨永刚
主　审　朱新才
责任编辑：曾显跃　　版式设计：曾显跃
责任校对：谢　芳　　责任印制：张　策
*
重庆大学出版社出版发行
出版人：饶帮华
社址：重庆市沙坪坝区大学城西路 21 号
邮编：401331
电话：（023）88617190　88617185（中小学）
传真：（023）88617186　88617166
网址：http://www.cqup.com.cn
邮箱：fxk@cqup.com.cn（营销中心）
全国新华书店经销
POD：重庆新生代彩印技术有限公司
*
开本：787mm×1092mm　1/16　印张：14.75　字数：368 千
2020年1月第2版　2023年1月第5次印刷
ISBN 978-7-5624-8425-7　定价：39.80 元

前言

本书是高等院校机械设计制造及其自动化专业应用型本科系列教材之一。编者根据多年教学实践和科研，在征求有关院校及企业意见的基础上，结合了应用型本科教育与培养卓越工程师的特点，以及多年教学与实践应用的体会，突出实践能力和综合素质的培养。读者可以通过本书了解到目前国内外液压技术的发展趋势。

本书主要介绍流体力学在液压技术中的应用，液压技术的基本知识，液压元件（含比例阀、伺服阀）的工作原理、性能特点及选用，液压基本回路的组成及液压系统的设计与计算等内容。重点阐述了液压系统在工程实际中的分析，常用液压元件的典型故障现象分析和排除方法。每章附有思考题与习题，在附录中列出了常用液压元件图形符号。

本书由周小鹏、丁又青担任主编，由李良、杨永刚担任副主编。参加编写的有重庆科技学院周小鹏（第 1 章、第 7 章），重庆科技学院丁又青（绪论、第 2 章），重庆科技学院李良（第 5 章、第 9 章），重庆科技学院杨永刚（第 3 章、第 6 章），重庆大学周忆（第 8 章），重庆钢铁集团有限公司王沛峰（第 4 章）。全书由周小鹏统稿。

全书由重庆理工大学朱新才教授主审，并对本书进行了认真审阅，提出了很多的意见和建议，编者在此表示衷心的谢意。

由于编者水平有限，书中难免存在缺点和错误，诚望读者批评指正。

编　者

2019 年 2 月

目录

绪论 …… 1

0.1 液压传动的工作原理及特性 …… 1

0.2 液压传动系统的组成及工程表示 …… 3

0.3 液压传动的优缺点 …… 4

复习思考题 …… 4

第1章 液压流体力学基础 …… 5

1.1 液压油 …… 5

1.2 静止液体的力学基本规律 …… 10

1.3 流动液体的力学基本规律 …… 13

1.4 液体流动中的压力损失 …… 19

1.5 液体在小孔和缝隙中的流动 …… 25

1.6 液压冲击和气穴现象 …… 27

复习思考题 …… 28

第2章 液压泵 …… 30

2.1 概述 …… 30

2.2 齿轮泵 …… 33

2.3 叶片泵 …… 37

2.4 柱塞泵 …… 42

2.5 液压泵的选用 …… 49

复习思考题 …… 51

第3章 执行元件 …… 52

3.1 液压马达 …… 52

3.2 液压缸 …… 62

复习思考题 …… 82

第4章　控制阀及其应用 …… 84
4.1　方向控制阀及其应用 …… 84
4.2　压力控制阀及其应用 …… 97
4.3　流量控制阀及其应用 …… 112
4.4　电液比例控制阀及其应用 …… 121
4.5　二通插装阀及其应用 …… 126
4.6　阀的集成 …… 134
复习思考题 …… 136
第5章　液压辅助元件 …… 138
5.1　滤油器 …… 138
5.2　蓄能器 …… 142
5.3　油箱 …… 145
5.4　其他辅件 …… 147
复习思考题 …… 149
第6章　液压基本回路及分析 …… 150
6.1　概述 …… 150
6.2　速度控制回路及分析 …… 151
6.3　压力控制回路及分析 …… 162
6.4　液压马达控制回路 …… 168
复习思考题 …… 170
第7章　液压系统实例分析 …… 172
7.1　怎样阅读液压系统图 …… 172
7.2　液压系统实例 …… 173
复习思考题 …… 185
第8章　液压系统的设计与计算 …… 186
8.1　液压系统设计步骤 …… 186
8.2　液压系统设计与计算举例 …… 198
复习思考题 …… 207
第9章　液压伺服系统 …… 208
9.1　液压伺服系统的工作原理、组成、特点及分类 …… 208
9.2　液压伺服阀 …… 210
9.3　电液伺服阀 …… 212
9.4　液压伺服系统应用举例 …… 214
复习思考题 …… 218

附录 常用液压与气动元件图形符号(GB/T 786.1—93) …… 219
附录 A 基本符号、管路及连接 …… 219
附录 B 控制机构和控制方法 …… 220
附录 C 泵、马达和缸 …… 221
附录 D 控制元件 …… 222
附录 E 辅助元件 …… 224
参考文献 …… 226

绪论

液压传动是一门比较新兴的技术,它被各国普遍重视并得到广泛应用也只是近几十年的事。液压技术的发展历史虽然较短,但发展速度却非常之快。

自 1795 年英国制成了第一台水压机起,液压技术开始进入了工程领域。第二次世界大战期间,由于军事工业迫切需要反应快、精度高的自动控制系统,因而出现了液压控制系统。随着液压元件的迅速发展,性能也更趋完善,液压技术的应用就更为大家所重视。液压传动具有许多独特的优越性,目前已被广泛应用到机械制造、工程建筑、交通运输、矿山、冶金、石油化工、航空、航海、军事、农机等工业部门,也被应用到宇宙航行、海洋开发、预测地震等新的技术领域。它已经和机械、电气等传动技术一起被综合地应用于各种机械设备中,成为机器中不可缺少的一部分。

液压传动从发展趋势来看,正向着高压化、高速化、集成化、大功率、节能效、长寿命、低噪声方向发展。液压元件、液压传动系统的计算机辅助设计和制造,以及计算机在电液自动控制系统中的应用等也有广阔的发展前景。

0.1 液压传动的工作原理及特性

传动即动力的传递,是把动力源的能量通过某种方式送到执行机构,去带动工作机构实现一定的动作。传动的类型有许多种,凡是以液体为工作介质,依靠运动着的液体的压力能来传递动力的叫液压传动。

下面以液压千斤顶来说明液压传动的工作原理。图 0.1 所示为液压千斤顶的工作原理图,将手柄 1 向上扳动时,小活塞 2 向上移动,使小液压缸 3 的下腔(无杆腔)密闭容积增大形成局部真空,油箱中的液体便在大气压力的作用下经管道和单向阀 4 吸入小液压缸下腔。当手柄被压下时,将使小活塞向下移动,下腔中的液体受到挤压,由于液体几乎是不可压缩的,于是液体便只能经单向阀 5 进入大液压缸 7 的下腔(此时单向阀 4 关闭),迫使大活塞 6 向上运动,顶起负载。反复提压杠杆,就可以使重物不断上升,达到起重的目的。当需要大活塞向

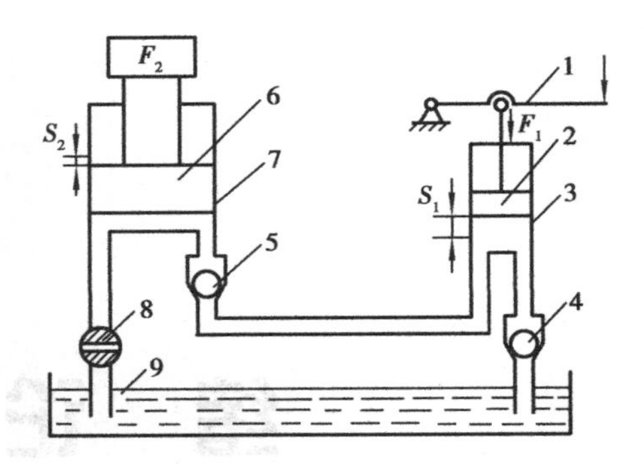

图 0.1　液压千斤顶工作原理图
1—手柄；2—小活塞；3—液压缸；
4、5—单向阀；6—大活塞；
7—大液压缸；8—开关阀；9—油箱

下运动时，这时单向阀 5 关闭，只要将开关阀 8 打开，大液压缸下腔的液体便经管道和开关阀 8 流回油箱，大活塞便在负载及自重作用下向下运动，恢复到原始位置。

从液压千斤顶的工作原理可以看出液压传动有以下特点：

①液压传动以液体作为工作介质，动力的传递必须经过两次能量转换。首先通过动力装置把机械能转换为液体的压力能，然后再通过执行元件把液体的压力能转换为机械能。

②液体必须在密封容器内传送，而且容积要发生变化。

③液压传动的液体压力由外负载决定。如图 0.1 所示，在两个活塞的作用下，两缸工作腔和管道中的液体具有压力 p。

$$F_1 = pA_1 \qquad p = \frac{F_1}{A_1} \tag{0.1}$$

$$F_2 = pA_2 \qquad p = \frac{F_2}{A_2} \tag{0.2}$$

式中　A_1——小活塞的有效面积；

A_2——大活塞的有效面积。

由静压传递原理可知，封闭容器中液体的压力处处相等，即

$$\frac{F_1}{A_1} = \frac{F_2}{A_2}$$

$$F_2 = pA_2 = \frac{A_2}{A_1}F_1 \tag{0.3}$$

由此可得出结论：液体压力 p 是由输出端的外负载 F_2 引起，其大小随外负载的大小而变化。同时，力的传递效果随承压面积的增大而增大。

④运动速度或转速的传递与液体容积变化有关。设小活塞的位移为 S_1，大活塞的位移为 S_2，在不计液体压缩性及泄漏，不考虑液压缸及管道变形时，则小活塞向下运动所扫过的容积等于大活塞向上所扫过的容积，即

$$A_1S_1 = A_2S_2$$

$$S_2 = \frac{A_1}{A_2}S_1 \tag{0.4}$$

设在时间间隔 t 内同时完成位移 S_1 和 S_2，则

$$v_1 = \frac{S_1}{t} \qquad v_2 = \frac{S_2}{t}$$

式中　v_1——小活塞的运动速度；

v_2——大活塞的运动速度。

同理：

$$v_2 = \frac{A_1}{A_2}v_1 \tag{0.5}$$

由此可得出结论：在输入速度 v_1 和面积 A_1 一定时，输出速度 v_2 与面积 A_2 成反比变化。只要连续减少 v_1（或流量 q）就可以获得逐渐减小的 v_2，这就是液压传动能实现无级调速的原因。

将式(0.3)代入式(0.5)，可以得：

$$F_1v_1 = F_2v_2 \tag{0.6}$$

该式说明，在输入功率 F_1v_1 一定时，无论输出力 F_2 和输出速度 v_2 怎样变化，它们的乘积是不变的，且等于输出功率（忽略损失），这正是能量守恒定律在液压传动中的体现。

式(0.6)若用液压参数表示，则液压功率为：

$$P = F\frac{S}{t} = p\frac{AS}{t} = p\frac{V}{t} = pq \tag{0.7}$$

式中　q——体积流量，简称流量。

在液压传动中，液体的压力和流量是两个很重要的参数，它是设计和选用液压泵、控制阀、液压缸、液压马达和管道等液压元件的重要依据。

0.2　液压传动系统的组成及工程表示

图0.2所示为一个简单的液压系统原理图，其工作过程为：电动机带动液压泵3运转，油箱中的液体经滤油器2被吸入泵内。液压泵输出的压力油经节流阀5流到电磁换向阀7。当电磁换向阀的左右端电磁铁均不通电时，阀芯在两端的弹簧力作用下处于中间位置。这时，液压缸的左腔、右腔、进油路及回油路之间均不相通，液压缸活塞锁紧不动。当阀7右边电磁铁通电时，换向阀在右位工作，压力油经阀7右位进入液压缸8的右腔，推动活塞向左移动，缸8左腔的液体经阀7流回油箱。当阀7左边电磁铁通电时，换向阀在左位工作，液压泵输出的压力油经阀7左位进入缸8左腔，使活塞右移，缸右腔排出的液体经阀7流回油箱，由此可见，电磁换向阀是控制液体流动方向的。

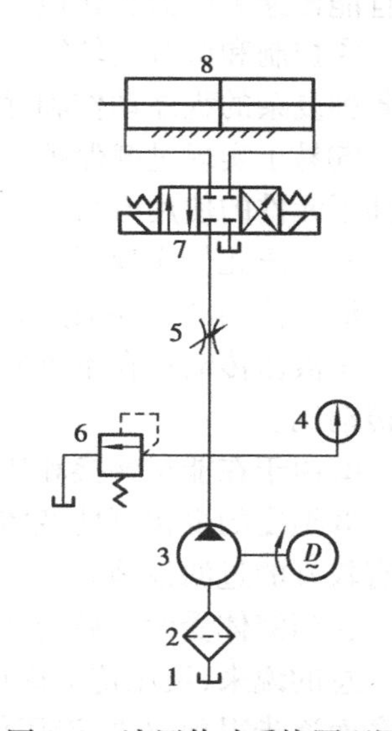

图0.2　液压传动系统原理图
1—油箱；2—滤油器；
3—液压泵；4—压力表；
5—节流阀；6—溢流阀；
7—电磁换向阀；8—液压缸

调节节流阀5的开口大小，可控制进入液压缸的液体流量，以改变液压缸中活塞的移动速度。在液压泵的出口并联了溢流阀6，液压泵输出液压力的大小可从压力表4中读出。当液体的压力升高到稍超过溢流阀的调定压力时，溢流阀开启，液体经管道排回油箱，使液体的压力稳定在调定的压力值范围内。溢流阀在稳定系统压力和防止系统过载的同时，还起着把液压泵输出的多余液体排回油箱的作用。

在液压泵的入口安了一个滤油器2，液压泵从油箱吸进的液体先经过滤油器，以起到滤清油液的作用。

从以上分析看出，一个完整的液压系统除了工作介质外，均由以下4个部分组成：

①动力装置　如液压泵。由它将电动机输出的机械能转换成液体的压力能。

②执行装置　如液压缸和液压马达。它是将液体的液压能转换为机械能的能量转换元件。

③控制与调节装置　包括各种控制阀类(如方向阀、压力阀、流量阀)。它们的作用是分别控制液压系统液体的流动方向、压力和流量大小,以满足执行元件对运动方向、力和速度的要求。

④辅助元件　如油箱、油管、滤油器、蓄能器、压力表等,分别起贮油、输油、过滤、贮存压力能、测压等作用,是液压系统中不可缺少的重要组成部分。但从液压系统的工作原理来看,它们是起辅助作用的。

0.3　液压传动的优缺点

液压传动的主要优点有:

①液压传动可以在很大的调速范围内较方便地实现无级调速。

②运动平稳、可靠,反应快,能高速启动、制动和频繁换向。

③与机械传动相比,在输出功率相同的情况下,液压传动装置的体积小、重量轻、惯性小,而且能传递大的力和转矩。

④控制和调节比较简单,操作方便,易于实现自动化。当和电气控制配合使用时,易于实现各种复杂的程序动作和远程控制。

⑤易于实现过载保护。因采用液体作为工作介质,故能够自行润滑,减少了零件的磨损,提高了元件的使用寿命。

⑥液压元件实现了系列化、标准化和通用化,故易于设计、制造和推广使用。

液压传动的主要缺点有:

①液压传动存在不可避免的液体泄漏,同时液体不是绝对不可压缩的,故不能保证严格的传动比。

②由于在能量转换和传递过程中存在着压力损失和泄漏,因而效率低。

③温度的变化可使液体的黏度受到影响,故不宜在高温和低温条件下工作;同时液体要求有较好的过滤设施。

④当液体受污染后会使液压系统发生故障,且出现故障时不易直观地查找原因。

总的说来,液压传动优点是主要的,而其缺点将会随着科学技术的发展、设计制造水平的提高而逐步得到解决,液压传动将会得到更广泛的应用。

复习思考题

0.1　何谓“液压传动”?

0.2　液压系统由哪几部分组成?各部分的主要作用是什么?

0.3　液压传动有哪些优缺点?

第 1 章
液压流体力学基础

液压传动是一种用液压油作为传递能量的工作介质。液压油作为一种液体具有许多特性。因此,了解液体的基本性质,掌握液体平衡和运动的主要力学规律,对于正确理解、分析液压传动的基本原理,正确使用、维护液压系统及装置,以及设计优良的液压系统都是非常重要的。

1.1 液 压 油

1.1.1 液压油的主要物理性质

(1)密度

液体的密度是指单位体积液体的质量,常用 ρ 表示。

$$\rho = \frac{m}{V} \tag{1.1}$$

式中 m——液体的质量;

V——液体的体积。

液压油的密度随温度和压力的变化而变化,但这种变化量通常不大,可忽略不计。一般液压油的密度为 900 kg/m^3。

(2)压缩性

液体受压力作用体积减小的性质称为液体的可压缩性。液体压缩性的大小用压缩系数 β 表示。其意义为单位压力变化时液体体积的相对变化值,即

$$\beta = -\frac{1}{\Delta p} \cdot \frac{\Delta V}{V} \tag{1.2}$$

式中 Δp——液体压力的变化值;

ΔV——液体压力 p 变化时其体积变化量；

V——液体被压缩前的体积。

由于压力增加时液体体积减小，为使 β 为正值，故在式中加一负号“-”。

液体体积压缩性系数的倒数称为体积弹性模量，用 K 表示。

$$K=\frac{1}{\beta}=-\frac{\Delta p}{\Delta V}\cdot V \tag{1.3}$$

常用液压油的体积弹性模量为 $(1.4\sim2.0)\times10^3$ MPa，而钢的弹性模量为 $(2.0\sim2.1)\times10^5$ MPa，可见液压油的压缩性比钢大 100～150 倍。但对于一般液压系统，由于压力变化而引起的液压油体积变化不大，故可认为液压油是不可压缩的。在液压油中若混入空气，其可压缩性将显著增加，并严重影响液压系统的工作性能。在有动态性能要求或压力变化很大的高压系统中，应考虑液压油的压缩性影响，并在液压系统的实际计算中，取液压油的弹性模量 $K=0.7\times10^3$ MPa。

(3)黏性

1)黏性的意义

液体在外力作用下流动时，由于液体分子间的内聚力而产生阻止液体内部相对滑动的内摩擦力，液体的这种特性称为黏性。黏性是液体的重要物理特性之一，是选择液压油的主要依据。

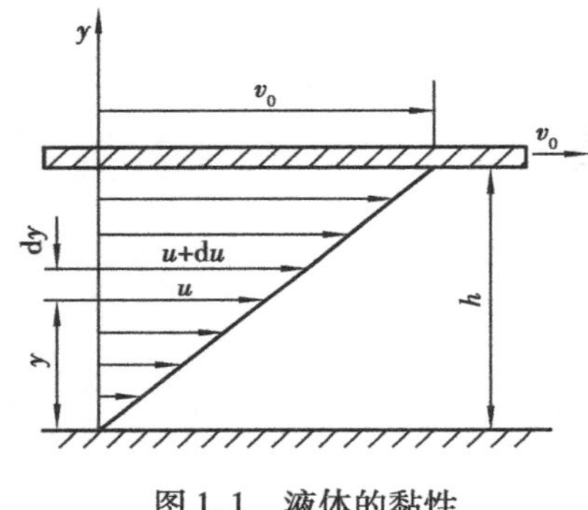

图 1.1　液体的黏性

液体流动时，由于液体和固体壁间的附着力，以及流体的黏性会使液体内部的流动速度大小不等。如图 1.1 所示，设有两平行平板间充满液体，上板以速度 v_0 相对于静止的下板向右运动，紧贴下平板的极薄一层液体黏附在下板上，其速度为零。而中间各层液体则从上到下按递减速度向右移动，各层液体的速度近似按线性规律分布。

由实验得出液层间的内摩擦力 F 与液层的接触面积 A 及液层间的相对速度 $\mathrm{d}u$ 成正比，而与液层间距 $\mathrm{d}y$ 成反比，即

$$F=\mu A\frac{\mathrm{d}u}{\mathrm{d}y} \tag{1.4}$$

式中　μ——比例系数，称为动力黏度；

$\frac{\mathrm{d}u}{\mathrm{d}y}$——速度梯度。

若以 τ 表示切应力，即单位面积上的内摩擦力，则

$$\tau=\frac{F}{A}=\mu\frac{\mathrm{d}u}{\mathrm{d}y} \tag{1.5}$$

上式称为牛顿内摩擦定律。

由上式可知，在静止液体中，因速度梯度 $\frac{\mathrm{d}u}{\mathrm{d}y}=0$，内摩擦力为零，所以液体在静止状态下是不呈黏性的。

2)黏度

液体黏性的大小用黏度来表示。液压传动中常用的黏度有动力黏度、运动黏度和条件黏度。

①动力黏度:动力黏度又称为绝对黏度,由式(1.4)可得:

$$\eta = \frac{F}{A\frac{\mathrm{d}u}{\mathrm{d}y}}$$

由上式可知动力黏度的物理意义是液体在单位速度梯度下流动时,相接触的液层单位面积上的内摩擦力。

动力黏度的单位为帕·秒(Pa·s),工程制中用泊(P)表示,即达因·秒/厘米^2(dyn·s/cm^2),或用厘泊(cP)表示。换算关系为:

$$1\ \mathrm{Pa\cdot s} = 10\ \mathrm{P} = 10^3\ \mathrm{cP}$$

②运动黏度:动力黏度μ与液体密度ρ的比值称为运动黏度。以ν表示,即

$$\nu = \frac{\mu}{\rho} \tag{1.6}$$

运动黏度没有特殊的意义,只是因为在理论分析和计算中常遇到μ与ρ的比值,为方便采用ν表示。其单位为m^2/s,工程制中用cm^2/s,称为斯(St),或用厘斯(cSt)表示。换算关系为:

$$1\ \mathrm{m^2/s} = 10^4\ \mathrm{St} = 10^6\ \mathrm{cSt}$$

③条件黏度:条件黏度又称相对黏度,它是采用特定的黏度计在规定的条件下测量出来的黏度。由于测定方法不同,各国采用的条件黏度的单位有所不同,我国采用恩氏黏度。

恩氏黏度是用恩氏黏度计测定,即将200 mL的被测液体装入底部有ϕ2.8 mm小孔的恩氏黏度计的容器中,在某一特定温度t时,测定液体自由流过小孔所需的时间t_1和同体积的蒸馏水在20 ℃时从同一小孔流完所需时间t_2的比值,称为液体在该温度时的条件黏度,用$°E_t$表示。

$$°E_t = \frac{t_1}{t_2} \tag{1.7}$$

工业上常用20 ℃、50 ℃、100 ℃作为测量恩氏黏度的标准温度,并分别用符号$°E_{20}$、$°E_{50}$和$°E_{100}$表示,恩氏黏度与运动黏度的换算关系式为:

当1.35≤$°E$≤3.2时
$$\nu = 8°E - \frac{8.64}{°E} \tag{1.8}$$

当$°E$>3.2时
$$\nu = 7.6°E - \frac{4}{°E} \tag{1.9}$$

3)黏度和温度的关系

液压油的黏度对温度的变化很敏感,温度升高,油的黏度显著降低。

液压油的黏度随温度变化的性质称为黏温特性。不同种类的液压油有不同的黏温特性。我国常用黏温图表示液压油的黏度随温度变化的关系。部分国产液压油的黏温图如图1.2所示。

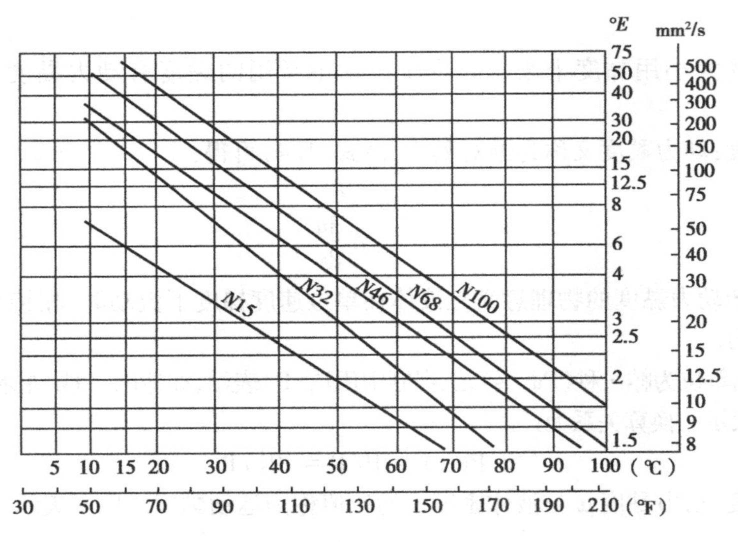

图 1.2　几种国产油液黏温图

4)黏度与压力的关系

一般情况下,液体随压力增加,其分子距离缩小,内聚力增大,黏度也随之增大。而压力不高且变化不大时,这种影响可忽略不计。在压力较高($p \geqslant 20$ MPa)或变化较大时,需考虑压力对黏度的影响。

5)调和油的黏度

为获得所需要的油液黏度,可用几种相互溶解的液压油调和。调和油的黏度可用下面的经验公式计算:

$$°E = \frac{a°E_1 + b°E_2 - c(°E_1 - °E_2)}{100}$$

式中　$°E_1$、$°E_2$——混和前两种油液的黏度,取$°E_1 > °E_2$;

$°E$——混和后的调合油黏度;

a、b——参与调和的两种油液各占的百分数($a+b=100\%$);

c——实验系数,见表 1.1。

表 1.1　实验系数 c 的值

a	10	20	30	40	50	60	70	80	90
b	90	80	70	60	50	40	30	20	10
c	6.7	13.1	17.9	22.1	25.5	27.9	28.2	25	17

1.1.2　液压油的选用

(1)液压系统对液压油的基本要求

在液压传动系统中,液压油除了用作传递能量的介质外,还有润滑和冷却的作用,其性能会直接影响到液压系统的工作。因此,液压系统所用的工作油液应满足下列要求:

1)适当的黏度和良好的黏温性能

黏度过大,流动损失大,能量消耗增加,系统灵敏度降低,严重时可能造成液压泵吸空或发生气穴现象。黏度过低则会增大泄漏,降低系统的容积效率,影响系统动作的准确性。此外,液压系统在工作过程中,液压油的温度常常发生变化,这就需要液压油的黏度在工作温度变化范围内的变化要小,即黏温性能要好。

2)具有良好的润滑性能

油液应当能在相对滑动的零件表面上形成强度较高的油膜,以便产生润滑作用,避免零件间干摩擦。

3)质地应纯净,不含有各种杂质

含有机械杂质的油液,容易使油路堵塞,含有腐蚀性的物质,会使机件和密封装置腐蚀。

4)不易氧化

油液氧化后会产生胶状物和沥青等杂质,这些杂质容易使油路堵塞进而使系统发生故障。

5)闪点高,凝点低

油液用于高温场合时,为了防火安全,闪点要高。在低温条件下工作时,凝固点要低。

6)油液的抗乳化性和泡沫性要好

油液乳化会降低油液的润滑性,而使酸值增加,油液的寿命缩短。油液中产生的泡沫会引起气穴现象,从而产生噪声和振动。影响液压系统的正常工作。

(2)液压油的选择和使用

1)液压油的种类

液压油的品种很多,主要可分为3大类型:石油型、合成型和乳化型。

石油型液压油是以机械油为原料,精炼后按需要加入适当添加剂而成。这类液压油润滑性好,腐蚀性小,化学稳定性较好,是目前液压传动系统中使用最为广泛的一种油型。但石油型液压油的主要缺点是具有可燃性。所以,在一些高温易燃、易爆的工作场合的液压系统应采用抗燃性合成型液压油或难燃性的乳化型液压油。

各种液压油的主要性能及技术指标参见有关液压手册和产品说明书。

2)液压油的选择

①正确选择液压油的类型:一般根据液压装置本身的使用性能和工作环境等因素确定。

②正确选择液压油的黏度:在确定液压油的黏度时应考虑以下因素,即工作压力的高低,工作环境温度的高低,工作部件运动速度的高低。例如当系统工作压力较高,环境温度较高,工作部件运动速度较低时,为了减少漏损,宜采用黏度较高的液压油。

在液压系统的所有元件中,以液压泵对液压油的性能最为敏感,因为泵的零件运动速度最高,承受压力最大,且承压时间最长,工作温度也比较高。因此,常根据液压泵的类型及要求来选择液压油的黏度。表1.2为各类液压泵推荐用油黏度范围。

表 1.2　各类液压泵推荐用油黏度表

液压泵类型		环境温度 5 ~ 40 ℃ 40 ℃黏度/(10^{-6} m^2 · s^{-1})	环境温度 40 ~ 80 ℃ 40 ℃黏度/(10^{-6} m^2 · s^{-1})
叶片泵	7 MPa 以下	30 ~ 50	40 ~ 75
	7 MPa 以上	50 ~ 70	55 ~ 90
齿轮泵		30 ~ 70	95 ~ 165
轴向柱塞泵		40 ~ 75	70 ~ 150
径向柱塞泵		30 ~ 80	65 ~ 240

3)液压油的合理使用

根据实践经验,液压油的使用应特别注意以下方面:

①工作温度要合适。对于一般的液压系统,工作温度应控制在 15 ~ 65 ℃。

②防止空气混入。混入油中的空气主要以细小气泡形式进入液压系统内,它会加速油液的氧化,容易引起振动和噪声,影响液压系统的传动性能。

4)防止污染

液压系统中应有防尘装置,力求减少外来污染。

1.2　静止液体的力学基本规律

静止液体,是指液体内部质点间无相对运动的液体,液体内不呈现黏性,也不存在切应力。

1.2.1　液体静压力及其特性

作用在液体上的力有两种类型,即质量力和表面力。质量力作用在液体内所有质点上,它的大小与质量成正比,如重力、惯性力等。表面力作用在所研究的液体的表面上,如法向力、切向力。表面力是与液体接触的其他物体(如活塞、大气层)作用于液体上的力,这是外力;也可以是一部分液体作用于另一部分液体上的力,这是内力。由于静止液体质点间没有相对运动,不存在摩擦力,所以静止液体的表面力只有法向力。

所谓静压力,就是指液体内某点处单位面积 ΔA 上所受到的法向力 ΔF,用 p 表示。

$$p = \lim_{\Delta A \to 0} \frac{\Delta F}{\Delta A} \tag{1.10}$$

若法向力均匀地作用在面积 A 上,则

$$p = \frac{F}{A} \tag{1.11}$$

静压力具有以下两个重要特性:

①静止液体内任意点所受到的各个方向的静压力都相等;

②液体静压力的方向总是向着作用面的内法线方向。

1.2.2　静止液体中的压力分布规律

在重力作用下的静止液体其受力状况如图1.3(a)所示，静止液体所受的力有质量力如液体的重力，表面力有液面上的外加压力 p_0 和容器壁面作用在液体上的反力。为求任意深度 h 处的压力 p，可假想从液面往下切取一个垂直小液柱作为研究体，设液柱的底面积为 ΔA，高为 h，如图1.3(b)所示。

液柱处于平衡状态，有：

$$p \cdot \Delta A = p_0 \cdot \Delta A + \rho g h \Delta A$$

即

$$p = p_0 + \rho g h$$

上式称为液体静压力基本方程式，由该式可知：

①静止液体任一点的压力由两部分组成，一部分是液面上的压力 p_0，另一部分是该点以上液体自重形成的压力，即 ρg 与该点离液面深度 h 的乘积。当液面上只受大气压力 p_a 作用时，则液体内的任一点压力为：

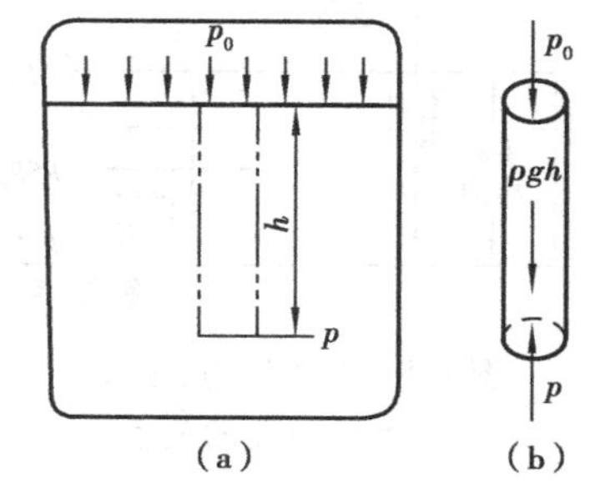

图1.3　重力作用下的静止液体

$$p = p_a + \rho g h \tag{1.12}$$

②静止液体内任一点的压力随液体深度 h 的增加而成线性增加。

③离液面深度相同的各点压力都相等，压力相等的所有点组成的面称为等压面。在重力作用下静止液体中的等压面是一个水平面。

1.2.3　帕斯卡原理

密闭容器中的液体，当外加压力 p_0 发生变化时，只要液体仍保持原来的平衡状态，液体中所有各点，其压力都将发生同样大小的变化，这就是帕斯卡原理(或称为静压传递原理)。

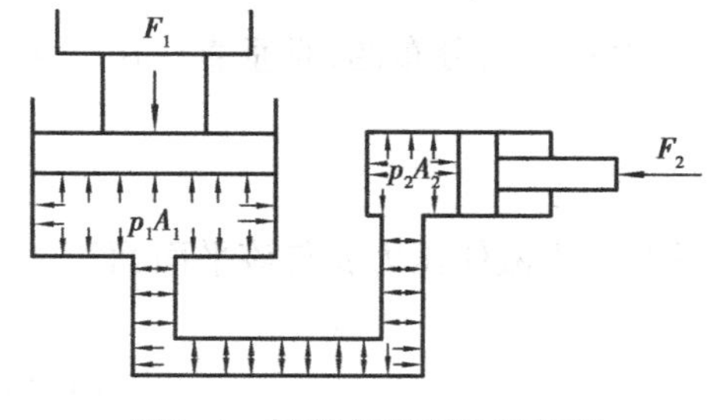

图1.4　帕斯卡原理应用实例

图1.4为两活塞面积分别为 A_1、A_2 的液压缸，缸内充满液体并用连通管使两缸相通，在垂直液压缸的活塞上作用外力 F_1，则缸内液体的压力 $p_1 = F_1/A_1$，在水平液压缸的活塞上施加一推力 F_2，缸内液体的压力 $p_2 = F_2/A_2$。

根据帕斯卡原理，$p_1 = p_2$，则

$$F_2 = \frac{A_2}{A_1} \cdot F_1 \tag{1.13}$$

由式 $p_1 = F_1/A_1$ 可知，若外负载为零，则 $p_1 = 0$，此时，$p_2 = 0$，即液压缸活塞上没有负载，不考虑活塞自重及其他阻力时，系统的压力不能形成。这说明液压系统中的压力决定于外负载。

式(1.13)表明，若 F_2 一定，两活塞面积之比(A_1/A_2)越小，推动大活塞的作用力则越大。即在小活塞施加较小的力，则可以使大活塞上产生较大的作用力。液压千斤顶就是利用这个原理进行起重工作的，如图1.4所示。

1.2.4 压力的表示方法及单位

根据度量的基准不同,液体的压力分为绝对压力和相对压力两种。以绝对真空为基准测得的压力称为绝对压力,以当地大气压为基准测得的那一部分压力称为相对压力。

绝对压力、相对压力和真空度的关系如图1.5所示。

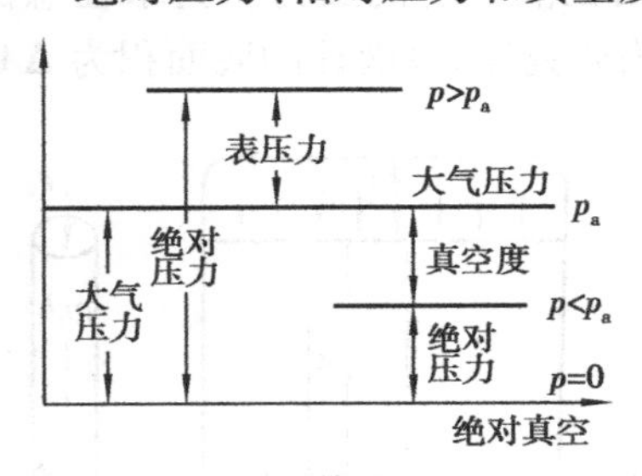

图1.5 绝对压力、相对压力和真空度的关系

绝对压力=大气压力+相对压力

如果液体中某点的绝对压力小于大气压力,这时,把这个点的绝对压力比大气压力小的那部分数值称为真空度,即

真空度=大气压力-绝对压力

由于大多数测压仪表所测得的压力都是相对压力,故相对压力也称表压力,即

表压力=相对压力=绝对压力-大气压力

压力的单位除法定单位帕(Pa, N/m^2)外常采用兆帕(MPa),还有暂时允许使用的单位bar(巴)和以前常用的一些单位。例如,工程大气压at(即kgf/cm^2),水柱高(mmH_2O)或汞柱高(mmHg)等。各种压力单位之间的换算关系见表1.3。

表1.3 各种压力的换算关系

Pa	MPa	bar	kgf/cm^2	mmH_2O	mmHg
1×10^5	0.1	1	1.02	1.02×10^4	7.5×10^2

1.2.5 液体静压力作用于固体壁面的力

由前所述,如不考虑油液自重产生的那部分压力,压力是均匀分布的,且垂直作用于承压面的表面上。

(1)作用在平面上的力

当固体壁面是一平面时,静止液体对平面的总作用力F为液体压力p与该平面面积A的乘积,其方向与该平面垂直,即

$$F = p \cdot A \tag{1.14}$$

如图1.6(a)所示,压力p作用在无杆腔侧的活塞上,承受液体作用的面积为$A=\frac{\pi}{4}D^2$,则活塞上受到液体作用力为:

$$F = p \cdot A = p \cdot \frac{\pi}{4}D^2$$

(2)作用在曲面上的力

若承受压力的表面为曲面时,通常先求出液压作用力在三个坐标轴方向的分力F_x、F_y、

F_z。然后，按力的合成原则求出其总的作用力 F。

$$F = \sqrt{F_x^2 + F_y^2 + F_z^2} \tag{1.15}$$

而压力作用在曲面某一方向的力，等于液体的压力与曲面在该方向投影面积的乘积，即

$$F_n = p \cdot A_n \tag{1.16}$$

A_n 是受压曲面沿 F_n 方向的投影面积。

如图1.6(b)、(c)所示的球面和圆锥面上的力 F_n，就等于液压力作用于该部分曲面在垂直方向的投影面积 A_n 与压力 p 的乘积，其作用点通过投影面的圆心，方向向上，即

$$F_n = p \cdot A_n = p \cdot \frac{\pi}{4}d^2$$

式中　d——承压部分曲面投影圆的直径。

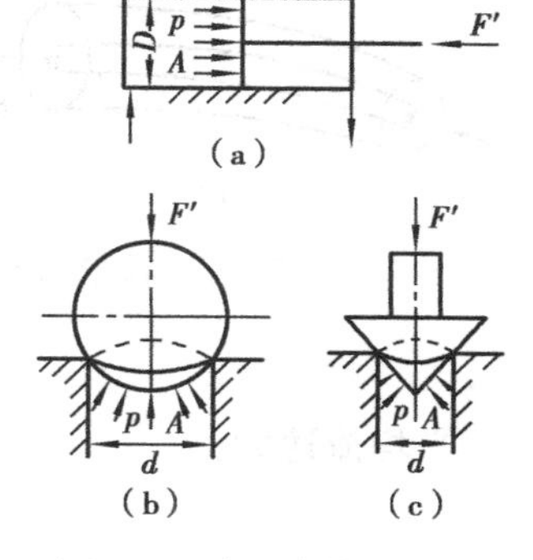

图1.6　液压力作用在固体壁面上的力

1.3　流动液体的力学基本规律

由于液压系统中油液总是在不断地流动着，因此，除了研究静止液体的基本力学规律外，还必须研究流动液体的力学规律。本节分别阐明流动液体的3个基本方程：连续性方程、伯努利方程和动量方程。这3个方程是液压技术中流动液体的计算基础。

1.3.1　基本概念

(1)理想液体和稳定流

液体是有黏性的，因此当液体流动时就要产生摩擦力，这一点在研究液体流动时是不能忽视的。关于液体摩擦的问题是比较复杂的，通常在开始分析时，假设液体没有黏性，然后再考虑摩擦力的影响。此外，油液的可压缩性很小，一般情况下可忽略不计。这种假想的既无黏性又不可压缩的液体称为理想液体。

流动的液体，在通过任意一点时，其压力、速度、密度都不随时间而变化，称为稳定流。若压力、速度和密度只要有一个参数随时间而变化，则称为非稳定流。

(2)流量和平均流速

流量和平均流速是描述液体流动的主要参数。液体在管道中流动时，通常将垂直于液体流动方向的截面称为通流截面。

流量　单位时间内流过某通流截面的液体体积，称为流量，一般用 q 表示，单位为米^3/秒 (m^3/s)或升/分 (L/min)。

当液流中某一微小通流截面面积为 dA，其上的流速为 u，如图1.7(a)所示，则通过 dA 的微小流量为 $dq = u dA$，整个通流截面 A 的流量为：

$$q = \int_A u dA \tag{1.17}$$

要求出式中 q，必须知道液流在整个通流截面 A 上的流速分布规律，但一般比较复杂，如

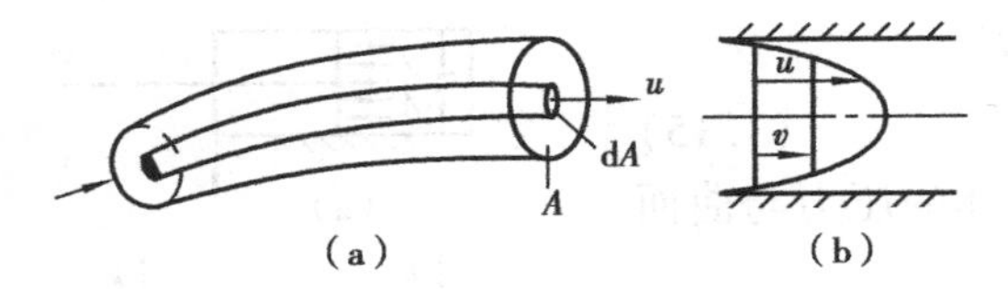

图 1.7　流量和平均流速

图 1.7(b)所示,为了便于计算,引入平均流速的概念。

平均流速　假想截面各点处流速均匀分布,即按通流截面上各点的流速相同所计算的流量来代替实际流量,即

$$q = \int_A u\mathrm{d}A = vA$$

平均流速为:

$$v = q/A \tag{1.18}$$

1.3.2　流动液体的连续性方程式

液体在密闭管道中作稳定流动时,若液体不可压缩,则液体流动过程遵守质量守恒定律。即在单位时间内液体流过通道任意截面的液体质量相等,亦即流量相等。

如图 1.8 所示,设通流截面积分别为 A_1、A_2,两通流截面平均流速为 v_1、v_2,则

$$\rho v_1 A_1 = \rho v_2 A_2 = 常数 \tag{1.19}$$

上式即为流动液体的连续性方程。

将式(1.19)两边除以 ρ 得:

$$v_1 A_1 = v_2 A_2 = 常数$$

$$\frac{v_1}{v_2} = \frac{A_2}{A_1} \tag{1.20}$$

上两式说明,在稳定流动情况下,以及不考虑液体的可压缩性时,通过管道不同截面的流量是相等的,而且不同截面处的液流速度与其截面面积的大小成反比。

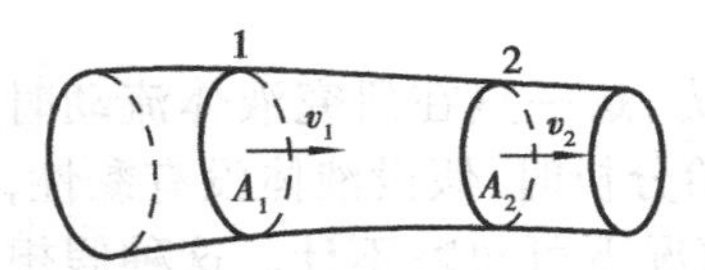

图 1.8　液流的连续性原理

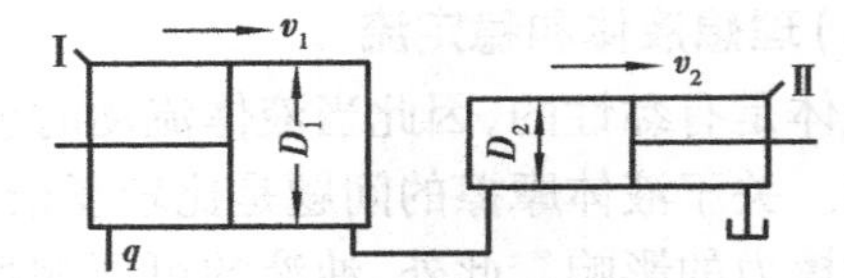

图 1.9　串联液压缸

例 1.1　如图 1.9 所示,两液压缸串联,油管内充满油液,已知液压缸 Ⅰ 活塞直径 $D_1 = 100$ mm,运动速度 $v_1 = 0.1$ m/s,缸 Ⅱ 的活塞直径 $D_2 = 50$ mm,求液压缸 Ⅱ 活塞的移动速度。

解　在液压缸中,活塞的运动速度也就是液体的平均流速,利用连续性方程:

$$v_1 A_1 = v_2 A_2$$

得

$$v_2 = v_1 \left(\frac{A_1}{A_2}\right)$$

又

$$A_1 = \frac{\pi}{4} D_1^2 \qquad A_2 = \frac{\pi}{4} D_2^2$$

则

$$v_2 = v_1 \left(\frac{A_1}{A_2}\right) = v_1 \left(\frac{D_1}{D_2}\right)^2$$

因 $D_1 = 0.1\ \text{m} \qquad D_2 = 0.05\ \text{m}$

将 $v_1 = 0.1\ \text{m/s}$ 代入得:

$$v_2 = v_1\left(\frac{D_1}{D_2}\right)^2 = 0.4\ \text{m/s}$$

1.3.3 流动液体能量方程式——伯努利方程式

伯努利方程是能量守恒定律在流动液体中的表现形式。

(1)理想液体的伯努利方程

如图 1.10 所示,设理想液体在管中作稳定流动,任取一段液流 AB 作为研究对象,在很短的时间 Δt 内,液体从管道 AB 位置流到 $A'B'$ 位置。设 A、B 两截面中心到基准面 0-0 的高度分别为 h_1、h_2,通流截面面积分别为 A_1、A_2,压力分别为 p_1、p_2,平均流速分别为 v_1、v_2,现对液体在管中流动时的能量变化进行分析。

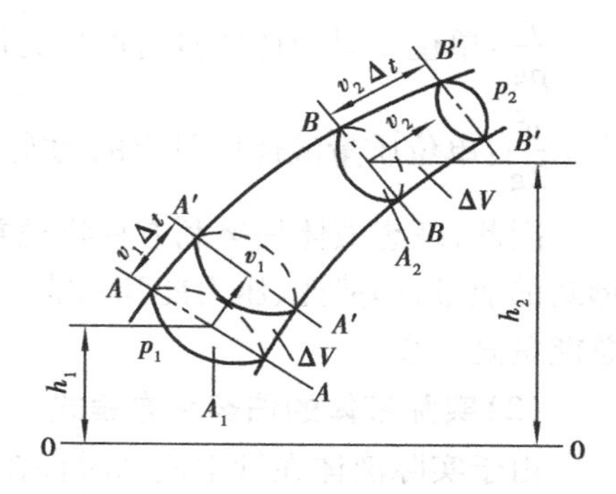

图 1.10 理想液体伯努利方程推导

1)作用在 AB 段流体上的力所做的功

由于是理想液体,所以作用在流动液体上的力只有重力和压力。

①压力所做的功:因为理想液体无黏性,侧面压力不能产生摩擦力做功,只有作用于 AB 段两端的通流截面上的压力 p_1 和 p_2 做功,则两截面上压力所做功的代数和,即

$$N_1 = p_1A_1v_1\Delta t - p_2A_2v_2\Delta t$$

由连续性方程

$$A_1v_1 = A_2v_2 = q$$

或

$$A_1v_1\Delta t = A_2v_2\Delta t = \Delta V$$

式中 ΔV——AA' 或 BB' 微小段液体的体积。

故有

$$N_1 = (p_1 - p_2)\Delta V$$

②重力所做的功:因为是理想液体作稳定流动,所以由 AB 段经 Δt 时间流动到 $A'B'$ 段,其中 $A'B$ 在 Δt 时间内位置不变。

重力所做的功为:

$$N_2 = \Delta m \cdot g(h_1 - h_2)$$

式中 Δm——AA' 或 BB' 微小段液体的质量。

2)动能的增量

液体从 AB 段移到 $A'B'$,因是稳定流动,中间段 $A'B$ 液体的所有力学参数均未发生变化,故这段液体的动能没有增减。因而液体 AB 段在 Δt 时间流动时动能变化为:

$$\Delta E = \frac{1}{2}\Delta m(v_2^2 - v_1^2)$$

根据动能定理,外力所做功的总和等于液体能量的增量,即

$$N_1 + N_2 = \Delta E$$

故有:

$$(p_1 - p_2)\Delta V + \Delta mg(h_1 - h_2) = \frac{1}{2}\Delta m(v_2^2 - v_1^2)$$

将上式两边分别除以 Δmg，整理得：

$$h_1 + \frac{p_1}{\rho g} + \frac{v_1^2}{2g} = h_2 + \frac{p_2}{\rho g} + \frac{v_2^2}{2g} \tag{1.21}$$

或

$$h + \frac{p}{\rho g} + \frac{v^2}{2g} = \text{常数} \tag{1.22}$$

式(1.21)和式(1.22)称为理想液体的能量方程，一般称为理想液体的伯努利方程。

伯努利方程中各项都代表一种形式的能量，而且都具有单位能量的意义，其单位为长度单位。其能量方程各项的名称为：

h：单位质量液体所具有的势能，称为比势能（位置头）。

$\frac{p}{\rho g}$：单位质量液体所具有的压力能，称为比压能（压力头）。

$\frac{v^2}{2g}$：单位质量液体所具有的动能，称为比动能（速度头）。

因此，理想液体伯努利方程物理意义是：在密闭管道内作稳定流动的理想流体具有 3 种形式的能量，即势能、压力能和动能。三者之间在流动过程中可以相互转换，但其任一截面的总能量是常数。

(2)实际液体的伯努利方程式

由于实际液体在管中流动时存在黏性和可压缩性，运动时因摩擦要损耗部分能量，同时，管道的局部形状和尺寸的骤然变化，使液流产生扰动，也要损耗部分能量。如果将这些损耗的能量用 h_w 表示，则式(1.21)就可写成：

$$h_1 + \frac{p_1}{\rho g} + \frac{\alpha_1 v_1^2}{2g} = h_2 + \frac{p_2}{\rho g} + \frac{\alpha_2 v_2^2}{2g} + h_w \tag{1.23}$$

式中　α_1、α_2——动能修正系数。

由于截面上实际流速分布不均，用平均速度代替实际速度来计算动能时，必然会产生误差，所以在动能计算中，引入修正系数 α_1 和 α_2。对于紊流 $\alpha=1$，对于层流 $\alpha=2$（层流和紊流的意义见第四节）。式(1.23)称为实际液体的伯努利方程。

(3)伯努利方程式的应用条件及应用举例

在应用伯努利方程时，其应用条件是：

①液流必须是稳定流或近似稳定流。

②两通流截面应在渐变流段选取，但两段截面间的液流可以是渐变流，也可是急变流。

③液流是连续且不可压缩的，即 ρ 为常数。

④液流在密闭管道中流动，各通流截面的流量 q 为常数。

⑤忽略惯性力的影响，液体所受质量力只有重力。

例 1.2　图 1.11 所示为一液压泵的吸油装置。该泵的吸油管直径 $d=19$ mm，油液的流量 $q=25$ L/min，液压泵吸油口处允许最小绝对压力 $p_2=6.3\times10^4$ Pa，油液密度 $\rho=900$ kg/m^3，各项压力损失总和为 $\sum \Delta p=3\times10^4$ Pa（包括油液通过吸油管的压力损失、油管接头处的压力损失、滤油器的压力损失等）。试确定液压泵的吸油高度。

解　设油池液面为Ⅰ—Ⅰ截面，在该处认为 $v_1=0$，且 $p_1=p_a$（大气压力），$h_1=0$，取液压泵吸油口为Ⅱ—Ⅱ截面，v_2 为吸油口处的液体流速，p_2 为液压泵吸油口处压力，h_2 为液压泵吸油高度。

由截面Ⅰ—Ⅰ和Ⅱ—Ⅱ列伯努利方程：

$$h_1 + \frac{p_1}{\rho g} + \frac{\alpha_1 v_1^2}{2g} = h_2 + \frac{p_2}{\rho g} + \frac{\alpha_2 v_2^2}{2g} + h_w$$

即

$$h_2 = \frac{p_1 - p_2}{\rho g} - \frac{\alpha_2 v_2^2}{2g} - h_w$$

又 $v_2 = \dfrac{q}{\dfrac{\pi}{4}d^2} = \dfrac{25 \times 10^{-3}}{\dfrac{\pi}{4} \times 0.019^2 \times 60}$ m/s = 1.47 m/s

取 $\alpha=2$，则 $\dfrac{\alpha_2 v_2^2}{2g} = \dfrac{2\times1.47^2}{2\times9.81}$ m=0.22 m

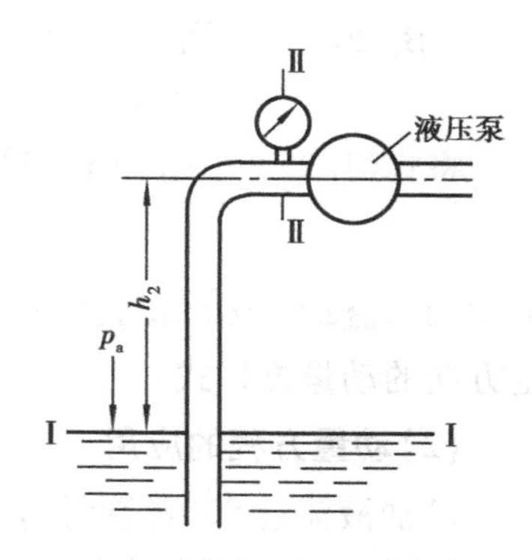

图1.11 液压泵吸油装置示意图

$$h_w = \frac{\sum \Delta p}{\rho g} = \frac{3 \times 10^4}{900 \times 9.81} \text{ m} = 3.40 \text{ m}$$

$$\frac{p_1 - p_2}{\rho g} = \frac{1 \times 10^5 - 6.3 \times 10^4}{900 \times 9.81} \text{ m} = 4.19 \text{ m}$$

故

$$h_2 = (4.19 - 0.22 - 3.40) \text{m} = 0.57 \text{ m}$$

计算结果表明，为保证液压泵吸油口处的压力不低于允许的绝对压力值，泵的吸油高度必须有一定限制。一般液压泵允许的吸油高度以不超过0.5 m为宜。

1.3.4 流动液体的动量方程式

(1) 动量方程式

流动液体的动量方程式是动量定理在流动液体中的应用，即在单位时间内流动液体的动量增量应等于该液体所受到的外力的和，用公式表示为：

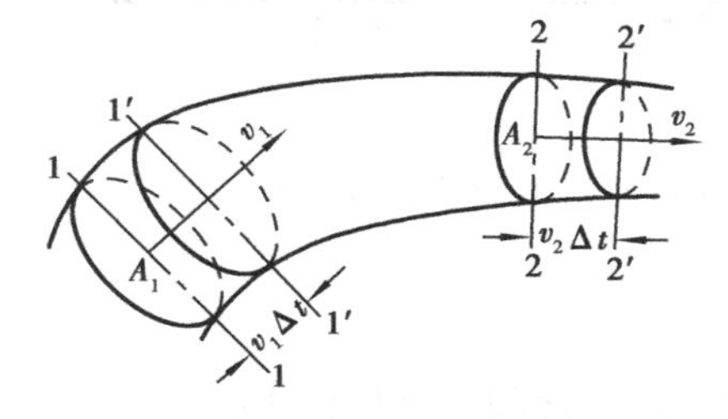

图1.12 流动液体的动量方程

$$\sum F = \frac{\Delta(mu)}{\Delta t} \tag{1.24}$$

如图1.12所示，有一段不可压缩的液体在1—2管段中作稳定流动，在通流截面1—1和2—2处平均流速分别为v_1和v_2，面积为A_1、A_2。经过Δt时间后，液体的位置从1—2流到位置1′—2′。由于是稳定流动，故液体段1′—2′内各点的所有力学参数均未变化，其动量也未变化。这样，在时间Δt内液体段1—2的动量变化将等于2—2′液体段的动量与1—1′液体段动量之差，即

$$\Delta(mu) = (mu_2)_{2\text{-}2'} - (mu_1)_{1\text{-}1'}$$

$$\Delta(mu) = \rho q \Delta t \beta_2 v_2 - \rho q \Delta t \beta_1 v_1 \tag{1.25}$$

式中 m——液体段1—1′或2—2′的质量，$m=\rho v=\rho q\Delta t$；

ρ——液体的密度；

q——液体的流量；

β_1、β_2——用平均流速来代替真实流速 u 的动量修正系数。紊流时，$\beta=1$，层流时，$\beta=1.33$，为简化计算，β 值常取为1。

将式(1.25)代入式(1.24)得：

$$\sum F=\rho q(\beta_2 v_2-\beta_1 v_1) \tag{1.26}$$

上式即为流动液体的动量方程。它是一个矢量方程，在应用时可根据具体情况将公式变成指定方向的动量方程式。

(2)动量方程的应用

1)油液流过90°弯管时对管壁的作用力

取图1.13所示的弯管，其两端的通流截面为控制面，两通流截面的参数如图中所示。在稳定流动情况下，忽略其质量力，在 x、y 方向列出动量方程如下：

$$F_x+p_1A_1=-\rho q v_1$$

$$F_y-p_2A_2=\rho q v_2$$

固体壁上所受作用力为 F_x、F_y 的反力，即油液对管壁的压力。

$$F'_x=-F_x=p_1A_1+\rho q v_1$$

$$F'_y=-F_y=-p_2A_2-\rho v_2$$

上式说明管壁所受的作用力由两部分组成，其一是由油液所产生的压力，其二是由于油液动量变化所产生的稳态液动力。

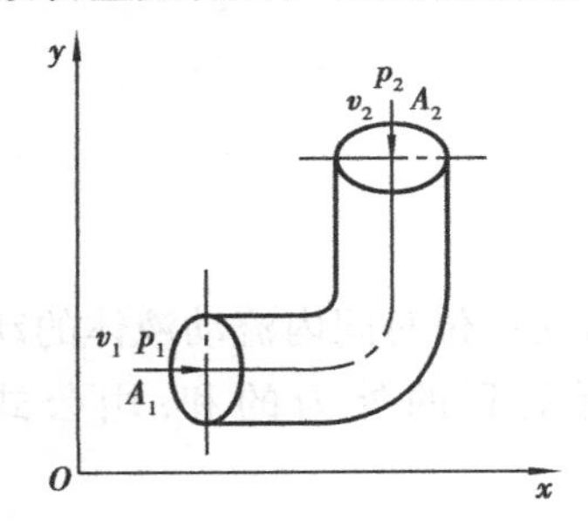

图1.13　流过90°弯管时对管壁的作用力

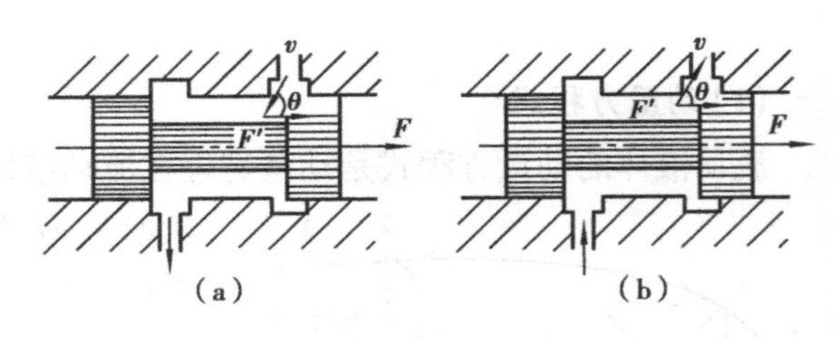

图1.14　滑阀上的液动力

2)油液作用在滑阀上的轴向液动力

如图1.14所示的滑阀中，液体流动方向相反。现取进出口之间的液体作为控制体。

控制体内液流初速在轴向方向的分量 $v_1=v\cos\theta$，液流末速在轴向方向分量 $v_2=0$，因此阀芯受到轴向方向作用力 F' 为：

$$F'=-F=-\rho q(0-v\cos\theta)=\rho q v\cos\theta$$

F' 力的方向与 $v\cos\theta$ 同向，即阀芯上所受的稳态液动力力图使滑阀阀口关闭。

在图1.14(b)中，其滑阀阀芯受到轴向方向作用力 F' 为：

$$F'=-F=-\rho q(v\cos\theta-0)=-\rho q v\cos\theta$$

F' 方向与 $v\cos\theta$ 方向相反，同样也说明 F' 力也力图使滑阀阀口关闭。

由以上分析可知，在一般情况下，液流通过阀口而产生对阀芯的轴向作用力(即液动力)都有使滑阀阀口关闭的趋势。

1.4　液体流动中的压力损失

由于实际液体具有黏性，因此在流动过程中要损耗一部分能量，这种能量耗损主要表现为液流的压力损失。压力损失分为沿程压力损失和局部压力损失。沿程压力损失是液流流经直管中的压力损失，而局部压力损失是液流流经管径突变或管路突然弯曲等局部地方的压力损失。损失的大小与液体在密封管路系统内的流动状态有关。

1.4.1　液体的流动状态

(1)层流和紊流

液体在管路中流动时，有两种不同的流动状态，即层流和紊流。这两种流动状态的物理现象可用一个简单的实验观察出来，这就是雷诺实验。雷诺实验装置如图1.15所示。

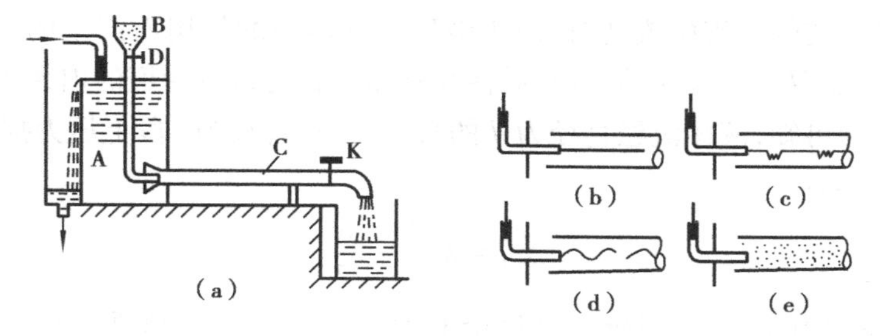

图1.15　雷诺实验装置

在容器A和B中分别装满水及红色液体，阀K可调节管C中的水的流动速度。同时开启D及K阀，则水及红色液体可从C管中流出。当流速较低时，玻璃管中出现了一条红色直线流，如图1.15(b)所示。若将小细管上下移动，红色细线也上下移动，这表明管中水流是分层的，而且层与层之间互不相干，这种流动状态称为层流。

调节K阀，使水的流速随之增大到某一临界值，红色线开始曲折，如图1.15(c)所示，甚至断裂，如图1.15(d)所示，若流速再增加，就出现图1.15(e)所示现象，即管中液体质点的运动已无一定规律，相互发生撞击现象，这种流动状态即紊流。图1.15(c)及图1.15(d)处于层流和紊流的过渡状态。从层流过渡到紊流的临界速度(上临界速度)与从紊流过渡到层流的临界速度(下临界速度)是不同的，前者大于后者。

(2)雷诺数

根据实验，液体的流动状态是层流还是紊流，不仅与管内液体平均速度 v 有关，并且与管子直径 d 及液体运动黏度 ν 有关，可以用雷诺数 Re 作为判别流动状态的准则。

$$Re = \frac{v \cdot d}{\nu} \tag{1.27}$$

雷诺数 Re 无量纲。经过大量实验，在工程中常用一个临界雷诺数 $Re_{临}$ 来判别液流是层流还是紊流。当 $Re<Re_{临}$ 时，为层流；当 $Re>Re_{临}$ 时，为紊流。表 1.4 为常见的管道临界雷诺数。

表 1.4　常见管道临界雷诺数 $Re_{临}$

管道形状	$Re_{临}$	管道形状	$Re_{临}$
光滑金属管道	2 000 ~ 2 300	带环槽的同心环状缝隙	700
橡胶软管	1 600 ~ 2 000	带环槽的偏心环状缝隙	400
光滑同心环状缝隙	1 100	圆柱形滑阀阀口	260
光滑偏心环状缝隙	1 000	锥阀阀口	20 ~ 100

1.4.2　沿程压力损失

液体在直径不变的直管中流动时，由于液体内摩擦力的作用而产生的能量损失，称为沿程压力损失，它主要取决于液体的流速、黏性和管路的长度以及管道的内径等。

经过理论推导可知，液体流经直径为 d 的直管时，在管长为 l 段上压力损失称为沿程压力损失，其计算公式为：

$$\Delta p_1 = \lambda \frac{l}{d} \cdot \frac{\rho v^2}{2} \tag{1.28}$$

式中，λ 称为沿程阻力系数（无量纲），其理论值为 $64/Re$，实际值则要大些。如液压油在金属管中作层流时，常取 $\lambda=75/Re$，在橡胶管中取 $\lambda=80/Re$。

1.4.3　局部压力损失

局部压力损失是当液流流过弯头以及各种控制阀时，突然扩大或突然缩小管路断面，液流将被迫改变流速大小或者改变流动方向，使液流发生撞击、分离、脱流、漩涡等现象，从而产生流动阻力造成能量损耗，这种能量损失称为局部压力损失。

局部压力损失一般用下式计算：

$$\Delta p_r = \zeta \cdot \frac{\rho v^2}{2} \tag{1.29}$$

式中　ζ——局部阻力系数。

由于产生局部阻力的过程比较复杂，所以局部阻力系数 ζ 一般由实验求得。表 1.5 至表 1.11 给出几种不同情形下的局部阻力系数实验值，可供计算时参考。

表 1.5　管道入口处的局部阻力系数

<table>
<tr><th>入口形式</th><th colspan="7">局部阻力系数 ζ</th></tr>
<tr><td> 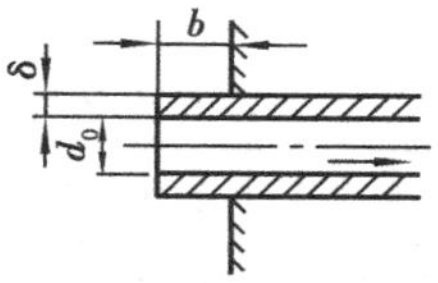入口处为尖角凸边 $Re>10^4$</td><td colspan="7">当 $\delta/d_0<0.05$ 及 $b/d_0\geqslant 0.5$，$\zeta=1$
当 $\delta/d_0>0.05$ 及 $b/d_0<0.5$，$\zeta=0.5$</td></tr>
<tr><td rowspan="2"> 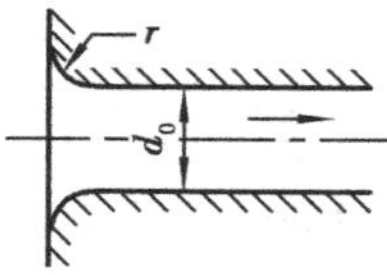入口处为圆角</td><td colspan="3">r/d_0</td><td colspan="2">0.12</td><td colspan="2">0.16</td></tr>
<tr><td colspan="3">ζ</td><td colspan="2">0.1</td><td colspan="2">0.06</td></tr>
<tr><td rowspan="7"> 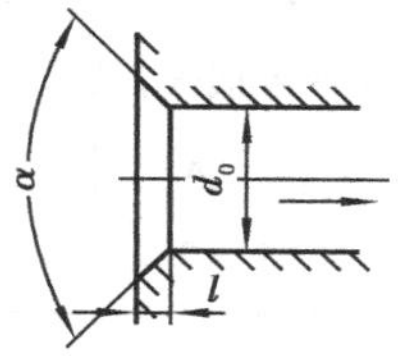入口处为倒角 $Re>10^4$（$\alpha=60°$时最佳）</td><td rowspan="3">α</td><td colspan="6">ζ</td></tr>
<tr><td colspan="6">l/d_0</td></tr>
<tr><td>0.025</td><td>0.050</td><td>0.075</td><td>0.100</td><td>0.150</td><td>0.600</td></tr>
<tr><td>30°</td><td>0.43</td><td>0.36</td><td>0.30</td><td>0.25</td><td>0.20</td><td>0.13</td></tr>
<tr><td>60°</td><td>0.40</td><td>0.30</td><td>0.23</td><td>0.18</td><td>0.15</td><td>0.12</td></tr>
<tr><td>90°</td><td>0.41</td><td>0.33</td><td>0.28</td><td>0.25</td><td>0.23</td><td>0.21</td></tr>
<tr><td>120°</td><td>0.43</td><td>0.38</td><td>0.35</td><td>0.33</td><td>0.31</td><td>0.29</td></tr>
</table>

表 1.6　管道出口处局部阻力系数

<table>
<tr><td> 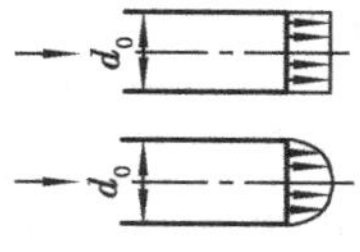从直管流出</td><td colspan="13">紊流时　$\zeta=1$　（如流入液压缸、蓄能器等）
层流时　$\zeta=2$　（如流入油箱时）</td></tr>
<tr><td rowspan="3"> 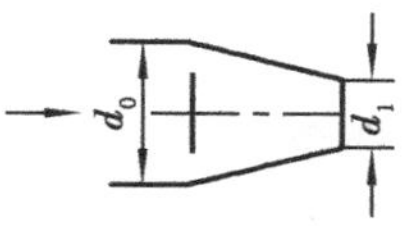从锥形喷嘴流出 $Re>2\times10^3$</td><td colspan="13">$\zeta=1.05(d_0/d_1)^4$</td></tr>
<tr><td>d_0/d_1</td><td>1.05</td><td>1.1</td><td>1.2</td><td>1.4</td><td>1.6</td><td>1.8</td><td>2.0</td><td>2.2</td><td>2.4</td><td>2.6</td><td>2.8</td><td>3.0</td></tr>
<tr><td>ζ</td><td>1.28</td><td>1.54</td><td>2.18</td><td>4.03</td><td>6.88</td><td>11.0</td><td>16.8</td><td>24.8</td><td>34.8</td><td>48.0</td><td>64.0</td><td>85.0</td></tr>
<tr><td rowspan="8"> 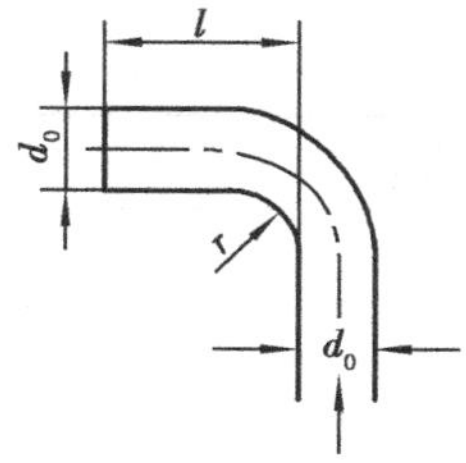从90°弯管中流出 $Re>2\times10^3$
$\zeta=\zeta'+\lambda\dfrac{l}{d_0}$　$\lambda=\dfrac{75}{Re}$</td><td rowspan="3">r/d_0</td><td colspan="8">ζ'</td></tr>
<tr><td colspan="8">l/d_0</td></tr>
<tr><td>0</td><td>0.5</td><td>1.0</td><td>1.5</td><td>2.0</td><td>3.0</td><td>6.0</td><td>12.0</td></tr>
<tr><td>0</td><td>2.95</td><td>3.13</td><td>3.23</td><td>3.00</td><td>2.72</td><td>2.40</td><td>2.10</td><td>2.00</td></tr>
<tr><td>0.2</td><td>2.15</td><td>2.15</td><td>2.08</td><td>1.84</td><td>1.70</td><td>1.60</td><td>1.52</td><td>1.48</td></tr>
<tr><td>0.5</td><td>1.80</td><td>1.54</td><td>1.43</td><td>1.36</td><td>1.32</td><td>1.26</td><td>1.19</td><td>1.19</td></tr>
<tr><td>1.0</td><td>1.46</td><td>1.19</td><td>1.11</td><td>1.09</td><td>1.09</td><td>1.09</td><td>1.09</td><td>1.09</td></tr>
<tr><td>2.0</td><td>1.19</td><td>1.10</td><td>1.06</td><td>1.04</td><td>1.04</td><td>1.04</td><td>1.04</td><td>1.04</td></tr>
</table>

表 1.7 管道扩大处的局部阻力系数

管道扩大形式	局部阻力系数						
	α	ζ					
		d_1/d_0					
		1.2	1.5	2.0	3.0	4.0	5.0
	5°	0.02	0.04	0.08	0.11	0.11	0.11
	10°	0.02	0.05	0.09	0.15	0.16	0.16
	20°	0.04	0.12	0.25	0.34	0.37	0.38
当 $\alpha=180°$ 为突然扩大	30°	0.06	0.22	0.45	0.55	0.57	0.58
	45°	0.07	0.30	0.62	0.72	0.75	0.76
	60°		0.36	0.68	0.81	0.83	0.84
	90°		0.34	0.63	0.82	0.88	0.89
A_0,A_1 为管道相应内径 d_0,d_1 的通流面积	120°		0.32	0.60	0.82	0.88	0.89
$\lambda = \dfrac{75}{Re}$	180°		0.30	0.56	0.82	0.88	0.89
	表中未计摩擦损失，其值：$\zeta_{摩擦} = \dfrac{\lambda}{8\sin\dfrac{\alpha}{2}}\left[1-\left(\dfrac{A_0}{A_1}\right)^2\right]$						

表 1.8 管道缩小处的局部阻力系数

管道缩小形式	局部阻力系数 ζ									
$Re>10^4$	$\zeta=0.5\left(1-\dfrac{A_0}{A_1}\right)$									
	A_0/A_1	0.1	0.2	0.3	0.4	0.5	0.6	0.7	0.8	0.9	1.0
	ζ	0.45	0.40	0.35	0.30	0.25	0.20	0.15	0.10	0.05	0
$Re>10^4$	$\zeta=\zeta'\left(1-\dfrac{A_0}{A_1}\right)$ ζ'按表 1.5 管道入口处为倒角的 ζ 值 注：A_0,A_1 为与 d_0,d_1 相应的过流面积									

表 1.9 弯管局部阻力系数

弯管形式	局部阻力系数 ζ									
折管	α	10°	20°	30°	40°	50°	60°	70°	80°	90°
	ζ	0.04	0.1	0.17	0.27	0.4	0.55	0.7	0.9	1.12

续表

<table>
<tr><th>弯管形式</th><th colspan="6">局部阻力系数 ζ</th></tr>
<tr><td rowspan="4"> 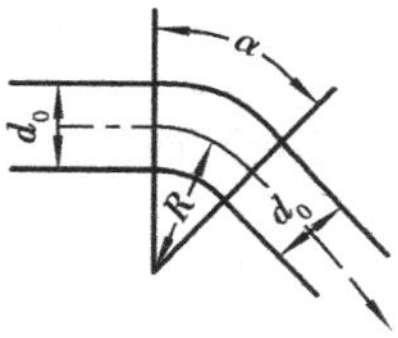均匀弯管</td><td colspan="6">$$\zeta=\zeta'\cdot\frac{\alpha}{90^\circ}$$</td></tr>
<tr><td>$d_0/2R$</td><td>0.1</td><td>0.2</td><td>0.3</td><td>0.4</td><td>0.5</td></tr>
<tr><td>ζ'</td><td>0.13</td><td>0.14</td><td>0.16</td><td>0.21</td><td>0.29</td></tr>
<tr><td colspan="6">注:①对于粗管壁的铸造弯头,紊流时,ζ'较上表大3.5~4.5倍;
②两个弯管相联接的情况。 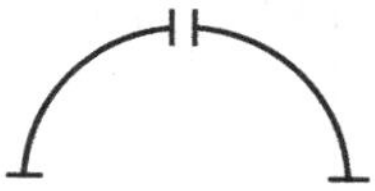
$\zeta=2\zeta_{90^\circ}$ 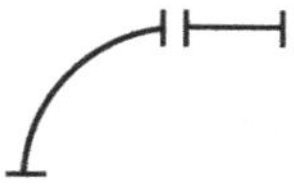　$\zeta=3\zeta_{90^\circ}$ 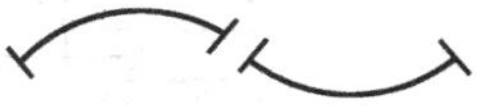　$\zeta=4\zeta_{90^\circ}$</td></tr>
</table>

表1.10 分支管路的局部阻力系数

流型及流向		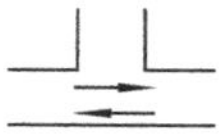		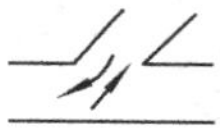		
ζ	0.05	0.10	0.15	0.5	1.2	2.5~3

流型及流向	Q→2Q, Q	2Q, Q, Q	Q, Q, 2Q	Q, Q/2, Q/2
ζ	$\zeta_{合流}=0.5\sim0.6$	$\zeta_{分支}=1\sim1.5$	$\zeta_{合流}=1\sim2.5$	$\zeta_{主支}=0.1\sim0.2$ $\zeta_{分支}=0.9\sim1.2$

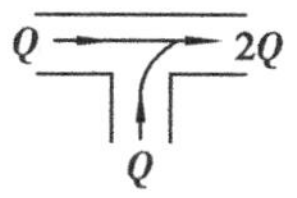

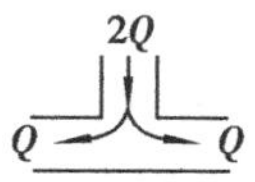

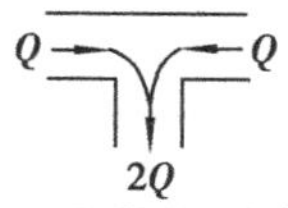

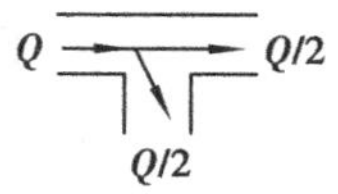

流型及流向		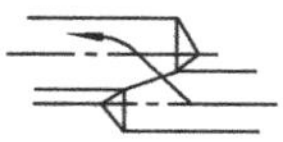		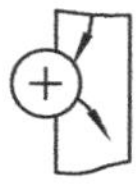	
ζ	0.15	0.5	0.8	0.6~0.9	1.1

注:局部阻力公式中 v 应为主管道内液体的平均流速。

表 1.11　阀的局部阻力系数

阀的形式	局部阻力系数 ζ							
旋阀	θ	5°	10°	15°	20°	25°	30°	35°
	ζ	0.05	0.29	0.75	1.56	3.1	5.47	9.68
	θ	40°	45°	50°	55°	60°	65°	82°
	ζ	17.2	31.2	52.6	106	206	486	旋阀关闭
	局部阻力公式(1.28)中 v 为旋阀全开时的流速							
锥形阀	h/d_0	0.1	0.15	0.20	0.25	0.30	0.35	0.40
	ζ	15.6	7.27	4.35	3.00	2.27	1.82	1.54
平底锥形阀	h/d_0 b_1/d_0	0.1	0.12	0.14	0.16	0.18	0.22	0.25
	ζ	8.70	5.77	4.24	3.16	2.58	1.97	1.74
滑阀全开	$\zeta=1.6\sim3.2$							

对于液流通过各种标准液压元件的局部压力损失，一般可从产品技术规格中查得，但查取的压力损失是在额定流量 q_e 下的压力损失 Δp_e，若实际通过阀的流量为 q，则通过阀类元件的局部压力损失为：

$$\Delta p_r = \Delta p_e\left(\frac{q}{q_e}\right)^2 \tag{1.30}$$

1.4.4　管路系统中的总压力损失

管路系统中的总压力损失 Δp 等于系统中所有直管中的沿程压力损失与所有局部压力损失之和，即

$$\Delta p = \sum \Delta p_l + \sum \Delta p_r = \sum \lambda \frac{l}{d} \cdot \frac{\rho v^2}{2} + \sum \zeta \cdot \frac{\rho v^2}{2} + \sum \Delta p_e \left(\frac{q}{q_e}\right)^2 \quad (1.31)$$

1.4.5 流速选择

由压力损失计算公式可知,在层流时直管中的压力损失与流速 v 成正比,在紊流时直管中的压力损失与流速的平方成正比。因此,为了减小系统的压力损失,液体在管中的流速不应过高。但流速太低会使导管和阀类元件的尺寸加大和成本提高。一般计算时可参考表 1.12 选择流速。

表 1.12 油液流经不同元件的推荐流速

油液流经的液压元件		流速/($m \cdot s^{-1}$)
液压泵的吸油管路	15~25 mm	0.6~1.2
	>32 mm	1.5
压油管路	15~50 mm	3.0
	>50 mm	4.0
流经控制阀等短距离的缩小截面的通道		6.0
溢流阀		15
安全阀		30

1.5 液体在小孔和缝隙中的流动

在液压系统中,常会遇到油液流过小孔或缝隙的情况。例如:有些液压元件利用小孔或间隙大小的变化来实现调节通过的流量和压力;又如元件中存在间隙,也会由于压差作用而造成泄漏。因此,了解小孔和缝隙的流量计算及其影响因素,对于液压元件和系统的分析与计算具有重要意义。

1.5.1 液体流经小孔的流量-压力特性

小孔可分为 3 种:当小孔的长径比 $l/d \leqslant 0.5$ 时,称为薄壁小孔;当 $l/d>4$ 时,称为细长小孔;当 $0.5<l/d \leqslant 4$ 时称为短孔。

(1)薄壁小孔

图 1.16 表示液流经过管道的一个薄壁小孔,小孔直径为 d。当液流从截面 1-1 流到薄壁小孔时,液流发生收缩,经过小孔后液流继续收缩,在离小孔很近的截面 2-2,液流面积达到最

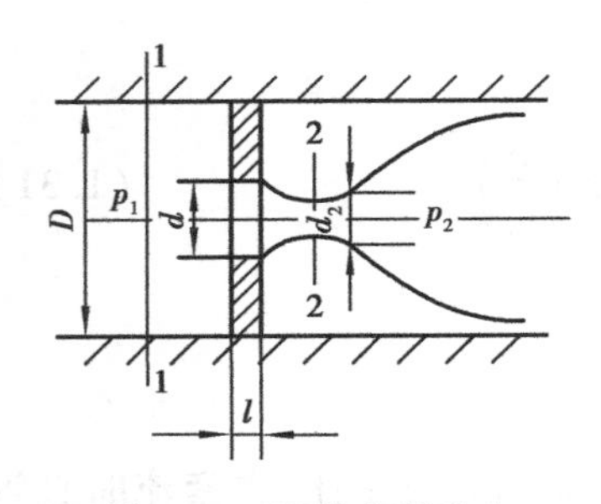

图 1.16　液体在薄壁小孔中的流动

小,这一截面称为收缩截面 A_2,A_2 与小孔截面面积 A 之比称为断面收缩系数 C_c,即 $C_c=A_2/A$。

由此得薄壁小孔的流量公式为:

$$q=v_2A_2=C_d\cdot A\sqrt{\frac{2}{\rho}\Delta p} \tag{1.32}$$

式中,C_d 为流量系数($C_d=C_v\cdot C_c$),其数值由实验确定。当 $D/d\geqslant 7$ 时,可取 $C_d=0.62$,当 $D/d<7$ 时,取 $C_d=0.7\sim 0.8$。

由薄壁小孔流量公式(1.31)可知,流经薄壁小孔的流量 q 与小孔前后压差 Δp 的 1/2 次方成正比,同时油液流经薄壁小孔时,摩擦阻力作用很小,流量受黏度的影响很小,因而油温变化对流量的影响也很小,此外,薄壁小孔不易堵塞。所以在液压技术中,常用这类小孔作为节流装置。

(2)细长小孔

流经细长小孔的液流,由于黏性而流动不畅,故多为层流。利用沿程压力损失公式$\Delta p=\lambda\dfrac{l}{d}\cdot\dfrac{\rho v^2}{2}$,将 $\lambda=\dfrac{64}{R_e}=\dfrac{64\mu}{dv\rho}$及 $v=q/\dfrac{\pi}{4}d^2$ 代入,即得细长小孔的流量公式:

$$q=\frac{\pi d^4}{128\mu l}\Delta p \tag{1.33}$$

由上式可知,流经细长小孔的流量受温度(黏度)、孔长度、孔口尺寸的影响很大,且与压力差成正比,所以通过的流量很不稳定,它只局限于作限压器或用于流量调节精度要求低的场合。

(3)短孔

短孔介于薄壁小孔与细长小孔之间,又称厚壁孔。液流经过短孔时,不仅有收缩扩大的能量损失,还有沿程能量损失,其流量计算可采用下列公式:

$$q=C'A\sqrt{\frac{2}{\rho}\Delta p} \tag{1.34}$$

式中,C'为短孔流量系数(无量纲),其数值由实验确定,一般取 $C'=0.82$。

短孔的流量-压力特性介于细长孔与薄壁小孔之间,常用作某些固定节流器的小孔。

1.5.2　液体流经缝隙的流量-压力特性

在液压传动的元件中,适当的缝隙(间隙)是零件间正常相对运动所必需的,液压元件常见的缝隙形式有两种:一种是由两平行平面形成的平面缝隙,另一种是由两个内、外圆柱表面形成的环状缝隙。液流经这些缝隙的流量,实际上就是泄漏量。

(1)流经平面缝隙的流量

图 1.17 为油液流经平行平面缝隙的情况。平面缝隙的厚度为 δ,沿液流方向的缝隙长度为 l,宽度为 b,在图中液流沿 x 方向流动,液流在流经缝隙前后的压力分别为 p_1 和 p_2。由于缝隙较小,且油液本身又具有黏性,因此,液流在缝隙中的流速较低,一般呈层流状态,液流在缝隙中的速度分布为抛物线形,如图中的虚线所示。

经过理论推导可得,油液流经平面间隙的流量的计算式为:

$$q = \frac{b\delta^3}{12\mu l}\Delta p \pm \frac{v}{2}\delta b \tag{1.35}$$

式中，v 为两平行平面相对运动速度。当 v 与液流方向相同时取“+”，相反时取“-”。

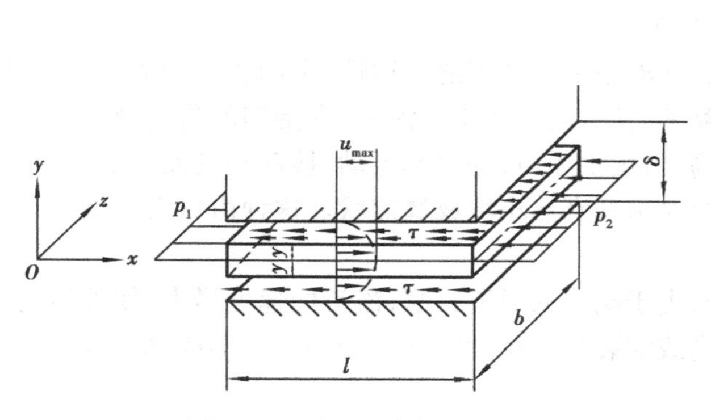

图 1.17　平面缝隙中的液流

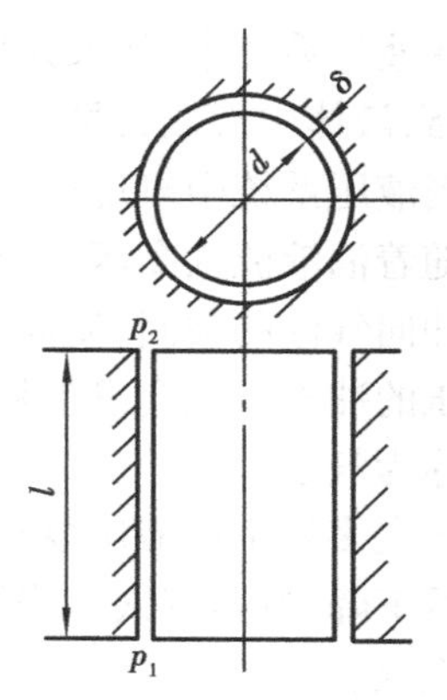

图 1.18　同心环状缝隙中的液流

(2)流经同心环状缝隙的流量

如图 1.18 所示，一个同心环状缝隙，缝隙的厚度为 δ，缝隙内侧圆柱面的直径为 d，沿液流方向缝隙长度为 l。若将环状缝隙沿圆周展开，就相当于一个平面缝隙，用 πd 代替缝隙宽度 b，即得油液流经同心环状缝隙的流量公式：

$$q = \frac{\pi d\delta^3}{12\mu l}\Delta p \tag{1.36}$$

1.6　液压冲击和气穴现象

1.6.1　液压冲击

在液压系统中，由于运动部件急速换向或关闭压力油路时，在管路内会形成一个很高的瞬时压力峰值，这种现象称为液压冲击。液压冲击常伴随巨大的振动和噪声，使液压系统产生温升，有时会使密封装置、管路和元件损坏，并使某些元件(如压力继电器、顺序阀)产生误动作，影响系统的正常工作。因此在设计和使用液压系统时，必须考虑防止和减小液压冲击。

避免产生液压冲击的基本措施是，尽量避免液流速度发生急剧变化，延缓速度变化的时间，其具体办法有：

①缓慢开关阀门。

②限制管路中液流的速度。

③系统中设置蓄能器和安全阀。

④在液压元件中设置缓冲装置。

1.6.2 气穴现象

在液压系统中,如果某处的压力低于空气分离压,原来溶解于油液中的空气就会分离出来,导致液体中形成大量的气泡的现象,称为气穴。

当液压系统中出现气穴现象时,大量气泡破坏了液流的连续性,引起压力和流量的脉动;气泡随着油液流入高压区域时,便突然凝缩,又重新溶解于油液中,在凝缩的瞬间液体质点以高速冲向气泡的空间,使局部产生高温高压,发出噪声,并引起振动,接触到的元件表面,在高温高压的冲击下就会发生氧化腐蚀,严重时呈现麻点小坑或蜂窝状。这种由气穴造成的腐蚀作用称为气蚀。

气穴多发生在液压泵阀门的进口处,由于阀口的通道狭窄,液流的速度增大,使油液的压力骤然下降,发生气穴。当泵的转速过高或安装高度过大时,吸油不充分,形成真空也会引起气穴现象。

为了防止产生气穴,一般可采取下列措施:

①减小流经小孔或缝隙的压力降,一般希望小孔或缝隙前后的压力比为 $p_1/p_2 \leqslant 3.5$。

②正确确定液压泵结构参数和液压泵的管路,对流速要加以限制,并尽量避免吸油通道的急弯或局部窄缝。对于高压泵可采用辅助泵供油。

③管路要有良好的密封,防止空气渗入。

复习思考题

1.1 什么叫液体的黏性?常用的黏度表示方法有哪几种?相互关系如何?设某液压油的运动黏度为 32×10^{-6} m²/s,密度为 900 kg/m³,其动力黏度和恩氏黏度各为多少?

1.2 压力的定义是什么?压力有哪几种表示方法?其相互关系如何?

1.3 压力表校正仪原理如题图 1.3 所示,已知活塞直径 $d=10$ mm,丝杆导程 $s=2$ mm,仪器内充满油液,其体积弹性模量 $K=2\times10^3$ MPa,当压力为一个大气压时,仪器内液体体积为 $V=200$ mL。求在仪器内形成 20 MPa 的压力,手轮需转多少转?

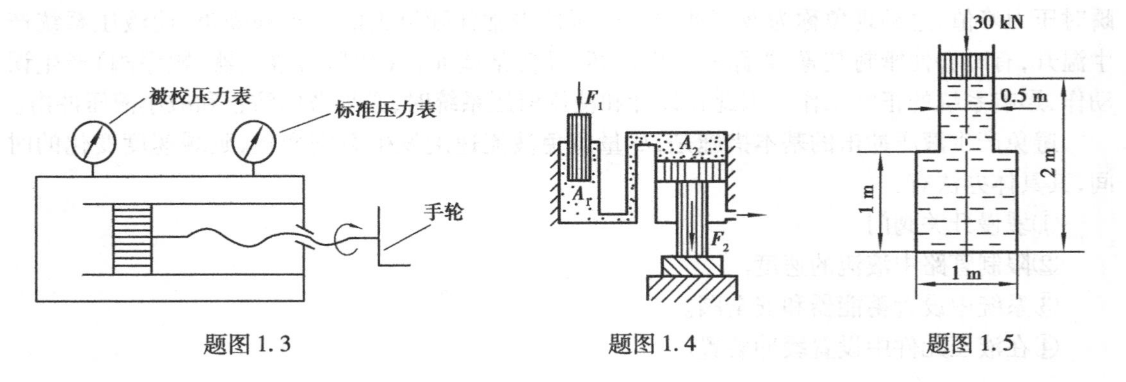

题图 1.3　　题图 1.4　　题图 1.5

1.4　题图1.4所示，小活塞面积上施加 $F_1=500$ N的力时，求大活塞上产生向下的力 F_2 为多少（不计活塞质量且大活塞下腔接油箱）？两缸筒内的压力为多少？

1.5　题图1.5所示，水平截面为圆形的容器，上端开口，求作用在容器底面的作用力。若在开口端加一活塞，并在活塞上施加一作用力（包括活塞自重）为30 kN，问容器底面的总作用力为多少？

1.6　在题图1.6所示的液压缸装置中，$d_1=20$ mm，$d_2=40$ mm，$D_1=75$ mm，$D_2=125$ mm，$q_1=25$ L/min，试求 v_1，v_2 和 q_2 各为多少？

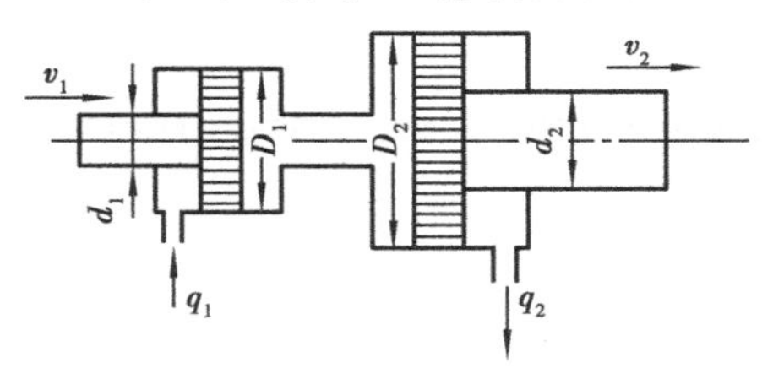

题图1.6

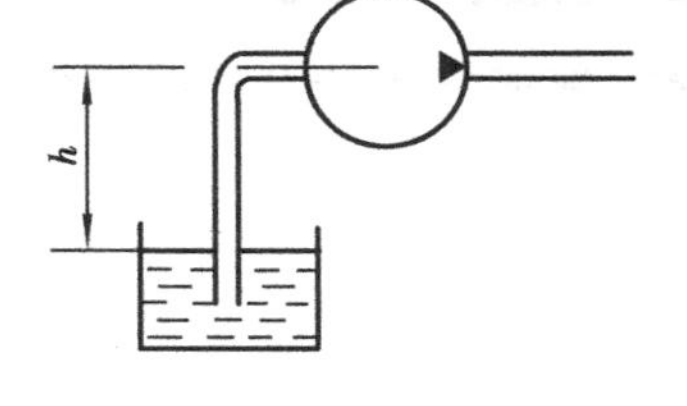

题图1.8

1.7　解释下列术语：稳定流、非稳定流、通流截面、流量、平均流速。

1.8　题图1.8所示，液压泵从油箱吸油，吸油管直径 $d=6$ cm，流量 $q=150$ L/min，液压泵入口处的真空度为0.02 MPa，油液运动黏度 $\nu=30\times10^{-6}$ m²/s，密度 $\rho=900$ kg/m³，弯头处局部阻力系数 $\zeta_{弯}=0.2$，管道入口处的局部阻力系数 $\zeta_{入}=0.5$，沿程损失忽略不计，试求吸空高度 h。

1.9　题图1.9所示，一针状锥阀，锥阀的锥度为 2φ，入口处的流速为 v_1，压力为 p_1；锥阀出口处的流速为 v_2，压力为大气压（$p_2=0$）。求如图所示的两种情况下液流对锥阀的液动力。

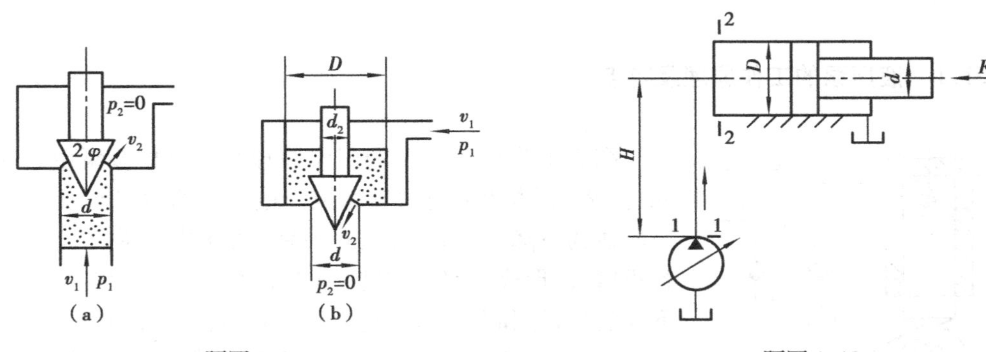

题图1.9　　　　题图1.10

1.10　如题图1.10所示的液压系统中，已知泵的流量 $q=90$ L/min，液压缸的内径 $D=100$ mm，负载 $F=30\ 000$ N，回油腔的压力近似为零，液压缸的进油管是内径为 $d=20$ mm的钢管，总长（即为管的垂直高度）$H=5$ m，进油路总的局部阻力系数 $\sum\zeta=7.2$，液压油的密度 $\rho=900$ kg/m³，工作温度下的运动黏度 $\nu=4.6\times10^{-5}$ m²/s，试求：①进油路的压力损失；②液压泵的供油压力。

第2章 液压泵

2.1 概　述

液压泵是液压系统的动力元件。它是将原动机输出的机械能（转矩 M_b 和角速度 ω_b 的乘积）转变为液压能（压力 p_b 和流量 q_b 的乘积）的能量转换装置，是液压系统的一个重要组成部分。

2.1.1　液压泵的工作原理及特点

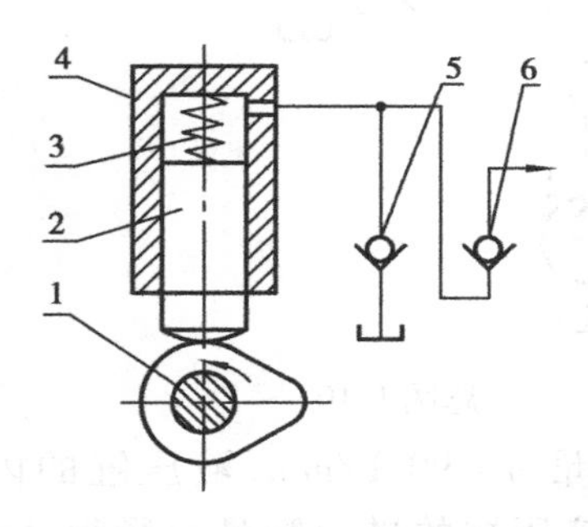

图 2.1　单柱塞泵工作原理
1—凸轮；2—柱塞；3—弹簧；4—缸体；5、6—单向阀

图 2.1 为单柱塞泵的工作原理图。单柱塞泵由凸轮、柱塞、弹簧、缸体和单向阀等组成。电动机带动凸轮旋转，当旋至曲线的下降部位时，柱塞在弹簧力的作用下向下运动，密封容积增大，形成一定真空度，油箱中的油液在大气压力的作用下，经吸入管和单向阀 5 进入密封缸体内；当凸轮推动柱塞向上运动时，柱塞和缸体形成的密封容积减小，油液从缸体中挤出，经单向阀 6 排到需要的地方去。凸轮使柱塞不断地升降，密封容积周期性减小和增大，泵就不断地排油和吸油。总的来看，液压泵的工作原理可归纳为：

①液压泵是靠一个或数个密封油腔容积的周期变化来进行工作的，所以称为容积式泵。泵的流量取决于密封容积的变化大小和变化频率。

②为了保证密封容积变小时只与排油管相连，而在密封容积变大时又只与吸油管相连，特设置了两个单向阀。它们只起分配液流的作用，称为配流装置。不同形式泵的配流装置虽然结构形式各不相同，但所起作用相同，并且在容积式泵中是必不可少的。

③容积式泵排油的压力决定于排油管道中油液所受到的负载。吸油时密封容积增大,形成一定真空度,油液在泵内外压力差的作用下进入密封缸体,其机理可用伯努利方程说明。所以油液表面的大气压力(或附加一定压力)是保证容积式泵正常工作的必要外部条件。

2.1.2 液压泵的主要性能参数

(1)流量和容积效率

液压泵的流量是指泵在单位时间内排出液流的体积,常用单位是升/分(L/min)。液压泵的流量又分为理论流量和实际流量。理论流量 q_{bt} 为每转排量 V_{bt} 和单位时间内密封容积变化的次数 n_b 的乘积,即

$$q_{bt} = V_{bt} n_b \tag{2.1}$$

式中,V_{bt} 为在没有泄漏的情况下液压泵轴转一转所排出的油液体积。常用单位为毫升/转(mL/r)。它取决于液压泵的几何尺寸,又称几何排量(简称排量)。

液压泵的理论流量只与排量和转速有关,而与压力无关。工作压力为零时,实际测得的流量可近似作为其理论流量。

由于液压泵的运动副(柱塞及配流装置)中有间隙,工作过程中必然有部分油流从压力腔经这些间隙泄漏到吸油腔(内泄漏)及泵外部(外泄漏),液压泵实际能提供的流量较理论流量小,即

$$q = q_{bt} - \Delta q \tag{2.2}$$

式中 q——液压泵的实际流量;

Δq——液压泵的泄漏量(内泄漏与外泄漏之和)。

液压泵的实际流量和理论流量之比称为容积效率 η_{bv},即

$$\eta_{bv} = \frac{q}{q_{bt}} = \frac{q_{bt} - \Delta q}{q_{bt}} = 1 - \frac{\Delta q}{q_{bt}} \tag{2.3}$$

$$q = q_{bt} \eta_{bv} \tag{2.4}$$

式中,η_{bv} 为小于1的数字,表示液压泵的内在质量的一个重要指标。在一定范围内泄漏量 Δq 与负载压力 p 成正比,泵的容积效率则随负载压力增加而线性下降。

(2)压力

液压泵的工作压力是指泵出口处的实际压力,它取决于外界负载。当然,这种负载是广义的,应该包括管路的阻力、相对运动件间的摩擦阻力等。如果负载是串联的,泵的工作压力是这些负载压力之和;如果负载是并联的,则泵的工作压力与并联负载的总液压阻力以及通过的流量有关。为使问题简化,不考虑液压阻力形成的负载,那么泵的工作压力取决于并联负载中最小的负载压力。

液压泵的额定压力是指泵在正常工作条件下,按试验标准规定能连续运转的最高压力,它反映了泵的能力。在额定压力下运行时,泵有足够的流量(额定流量)输出,并能保证较高的效率和寿命。超过此值将使泵过载。泵的额定压力,受泵本身的零件结构强度和泄漏所限制,主要受泄漏限制。

(3)功率和效率

液压泵是一种能量转换装置,它的理论输出功率为 $p_b q_{bt}$,输入功率为 $2\pi Mn$。如不考虑损

失，根据能量守恒，有：

$$p_b q_{bt} = 2\pi M_{bt} n_b \tag{2.5}$$

式中 p_b——液压泵的出口工作压力；

M_{bt}——驱动液压泵所需理论扭矩。

将 $q_{bt}=n_b V_{bt}$ 代入上式，可得：

$$M_{bt} = \frac{p_b V_{bt}}{2\pi} \tag{2.6}$$

由于液压泵在进行能量转换时，实际上总有能量损耗，因此输出功率总小于输入功率。根据效率定义，泵输出功率与输入功率的比值，就是泵的总效率 η_b，即

$$\eta_b = \frac{p_b q}{2\pi M_b n_b} \tag{2.7}$$

式中 M_b——驱动液压泵所需实际扭矩。

将 $q=q_{bt}\eta_{bv}$ 及 $q_{bt}=n_b V_{bt}$ 代入式(2.7)，得：

$$\eta_b = \frac{p_b V_{bt}}{2\pi M_b}\eta_{bv}$$

令

$$\eta_{bJ} = \frac{p_b V_{bt}}{2\pi M_b} = \frac{M_b - \Delta M_b}{M_b} \tag{2.8}$$

代入上式，得：

$$\eta_b = \eta_{bJ}\eta_{bv}$$

式中，η_{bJ} 称为液压泵的机械效率，它为理论上所需驱动泵的扭矩 M_{bt} 和实际所需扭矩 M_b 之比。由于机械摩擦损失的存在，M_b 应大于 M_{bt}，故机械效率也小于1。液压泵的总效率为泵的机械效率和泵的容积效率之乘积。泵的总效率随使用压力 p 变化的曲线如图2.2所示。

液压泵的输入功率可按下式计算：

$$P = \frac{p_b q}{\eta_b} \tag{2.9}$$

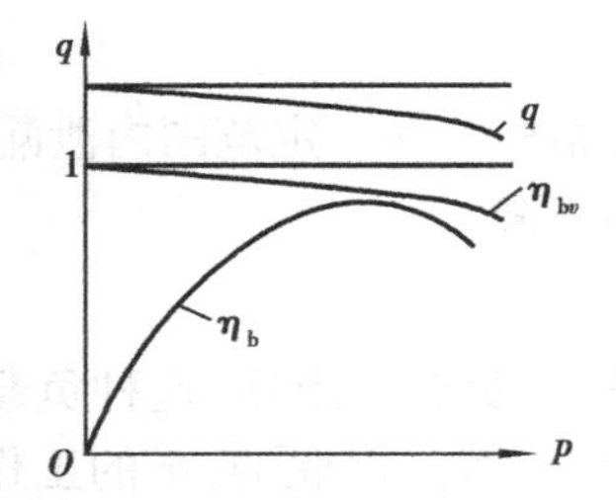

图2.2 泵的实际流量和效率

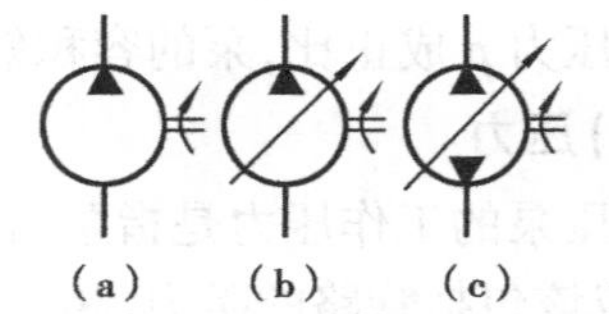

图2.3 液压泵的图形符号

(a)定量泵 (b)变量泵 (c)双向变量泵

2.1.3 液压泵的分类及图形符号

液压泵的类型很多。若按结构分类，常用的有柱塞式、叶片式和齿轮式3大类；若按在转速 n_b 不变的条件下，泵的排量能否改变分类，可分为定量泵和变量泵两大类。以下将对几种最常用的泵作进一步的介绍。

液压泵的图形符号如图2.3所示。

2.2 齿轮泵

齿轮泵具有结构简单、制造容易、成本低、体积小、重量轻、工作可靠、抗污染能力强等优点,但容积效率较低,流量脉动和压力脉动较大,噪声也大,所以主要用于低压或噪声水平限制不严的场合。

齿轮泵从结构上看可分为外啮合和内啮合两大类,其中以外啮合齿轮泵应用最广泛。

2.2.1 齿轮泵的工作原理和流量计算

外啮合齿轮泵一般由一对齿数相同的渐开线齿轮、传动轴、轴承、端盖和壳体组成,如图2.4所示。其工作原理可由图2.5说明。主动齿轮带动被动齿轮按图示箭头方向旋转,其啮合点(线)把壳体内部分成左右两个密封的油腔。轮齿从右侧退出啮合,使右密封腔容积增大,形成部分真空,通过吸油管从油箱吸油填充齿谷,所以右腔是吸油腔。随着齿轮的旋转,每个齿轮的齿谷把油液从右腔带到左腔,轮齿在左侧进入啮合,齿谷被对方轮齿填充,密封腔容积减小,油液被挤压,使左腔油压升高,油液从排油口排出,所以左腔是泵的排油腔。齿轮不断旋转,其吸排油口便连续不断地吸油和排油。在啮合过程中,啮合点沿啮合线移动,它把吸油腔和压油腔分开,起配流作用,因此齿轮泵中没有单独的配流装置。

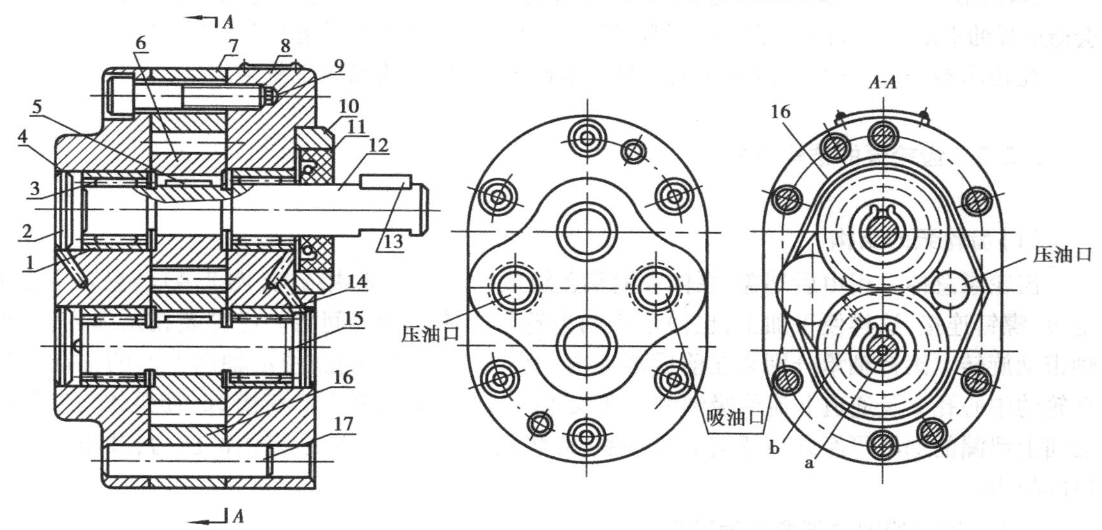

图2.4 外啮合齿轮泵结构

1—弹簧挡圈;2—压盖;3—轴承;4—后盖;5—键;6—齿轮;7—泵体;8—前盖;9—螺钉;10—密封座;11—密封环;12—长轴;13—键;14—泄漏通道;15—短轴;16—卸荷沟;17—圆柱销

齿轮泵的排量 q_b,相当于一对齿轮的齿间容积之总和。近似计算时可假设齿间的容积等于轮齿的体积,且不计齿轮啮合时的径向间隙。泵的排量为:

$$V_b = \pi Dhb = 2\pi Zm^2 b \tag{2.10}$$

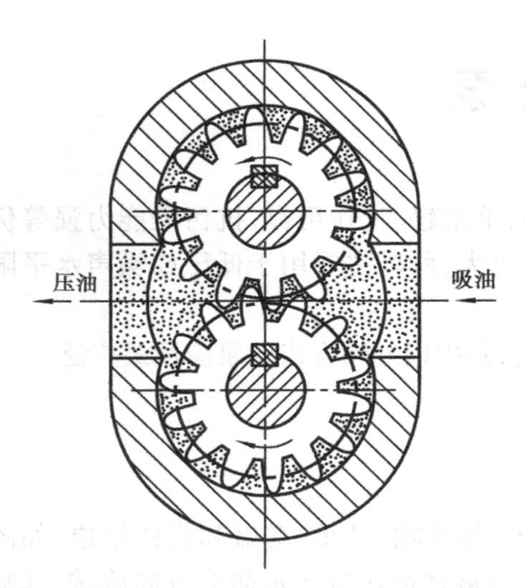

图 2.5 外啮合齿轮泵工作原理

式中 D——齿轮分度圆直径，$D=mZ$；

h——有效齿高，$h=2m$；

b——齿轮宽；

z——齿轮齿数；

m——齿轮模数。

泵的流量为：

$$q = V_b n_b \eta_{bv} = 2\pi z m^2 b n_b \eta_{bv} \tag{2.11}$$

式中 n_b——齿轮泵转速；

η_{bv}——齿轮泵的容积效率。

由于实际上齿间的容积要比轮齿的体积稍大一些，所以需引进修正系数 K 对上式作修正（通常 $K=1.05\sim1.15$）。因此，齿轮泵的流量公式为：

$$q = 2\pi k z m^2 b n_b \eta_{bv} \tag{2.12}$$

低压齿轮泵可选择 $2\pi k=6.66$

高压齿轮泵可选择 $2\pi k=7$

从式 2.10 可看出齿轮泵流量和主要参数的关系如下：

①泵的排量与齿轮模数的平方成正比。

②在泵体积一定时，齿数少模数就大，故泵的排量增加，但流量脉动大，反之泵的排量减小，流量脉动也小。一般齿轮泵的齿数 $z=6\sim14$。

③输油量和齿宽 b、转速 n_b 成正比。一般齿宽 $b=6\sim10$ mm，转速 n_b 应按产品规定，转速过高会造成吸油不足，转速过低泵也不能正常工作。一般齿轮的最大圆周速度应不大于 5 ~6 m/s。

在转速不变的条件下，齿轮泵的流量不能改变，所以齿轮泵属定量泵。

2.2.2 齿轮泵的结构分析

(1) 齿轮泵的结构

齿轮泵总体采用由后端盖、泵体和前端盖组成的三片分离式结构（图 2.4）。它靠定位销定位、螺钉连接，这样便于加工，也便于控制齿轮与壳体的轴向间隙。齿轮装在泵体内，由长轴带动旋转。滚针轴承分别装在前后端盖内。小孔 14 为泄油孔，使沿轴向泄漏的油液经从动轮的中心孔 a 及通道 b 流回吸油腔。在泵体的两端面上各铣有卸荷槽 16，使泵体与端盖接触面上泄漏的油液可经卸荷槽流回吸油腔，以降低泵体与端盖间泄漏油的压力，减小联接螺钉的拉力。

(2) 齿轮泵的困油现象及消除措施

为了保证齿轮泵能正常工作，使高低压区隔开，就要求齿轮的重叠系数 $\varepsilon>1$。而 $\varepsilon>1$ 时会出现两对轮齿同时啮合的情况，即前一对轮齿尚未脱开啮合，后一对轮齿已开始进入啮合。这样两对啮合的轮齿之间就形成一封闭的空间，称为“困油区”。随着齿轮的旋转，困油区的容积大小发生变化，如图 2.6 所示。容积变小（由图 2.6(a)过渡到图 2.6(b)）时，困油区的油液受到挤压，压力急剧升高，从缝隙里强行挤出一部分，使齿轮轴承受到很大的附加载荷，从而会降低其寿命，并产生功率损失，使油温升高。容积增大（由图 2.6(b)过渡到图 2.6

(c))时,由于不能补油,困油区形成局部真空,易产生气蚀气穴现象,引起振动和噪声。这就是所谓的“困油现象”。

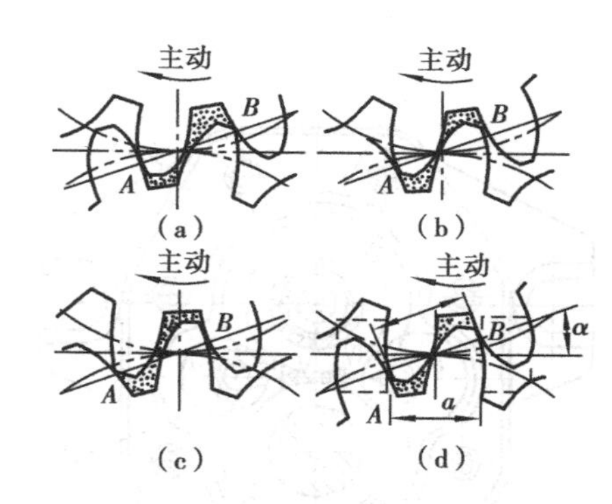

图2.6　齿轮泵的困油现象

为消除困油,常在端盖上开两个卸荷槽(图2.6(d))。其作用是:困油容积达到最小之前,一卸荷槽使困油区与排油腔相通,以排出油液;而过了困油区最小位置后,则另一个卸荷槽使困油区与吸油腔相通,以补充油液。两槽的间距 a 不能过小,以防止吸、排油腔通过困油区串通,影响泵的容积效率。

(3)齿轮泵的径向不平衡力及减小措施

齿轮泵工作时,排油腔的高压油液会经过径向间隙逐渐渗漏到吸油腔,其压力逐渐减小,如图2.7所示。可见泵内齿轮所受的径向力是不平衡的。这个不平衡力作用在轴承上,将影响轴承的寿命。因此,在泵的结构上要采取消除或减少径向不平衡力的措施。

减少径向不平衡力的有效方法,一是缩小排油口直径,使高压油作用于齿轮上的面积缩小,相应减小径向力;二是在泵的有关零件上开出4个对称的接通齿谷的压力平衡槽,如图2.8所示。这样可使作用到齿轮上的径向力大体平衡,但却使高、低压区更加靠近,油液泄漏增加,容积效率降低。

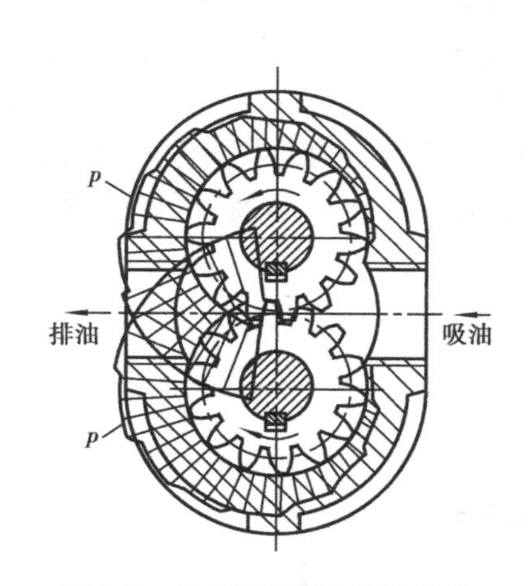

图2.7　齿轮泵的径向压力分布

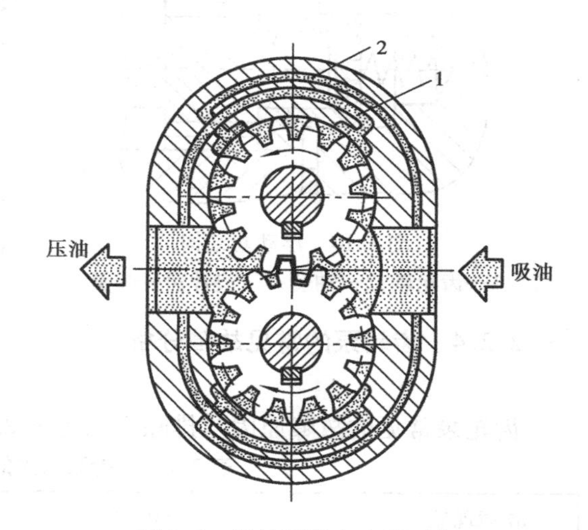

图2.8　齿轮泵径向力的平衡

1,2—压力平衡槽

2.2.3　齿轮泵的泄漏措施

齿轮泵工作时存在3个可能产生内泄漏的部位:齿轮外圆与泵体配合处、齿轮端面与端盖配合处以及两齿轮的啮合处。其中端面处的泄漏,因其途径较短,间隙稍有增加,泄漏量加剧,容积效率显著降低。所以必须严格控制齿轮泵的端面间隙,减少泄漏,保证工作压力。

对高压齿轮泵,为提高容积效率,一般都采用了浮动轴套和浮动侧板,使轴向间隙能自动

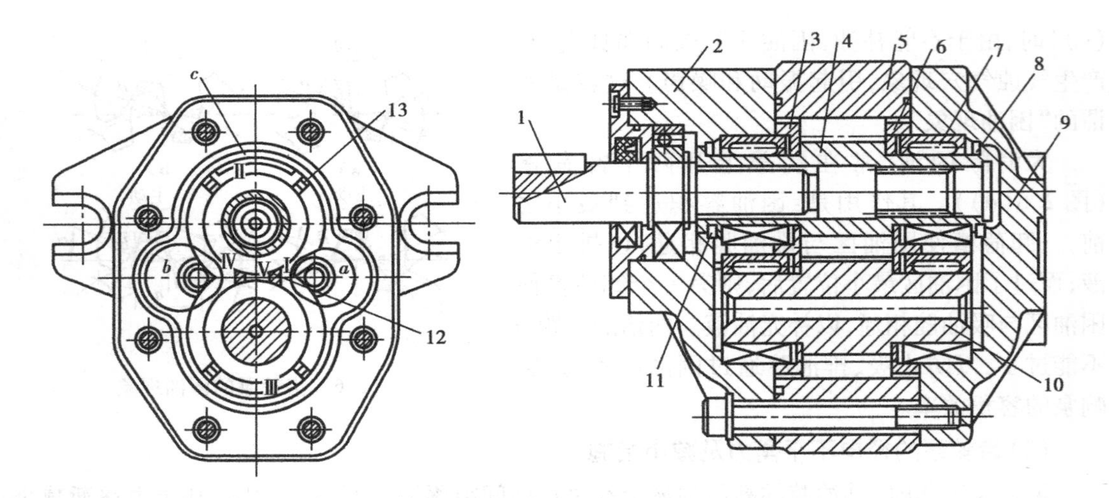

图 2.9　CB-L 型齿轮泵

1—转动轴;2—前盖;3—浮动侧板;4—主动齿轮;5—壳体;6—浮动侧板;7—轴承;8—密封环;9—后盖;10—从动齿轮;11—密封环;12、13—密封条

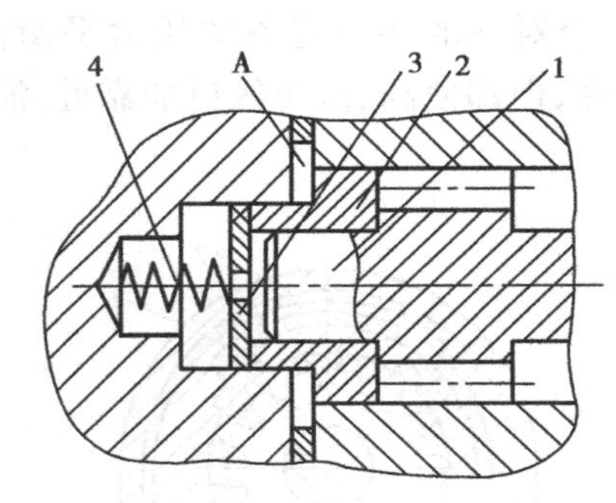

图 2.10　浮动套结构

1—齿轮轴;2—轴套;3—垫片;4—弹簧

补偿。如图 2.9 所示,办法是将压力油液引至齿轮端面的一个浮动端盖上,随着工作压力的提高,作用在浮动端盖上的液压推力使端面间隙自动减小。如图 2.10 所示,办法是在油泵的压力未建立起来前,靠弹簧力使轴套压向齿轮端面,当油泵的压力建立起来后,将压力油液引入 A 腔,靠液压力和弹簧力的共同作用,使轴套压向齿轮端面,且工作压力越高,压得越紧,以保证密封。

2.2.4　齿轮泵的常见故障分析

齿轮泵常见的故障原因与排除方法见表 2.1。

表 2.1　齿轮泵常见的故障原因与排除方法

故障现象	产生原因	排除方法
不输出压力油或输油量不足或输油压力不够	①电动机转向错误 ②吸入管道或滤油器堵塞 ③轴向间隙或径向间隙过大 ④各连接处泄漏而引起空气混入 ⑤油液黏度太大或油液温升太高	①纠正电动机转向 ②疏通管道,清洗滤油器,除去堵物,更换新油 ③修复或更换有关零件 ④紧固各连接处螺钉,避免泄漏,严防空气混入 ⑤油液应根据温升变化选用

续表

故障现象	产生原因	排除方法
噪声严重及压力波动厉害	①吸入管及滤油器部分堵塞或入口滤油器容量小 ②从吸入管或轴密封处吸入空气，或者油中有气泡 ③泵与联轴节不同轴或擦伤 ④齿轮本身的齿形精度不高 ⑤CB 型齿轮泵骨架式油封损坏，或装轴时骨架油封内弹簧脱落	①除去脏物，使吸油管通畅，或改用容量合适的滤油器 ②在连接部位或密封处加点油，如噪声减小，可拧紧接头处或更换密封圈，回油管口应在油面以下，与吸油管要有一定距离 ③调整同轴，排除擦伤 ④更换齿轮或对研修整 ⑤检查骨架油封，损坏时更换，以免吸入空气
泵旋转不灵活或咬死	①轴向间隙及径向间隙过小 ②装配不良，CB 型盖板与轴的同轴度不好，长轴的弹簧固紧脚太长，滚针套质量较差 ③泵和电动机的联轴器同轴度不好 ④油液中杂质被吸入泵体内	①修配有关零件 ②根据要求重新进行装配 ③调整使其不同轴度不超过 0.2 mm ④严防周围灰沙、铁屑及冷却水等物进入油池，保持油液洁净

2.3 叶片泵

叶片泵具有结构紧凑、体积小、流量均匀、噪声小、使用寿命较长、容积效率较高等优点。但它存在结构复杂、吸油性能差，对油液污染比较敏感等缺点。叶片泵广泛应用于完成各种中等负荷的工作。

叶片泵按工作原理可分为单作用式与双作用式两类。单作用式常做成变量泵，双作用式是定量泵。

2.3.1 单作用叶片泵

(1)单作用叶片泵的结构和工作原理

图 2.11 为单作用叶片泵的工作原理图。该泵由转子、定子、叶片以及侧面两个配流盘等组成。定、转子非同心安装，有偏心距 e。当转子转动，转子径向槽中的叶片在离心力的作用下冲出，使叶片顶部紧靠定子内表面上。这样，在定子内表面，转子外表面和端盖形成的空间内，每两个相邻叶片间形成若干密封的工作容积。当转子按图示方向旋转时，右边密封工作容积逐渐增大，形成局部真空，通过配流盘上的吸油窗口吸油，而左边密封工作容积逐渐减小，通过压油窗口将油流压出。转子旋转一周，各叶片间工作容积完成一次吸油和压油，所以称单作用叶片泵。因转子受单方向的径向力，轴承径向负荷较大，故叶片泵不宜用在高压系统中。

单作用叶片泵的优点是其流量可通过改变定、转子间的偏心距 e 来调节。当加大 e，流量增

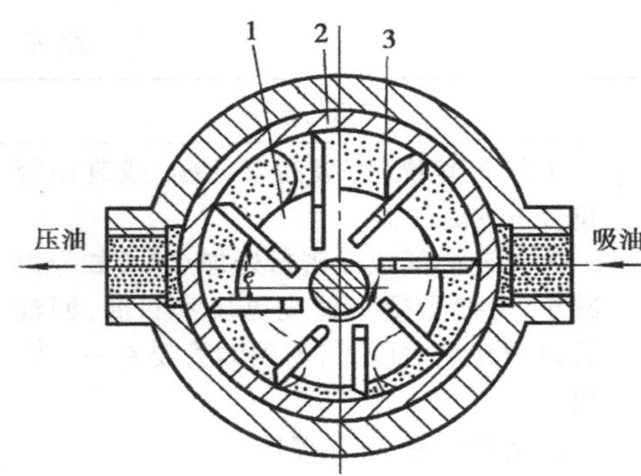

图 2.11　单作用叶片泵的工作原理
1—转子;2—定子;3—叶片

加,减小 e,流量相应减小。调节流量的方式可以是手动,也可以是自动进行。由泵工作原理可知,在最下位置时,密封容积最小,而在最上位置时,密封容积最大。如不计叶片厚度,则每转排量为:

$$V_b = b\pi[(R+e)^2-(R-e)^2] = 4b\pi Re = 2\pi bDe \tag{2.13}$$

单作用叶片泵流量为:

$$q = 2\pi bDen_b\eta_{bv} \tag{2.14}$$

式中　b——叶片宽度;

R——定子内半径;

e——定子、转子偏心距。

(2)限压式变量叶片泵

图 2.12(a)表示限压式变量叶片泵的工作原理。它是利用压力反馈作用来实现流量的自动调节。图 2.12(b)是其特性曲线。泵的输出压力作用在定子右侧的活塞上,而定子左侧有弹簧。当压力作用在活塞上的力小于弹簧的预紧力时,泵流量基本不变(图中曲线 AB 段稍有下降是泵泄漏所引起)。当工作压力增加,作用于活塞上的力大于弹簧的预紧力时,定子向左移动,使偏心量减小,泵流量减小(曲线 BC 段)。当泵的压力达到某一值时,偏心量接近零,泵不再有流量输出。

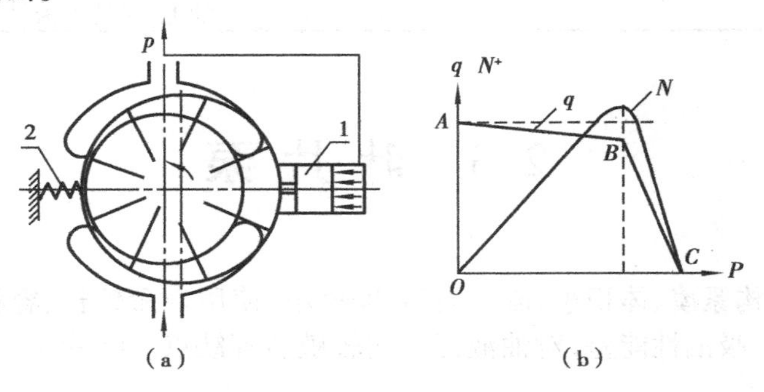

图 2.12　限压式变量叶片泵原理

图 2.13 是限压式变量叶片泵的实际结构。图中定子上半部为压油区,作用在定子内部

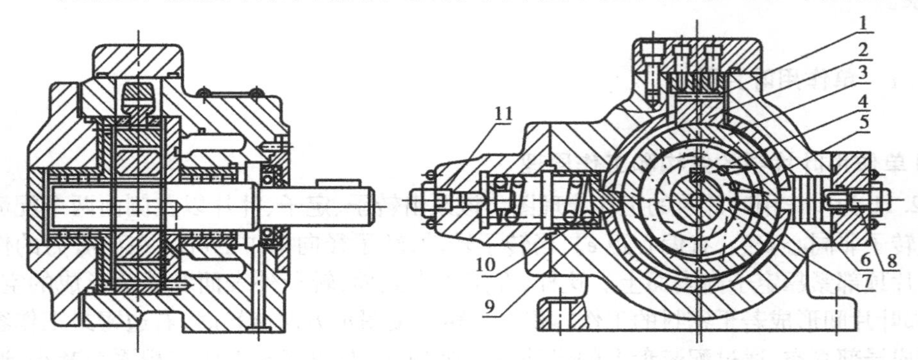

图 2.13　限压式变量叶片泵的结构
1—滚针;2—滑块;3—定子;4—转子;5—叶片;6—活塞;7—轴;
8—流量调节螺钉;9—弹簧座;10—弹簧;11—压力调节螺钉

的液体压力使定子向上并通过滑块使之与滚针导轨靠紧,使定子移动灵活。压力调节螺钉用来调节起控压力(图2.12(b)中的B点)。流量调节螺钉用来限制定子的最大偏心量,即泵的空载流量。

2.3.2 双作用叶片泵

(1)双作用叶片泵的结构和工作原理

图2.14为双作用叶片泵的工作原理图。该泵由转子、定子、叶片、配流盘以及泵体等组成。定子内表面类似椭圆形,是由与转子同心的半径为R和r的圆弧各两段,以及连接这些圆弧的四段过渡曲线所组成。当转子、叶片一起按图示方向旋转时,由于离心力作用,叶片紧贴定子内表面,把定子内表面、转子外表面和端盖形成的空间分割为若干密封容积。这些密封容积随转子转动,在图示Ⅱ、Ⅳ象限,各密封容积逐渐由小变大,通过配流盘的吸油窗口吸入油液。在图示Ⅰ、Ⅲ象限,各密封容积逐渐由大变小,通过配流盘的压油窗口压出油液。由于转子旋转一周,每个密封容积完成两次吸油和压油,所以称为双作用叶片泵。双作用叶片泵的优点是,由于两个吸油区和两个压油区在径向上对称分布,作用在转子中的液压力相互平衡,轴承不受径向载荷,有利于提高泵的工作压力,延长泵的使用寿命。

由泵的工作原理可知,每两叶片间排出的油液等于大半径R圆弧段的容积与小半径r圆弧段的容积之差。当泵的叶片数为Z,并忽略叶片本身所占的体积时,每转排量应为2倍环形体积,即

$$V_b = 2\pi(R^2 - r^2)b \tag{2.15}$$

双作用叶片泵输出的实际流量为:

$$q = V_b n_b \eta_{bv} = 2\pi(R^2 - r^2)b n_b \eta_{bv} \tag{2.16}$$

式中 b——叶片宽度。

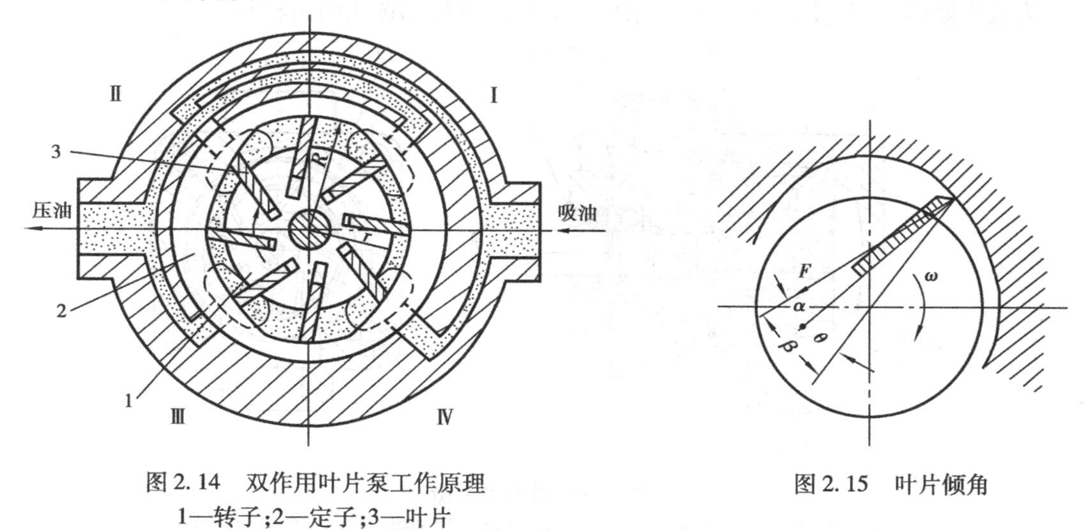

图2.14 双作用叶片泵工作原理
1—转子;2—定子;3—叶片

图2.15 叶片倾角

(2)双作用叶片泵的结构特点

1)叶片倾角

如图2.15所示,叶片在压油区工作时如果叶片径向安装,因定子过渡曲线的升程较大,压力角β也较大,使叶片在槽中滑行时易被卡住或折断,为防止这种情况出现,叶片沿转子的旋向前倾θ角,使压力角减小为$\alpha=\beta-\theta$。叶片角前倾安装时,泵的转子就不允许反转。

2)定子曲线

双作用叶片泵的定子内表面曲线,简称定子曲线。如图2.14所示,它是半径R和r的圆弧各两段,以及连接圆弧段的4条过渡曲线所组成。定子曲线对泵的流量均匀性、噪声、磨损等都有着重要影响。

过渡曲线应保证叶片作径向运动时,叶片顶部与定子内表面不发生脱空,叶片在槽中滑行时的径向速度和加速变化均匀,而且应使叶片在过渡曲线和圆弧交接点处的加速度突变不大,以减小冲击和噪声。目前过渡曲线一般都采用综合性能较好的等加速等减速曲线。

3)困油问题及消除

为了保证吸油区和压油区互不串通,叶片泵吸油腔与压油腔之间的夹角应大于两叶片间的夹角。这样两叶片间密封容积在封油区会产生困油现象。当密封容积从吸油区进入压油区时,压力突然升高,会形成液压冲击和噪声。为解决困油问题,通常让吸油腔与压油腔的夹角稍大于两叶片间夹角,并在压油区的前方开有小三角槽,以缓和压力的突然增加,降低液压冲击和噪声。

4)叶片的平衡

当叶片处于排油区,叶片顶部受到油压,这就不能保证叶片与定子表面紧密接触。为了与叶片顶部压力平衡,如图2.16所示,在配流盘的端面上开有一条与压油腔相通的环槽c,环槽又与叶片槽底部b相通,这样压力油就可以进入叶片底部,使叶片在压力油和它本身离心力的作用下压向定子内表面,保证了紧密接触。但当叶片处于吸油腔位置时,底部受压力油作用,而顶部受低压油作用,因此叶片以很大的压力压向定子内表面,使吸油腔部分的定子内表面和叶片顶端磨损加剧,影响使用寿命。为了解决这些问题,人们采取了各种叶片平衡措施,其中除了尽可能减小叶片厚度外,还有通低压阻尼孔法、双叶片法、阶梯叶片法、子母叶片法以及加弹簧等办法。

为减少磨损,延长使用寿命,叶片泵内相对运动零件都选用耐磨材料。

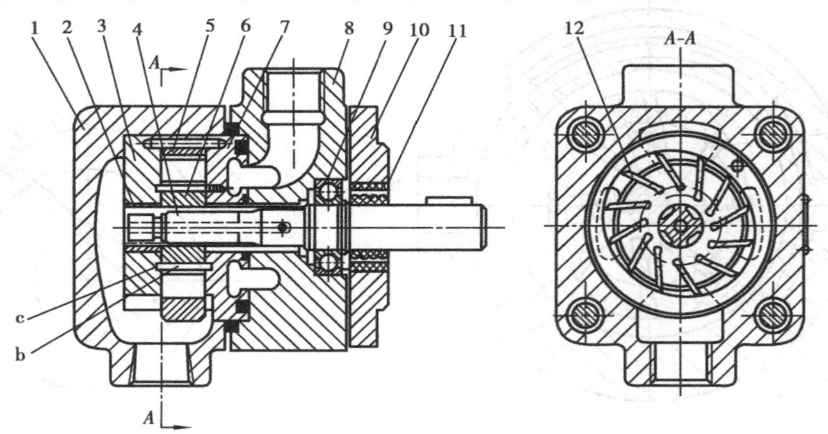

图2.16 叶片的平衡

1—前泵体;2—滚针轴承;3、7—配流盘;4—传动轴;5—定子;6—转子;8—后泵体;9—滚珠轴承;10—端盖;11—密封圈;12—叶片

2.3.3 叶片泵的常见故障分析

叶片泵常见的故障原因与排除方法见表2.2。

表2.2 叶片泵常见的故障原因与排除方法

故障现象	产生原因	排除方法
吸不上油,没有压力	①电动机转向错误	①纠正电动机旋转方向
	②油面过低,油液吸不上	②定期检查油池油液,并加油至油标规定线
	③叶片在转子槽内配合过紧	③单配叶片,使各叶片在所处的转子槽内移动灵活
	④油液黏度过大,使叶片移动不灵活	④更换黏度较小的N15号机械油
	⑤泵体有砂眼,高低压油互通	⑤更换新的泵体
	⑥配流盘在压力油作用下变形,配流盘与壳体接触不良	⑥修整配流盘的接触面
输油量不足,压力提不高	①各连接处密封不严,吸入空气	①检查吸油口及各连接处是否泄漏,紧固各连接处
	②个别叶片移动不灵活	②不灵活的应单槽配研
	③轴向间隙及径向间隙过大	③修复或更换有关零件
	④叶片和转子装反	④纠正转子和叶片方向
	⑤定子内环曲面起线,致使接触不良	⑤放在内圆磨床上(对于双作用泵要装有特种凸轮工具)进行修磨
	⑥配流盘内孔磨损	⑥严重损坏时需更换
	⑦转子槽和叶片的间隙过大	⑦根据转子叶片槽单配叶片
	⑧叶片和定子内环曲面接触不良	⑧定子磨损一般在吸油腔。对于双作用泵,可翻转180°装上,在对称位置重新加工定位孔
	⑨吸油不通畅	⑨清洗滤油器,定期更换工作油液,并加油至油标规定线
噪声严重	①定子曲面表面拉毛	①抛光定子曲面
	②配流盘端面与内孔不垂直或叶片本身垂直不好	②修磨配流盘端面或叶片侧面
	③配流盘压油腔的节流槽太短	③为消除困油及噪声现象,在配流盘压油腔处开节流槽。如太短时,可用什锦锉适当修长,使一片叶片过节流槽时,相邻的一片应开启
	④主轴密封圈太紧(用手摸轴和端盖时有烫手现象)	④适当地调整密封圈
	⑤叶片倒角太小,叶片运动时作用力有突变	⑤将原叶片一侧0.5×45°的倒角改为1×45°,或加工成圆弧形
	⑥叶片高度尺寸不一致	⑥同一组叶片的高度不能超过0.01 mm
	⑦吸油密封不严、空气侵入	⑦加足油液,加大吸油管道面积,清除滤油器污物,更换黏度较小的油液等
	⑧联轴器安装不同轴,或松动	⑧修联轴器
	⑨电动机转速高于泵额定转速	⑨更换电动机,降低转速

2.4 柱塞泵

柱塞泵是靠柱塞在缸体柱塞孔中往复运动时而使密封工作容积变化以实现吸油和排油的。与齿轮泵和叶片泵相比，柱塞泵具有工作压力高、流量大、容易实现无级变量、容积效率高、使用寿命长等优点，因此广泛应用在高压、大流量、大功率的液压系统中和流量需要调节的场合。

柱塞泵按柱塞的排列方式不同，分为轴向柱塞泵和径向柱塞泵两大类。轴向柱塞泵又分为斜盘式和斜轴式两种。

2.4.1 斜盘式轴向柱塞泵的工作原理

斜盘式轴向柱塞泵的柱塞是沿轴向排列的，柱塞轴线与传动轴的轴线平行，具有结构紧凑、外形尺寸小、惯性小的特点。斜盘式轴向柱塞泵由斜盘、柱塞、缸体、配流盘等组成，其工作原理如图2.17所示。缸体上沿圆周均匀分布若干轴向排列的柱塞孔，柱塞在孔中受到弹簧力作用紧压在斜盘上。斜盘和配流盘固定不动，由于斜盘与缸体的轴线成一斜角 γ，当传动轴带动缸体、柱塞旋转时，柱塞在缸体孔中作往复运动。柱塞外伸，密封工作容积逐渐增大，从配流盘吸油窗口 a 吸入油液。柱塞缩回，密封工作容积逐渐减小，将油液从配流盘上压油窗口 b 压出。这样，缸体旋转一周，每个柱塞往复运动一次，完成一次吸油和压油。改变斜盘倾斜角度 γ 的大小，可以改变柱塞往复运动的行程，从而改变泵的排量。所以斜盘式轴向柱塞泵可以很方便地做成变量泵。

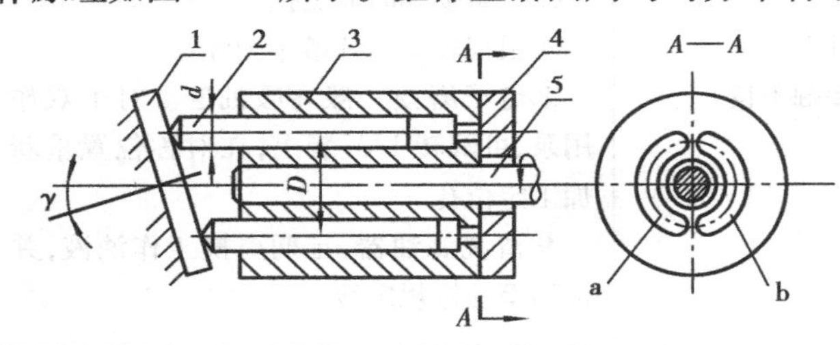

图2.17 轴向柱塞泵的工作原理

1—斜盘；2—柱塞；3—缸体；4—配流盘；5—传动轴

不同柱塞数目的轴向柱塞泵，其输出流量的脉动率是不同的，见表2.3。

表2.3 柱塞泵柱塞数不同时的脉动率

Z	1	2	3	4	5	6	7	8	9	10	11	12
$\sigma/\%$	314	157	14	32.5	4.96	14	2.53	7.8	1.53	4.96	1.02	3.45

由表可知，柱塞数目较多并为奇数时，脉动率小，即泵的流量均匀性好；柱塞数目为偶数时，脉动率较大，泵的流量均匀性差。故轴向柱塞泵的柱塞数目一般都选取奇数。从结构和工艺性考虑，常取 $Z=7$ 或 $Z=9$。但也有少量用偶数的。

2.4.2 斜盘式轴向柱塞泵的结构和流量调节

斜盘式轴向柱塞泵结构形式很多,下面介绍应用较广泛的国产 CY14-1B 型斜盘式轴向柱塞泵。该泵已设计成系列产品,额定压力为 32 MPa,结构如图 2.18 所示,主要由主体部分和变量机构两大部分组成。按变量机构操纵方式不同,斜盘式轴向柱塞泵可分为手动变量的(CY14-1B 型)、手动伺服变量的(SCY14-1B 型)、压力补偿变量的(YCY14-1B 型)、定量的(MCY14-1B 型、其斜盘是固定的)等 4 种。这几种泵的主体部分是相同的,仅变量机构不一样。

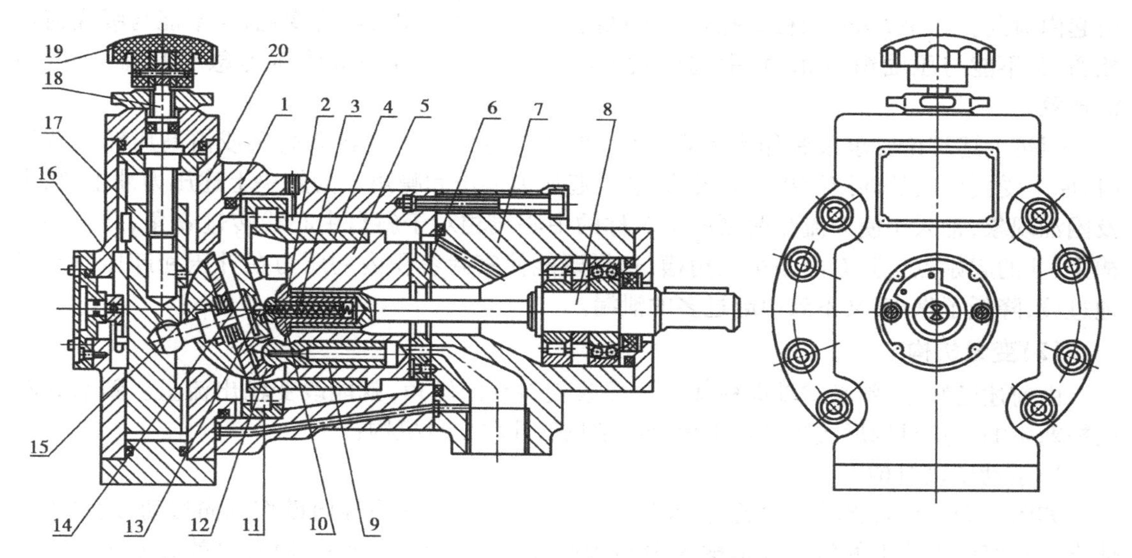

图 2.18 轴向柱塞泵的结构

1—中间泵体;2—内套;3—弹簧;4—钢套;5—缸体;6—配流盘;7—前泵体;8—传动轴;9—柱塞;10—外套;11—轴承;12—滑靴;13—钢珠;14—回程盘;15—斜盘;16—轴销;17—变量活塞;18—丝杠;19—手轮;20—变量机构

(1)泵的主体部分

缸体安装在中间泵体和前泵体内,由传动轴通过花键带动旋转。缸体内的 7 个轴向柱塞孔中各装有柱塞。柱塞的球形头部铰接滑靴,使滑靴既随柱塞作轴向运动,又能以球头的中心为中心自由摆动。轴中心的弹簧通过内套、钢球和压盘将滑靴紧紧地压在斜盘上,使柱塞在吸油位置时,滑靴也能保持与斜盘的接触,从而使泵具有自吸能力。当缸体旋转时,柱塞相对缸体作往复运动,于是容积大小发生变化,这时油液可通过柱塞孔底部月牙形的通油孔、配流盘上的配油窗口等完成吸油和压油工作。

此外,轴中心弹簧通过外套将缸体压在配流盘上,同作用于柱塞孔底面积上的液压力一起,使缸体和配流盘保持良好的接触,而使密封更为可靠。同时可自动补偿缸体和配流盘间的磨损,从而提高了泵的容积效率。

配流盘的结构如图 2.19 所示。上面的腰形槽 I 为吸油窗口,Ⅱ为压油窗口,腰形槽的分

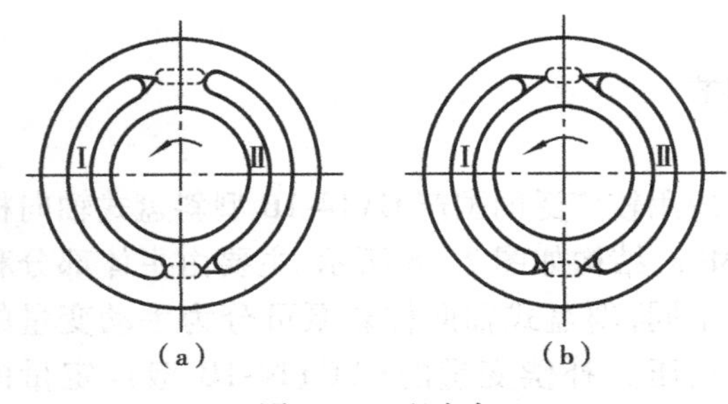

图 2.19　配流盘

布直径与缸体上柱塞孔底部的月牙孔的分布直径相等，宽度一致。当柱塞位于吸油区内时，其密封容积通过月牙孔与配流盘上槽Ⅰ相通，实现吸油，而当柱塞位于压油区内时，其密封容积通过月牙孔与配流盘上槽Ⅱ相通，实现压油。

腰形槽Ⅰ、Ⅱ对称于斜盘顶点分布，从理论上讲，其间距离 L 应与缸体端面上月牙孔的长度 m 相等。否则，如果 $L<m$，当柱塞处于顶点时，槽Ⅰ、Ⅱ将通过缸体上的月牙孔而沟通，引起内泄漏。如果 $L>m$，当柱塞孔处于 L 区间内时，密封容积大小有变化，既不能与吸油窗口相通，又不能与压油窗口相通，引起密封容积内出现空穴或使液体压力急剧升高，产生困油现象。

但按上述理论要求来制作配流盘，又因为密封容积由低压转向高压或由高压转向低压时，原来受到压缩的油液体积突然膨胀，会引起压力冲击和噪声。为解决上述压力冲击、噪声及困油现象，常采用使配流盘两腰形槽对称的中心线相对于斜盘中心线转过 α 角，并在腰形槽Ⅰ、Ⅱ的起始点上开有两条小三角槽，这样既能使密封容积内的压力在升压和卸压时平稳地过渡，降低了噪声，又不致引起过多的泄漏。

(2)变量机构

由前述已知道，斜盘式轴向柱塞泵只要改变斜盘的倾角，就能改变输出流量。斜盘式轴向柱塞泵的变量机构形式多样。下面介绍常见的几种变量机构：

1)手动变量机构

如图 2.18 所示，当转动手轮，使丝杠转动，带动变量活塞沿导向键作轴向移动，通过销轴使支承在变量壳体上的斜盘绕钢球的中心转动，从而改变了斜盘的倾角，也就改变了泵的流量。调好流量后，应将锁紧螺帽锁紧。

2)伺服变量机构

伺服变量是通过手动或机械等方式操纵液压伺服滑阀动作，利用液压泵本身输出的(或泵外的)液压油来推动变量活塞实现变量的。它适用于工作过程中进行无级调速或远距离操纵的系统中。下面介绍手动伺服变量机构。

如图 2.20 所示，该机构由拉杆，伺服滑阀，差动液压缸体，差动活塞及液压缸的上、下端盖组成。泵的本体部分的排油口是旋转 90°后表示在图中。斜盘以外伸的圆弧面 A 支在变量壳体上，变量时即沿此面滑动以改变倾角 γ。

其工作原理为：当高压油通过孔道 a、b、c 打开单向阀进入差动液压缸的下腔 d，高压油作用在活塞上，并力图使它向上移动。但由于差动缸的上腔 g 此时处于封闭状态，所以活塞不能移动。当用手将拉杆向下推动时，带动伺服滑阀一起向下移动，把环槽 f 的油口打开，此时 d 腔的压力油经过通道 e 进入上腔 g。由于变量液压缸为差动液压缸，即活塞 g 腔的作用面积大于 d 腔的作用面积，所以活塞在压力油的作用下向下移动，通过销子带动斜盘绕钢球的中心转动，增大倾角 γ，使排量增大，直至活塞向下移动到使伺服滑阀又将通道 e 的油口封闭为止(即将环槽 f 堵住)。当用手将拉杆向上拉时，带动伺服滑阀向上运动，通道 h 的油口被打开，上腔 g 的油通过 h 流回油箱，所以，活塞在 d 腔压力油的作用下向上移，从而减小倾角 γ，

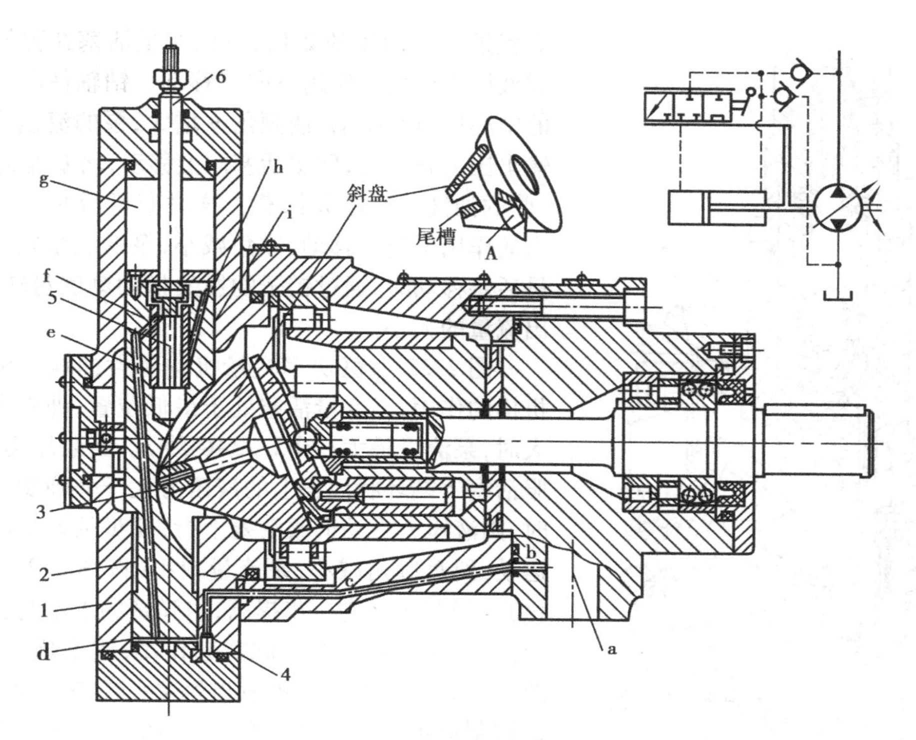

图 2.20 手动伺服变量机构

1—变量壳体;2—活塞;3—销子;4—单向阀;5—伺服滑阀;6—拉杆

使排量减小,直至活塞向上移动到使伺服滑阀又将通道 h 的油口堵死为止。

由上可知,这种变量机构其实质为一个随动机构。倾角 γ 完全跟随伺服滑阀杆的位置的变化而变化。由于在本变量机构中,用来推、拉伺服滑阀上下运动,只需克服很小的摩擦力,而在高压油的作用下,差动活塞产生很大的推力,从而带动斜盘转动,使 γ 角改变,以达到变量的目的。所以操作力很小,并且控制很灵敏。

这种变量机构按供油的来源不同,分为自供油式和外供油式。图 2.20 为自供油式,即泵本身的高压油供给变量差动液压缸。当斜盘倾角调到零位时,泵不能排出油液,变量差动液压缸不能工作,因此,只能单向变量。而外供油式则不受这个限制,可以实现双向变量。

这种变量机构还具有自锁性。当没有输入,通道 e 和 h 的油口处于被堵死状态,活塞就不能有上下运动,处于自锁状态,而当泵不供高压油时,单向阀关闭,使 d 腔及 g 腔的油封闭起来,仍使变量机构处于自锁状态。

3)恒功率变量机构

这种变量方式,是使泵的流量随着压力的变化而自动作相应的变化,使压力和流量特性曲线近似地按双曲线规律变化,即压力增高时,流量相应地减少,压力降低时,流量相应地增加,使泵的输出功率接近不变。恒功率变量机构又称压力补偿机构。

如图 2.21 所示,伺服滑阀与变量活塞形成一个液压伺服机构。由泵的出油口 a 引出一股压力油,经通道 b、c 和单向阀,进入变量壳体的下腔 d,再经通道 e 分别进入通道 f 和 g。

当泵的输出压力较低时,外弹簧的作用力大于经通道 f 作用在伺服活塞下端环形面积上的液压力(此时内弹簧尚处于自由状态),则油液经通道 g 进入上腔 i。因为变量活塞的上端

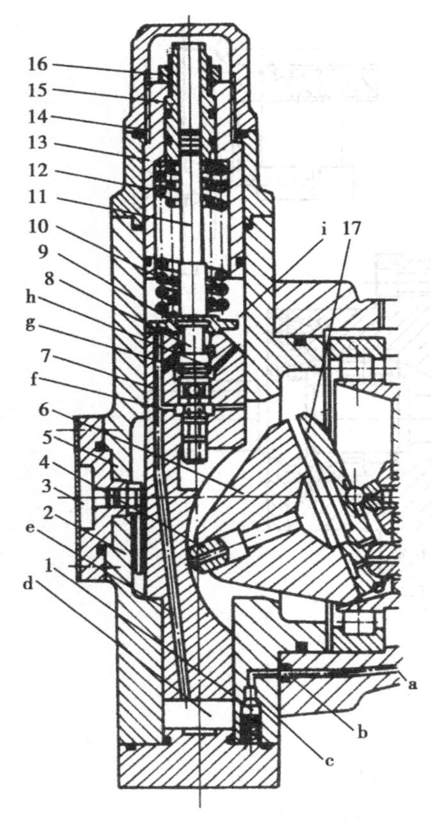

图 2.21 压力补偿变量机构

1—单向阀;2—拨叉;3—刻度盘;4—销轴;5—变量壳体;6—斜盘;7—变量活塞;8—伺服活塞;9—弹簧座;10—内弹簧;11—弹簧心轴;12—外弹簧;13—外弹簧调节套;14—顶盖;15—内弹簧调节套;16—螺母;17—压盘

面积是下端面积的 2 倍,所以变量活塞在弹簧力和合成液压力的联合作用下向下移动。销轴使斜盘绕钢球的中心逆时针摆动,使倾角 γ 增大,泵的流量增大。当输出压力升高后,伺服活塞向上移动,堵塞通道 g,同时 i 腔的油液经通道 h 卸载。这时变量活塞在 d 腔液压力的作用下向上移动,倾角减小,泵的流量减小。当变量活塞移动时,通过销子的拨叉带动刻度盘转动,指示出流量的大小。

图 2.22 为恒功率变量机构特性曲线。由于伺服机构的作用,当变量活塞处于最低位置,即斜盘倾角最大时,泵流量最大(图 2.22AG'线)。当泵压力升高,伺服活塞下端环状面积上的液压力大于外弹簧的弹簧力时,则液压力推动伺服活塞上行,变量活塞也随之向上运动,斜盘倾角减小,泵流量减小(按图 2.22$G'F'$线变化)。当泵压力进一步提高,内弹簧的上端与弹簧调节套接触,这时两个弹簧同时起作用,刚度增大,流量按图 2.22$F'E'$线改变。最后当弹簧心轴的行程受到调节螺钉限制时,斜盘倾角不再改变,泵流量就不再变化(图 2.22$E'D'$线)。

由此可看出,泵的输出流量根据压力变化自动按折线 $G'F'E'D'$变化。而折线 $G'F'E'D'$与等功率线(双曲线 HK)接近。调整弹簧调节套的位置可改变外弹簧的弹簧力以及内弹簧与调节套的间隙,也就是改变折线 $G'F'E'D'$的折点 G'的位置,而调整调节螺钉可改变 E'点的位置,所以泵的流量压力特性可在图 2.22 有阴影线的范围内调节。恒功率变量泵特别适合工程机械、起重机等设备。当外负荷大时,压力升高,泵流量降低,机器的运转速度降低;当外负荷小时,压力降低,泵流量增大,机器的运转速度升高。这样就可以使机器经常处于高效率运转,从而提高机器的效率。

4)恒压变量机构

恒压变量机构是将泵的输出压力与压力给定值相比较,根据二者之差去改变排量,从而保持泵的输出压力为给定值。

工作原理如图 2.23 所示,特性曲线如图 2.24 所示。

该变量机构可以使泵的输出压力恒定,即始终保持泵的输出压力等于给定压力。

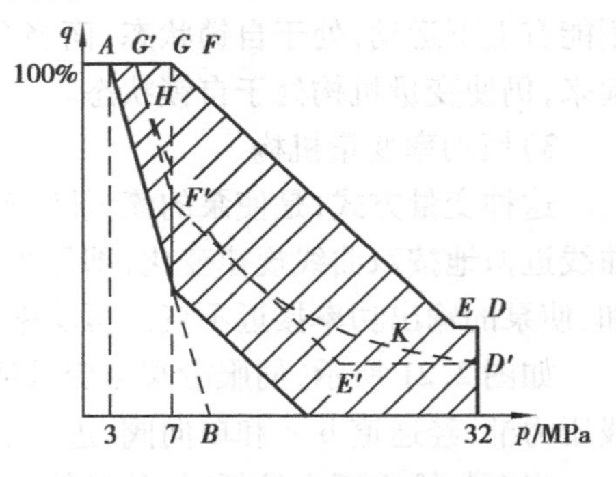

图 2.22 恒功率特性曲线

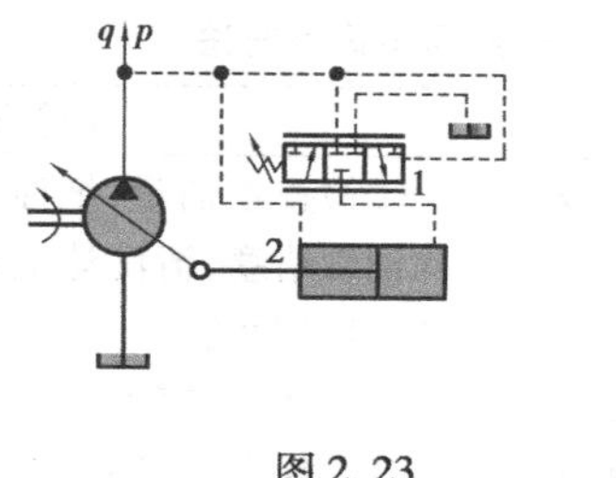

图 2.23

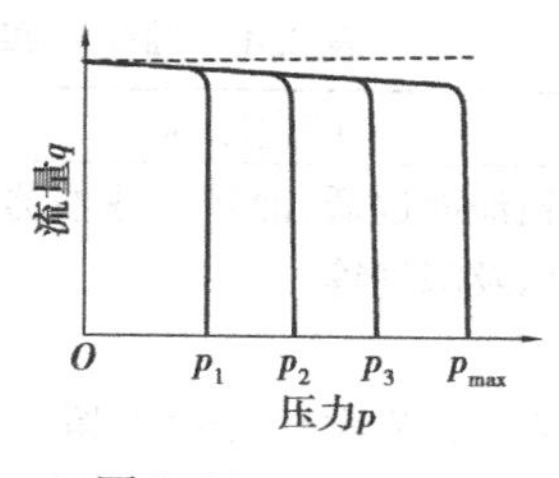

图 2.24

2.4.3 径向柱塞泵简介

径向柱塞泵的柱塞轴线与传动轴的轴线垂直。它是由定子、转子(缸体)、配流轴、衬套和柱塞等组成。沿转子的半径方向均匀分布有若干柱塞孔,柱塞可在其中灵活滑动。衬套与转子内孔紧密配合,随转子一起转动。配流轴是固定不动的,其结构如图 2.25 所示。

径向柱塞泵的工作原理如图 2.25 所示,当转子转动时,由于定子内圆中心和转子中心有偏心距 e,于是柱塞在定子内表面的作用下,在转子的柱塞孔中作往复运动,实现密封容积变化。按图示转向,在上半部时,柱塞靠本身的离心力及吸油腔中低压油的压力向外伸出,孔内密封容积逐渐增大,通过配流轴上油孔 c 将油液吸入。在下半部时,柱塞向里推入,孔内密封容积逐渐缩小,通过配流轴上油孔 d 将油液压出。为了配流,在配流轴与衬套接触处加工出上下两个缺口,形成吸油口 a 和压油口 b,留下的部分形成封油区。封油区的宽度应适当,使其既能保证封住衬套上的孔,使 a、b 两油口不通,又能避免产生困油现象。转子每转一转,每个柱塞往复一次,完成一次吸油和压油。为改善泵的吸油条件,往往采用辅助泵向吸油口供低压油(压力一般为 0.4 MPa),使柱塞在吸油区除靠本身离心力向外伸出外,还在低压油的作用下伸出。

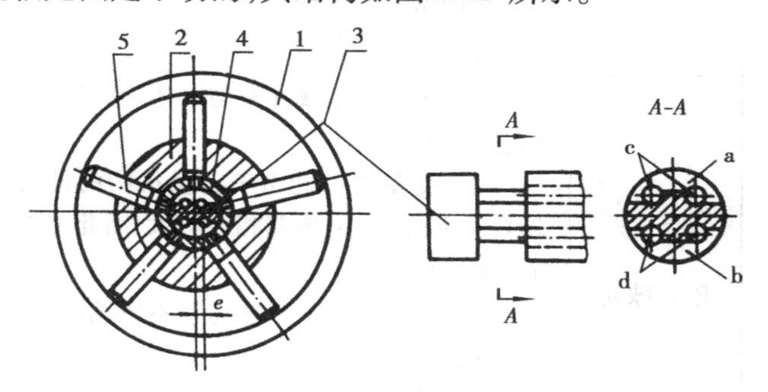

图 2.25 径向柱塞泵的工作原理

1—定子;2—转子;3—配流盘;4—衬套;5—柱塞

沿水平方向移动定子,改变偏心距 e 的大小,便可改变柱塞的行程,从而改变密封容积变化的大小,达到改变泵的输出流量的目的。若改变偏心距的偏移方向,则泵的输油方向也随之改变,即成为双向的变量径向柱塞泵。

径向柱塞泵由于柱塞孔按径向排列,造成径向尺寸大,结构较复杂。柱塞和定子间不用机械联接装置时,自吸能力差。配流轴受到很大的径向载荷,易变形,磨损快,且配流轴上封油区尺寸小,易漏油,因此,限制了泵的工作压力和转速的提高。

2.4.4 柱塞泵的常见故障分析

斜盘式轴向柱塞泵的故障原因与排除方法见表 2.4。

表2.4 轴向柱塞泵的故障原因与排除方法

故障现象	产生原因	排除方法
流量不足	①油箱油面过低,油管及滤油器堵塞或阻力太大以及漏气等 ②泵壳内预先没有充满油,留有空气 ③泵中心弹簧折断,使柱塞回程不够或不能回程,引起缸体和配流盘之间失去密封性能 ④配流盘及缸体或柱塞与缸体之间磨损 ⑤对于变量泵有两种可能,如为低压,可能是油泵内部摩擦等原因,使变量机构不能达到极限位置造成偏角小所致;如为高压,可能是误差所致 ⑥油温太高或太低	①检查贮油量,把油加至油标规定线,排除油管堵塞,清洗滤油器,紧固各连接处螺纹,排除漏气 ②排除泵内空气 ③更换中心弹簧 ④磨平配流盘与缸体的接触面,单缸研配,更换柱塞 ⑤低压时,使变量活塞及变量头活动自如;高压时,调整误差 ⑥根据温升选用合适的油液
压力脉动	①配流盘与缸体或柱塞与缸体之间磨损,内泄或外漏过大 ②对于变量泵可能由于变量机构的偏角太小,使流量过小,内漏相对增大,因此不能连续对外供油 ③伺服活塞与变量活塞运动不协调,出现偶尔或经常性的脉动 ④进油管堵塞、阻力大以及漏气	①磨平配流盘与缸体的接触面,单缸研配,更换柱塞,紧固各连接处螺纹,排除漏损 ②适当加大变量机构的偏角,排除内部漏损 ③偶尔脉动,多因油脏,可更换新油;经常脉动,可能是配合件研伤或别劲,应拆下修研 ④疏通进油管及清洗进口滤油器,紧固进油管段的连接螺纹
噪声	①泵体内留有空气 ②油箱油面过低,吸油管堵塞或阻力大,以及漏气等 ③泵和电动机不同轴,使泵和传动轴受径向力	①排除泵内的空气 ②按规定加足油液,疏通进油管,清洗滤油器,紧固进油段连接螺纹 ③重新调整,使电动机与泵同轴
发热	①内部漏损过大 ②运动件磨损	①修研各密封配合面 ②修复或更换磨损件
漏损	①轴承回转密封圈损坏 ②各接合处O形密封圈损坏 ③配流盘和缸体或柱塞与缸体之间磨损(会引起回油管外漏增加,也会引起高、低压腔之间内漏) ④变量活塞或伺服活塞磨损	①检查密封圈及各密封环节,排除内漏 ②更换O形密封圈 ③磨平接触面,配研缸体,单配柱塞 ④严重时更换

续表

故障现象	产生原因	排除方法
变量机构失灵	①控制油道上的单向阀弹簧折断 ②变量头与变量壳体磨损 ③伺服活塞、变量活塞以及弹簧芯轴卡死 ④个别通油道堵塞	①更换弹簧 ②修刮配研两者的圆弧配合面 ③机械卡死时，用研磨的方法使各运动件灵活；油脏时，更换新油 ④检查通油道，排除堵塞
泵不能转动（卡死）	①柱塞与液压缸卡死（可能是油脏或油温变化引起的） ②滑靴脱落（可能是柱塞卡死，或有负载启动引起的） ③柱塞球头折断（原因同上）	①油脏时更换新油，油温太低时，更换黏度较小的机械油 ②更换或重新装配滑靴 ③更换零件

2.5 液压泵的选用

2.5.1 液压泵的选择原则

选择液压泵时，首先应满足液压系统的要求，例如工作压力，流量等，然后还应对泵的性能、成本等方面进行综合考虑，选择泵的形式。

选择泵的形式时，要使泵具有一定的压力储备，一般泵的额定工作压力应比系统压力略高。国产液压泵的性能见表2.5。

表2.5 国产液压泵技术性能

结构形式	工作压力/MPa	最高转速/$(r \cdot min^{-1})$	容积效率/%	总效率/%
齿轮泵	2.5～16	1 500～4 000	85	75
叶片泵	6～14	950～2 000	85	75
轴向柱塞泵	16～32	1 500～2 500	98	85
径向柱塞泵	8～30	400～2 000	90	80

提高工作压力可以减轻重量、减小尺寸，但压力的提高受到密封件和零件强度、刚度的限制。对目前所用的材料来说，其重量和压力之间的关系如图2.26所示。即对某种具体材料，重量随着压力升高而降低有一个限度，当超过这个极值时，零件的强度和刚度需加强，例如增加零件的壁厚等，因此又会增加系统的重量。对强度更高的材料，曲线最低点将向

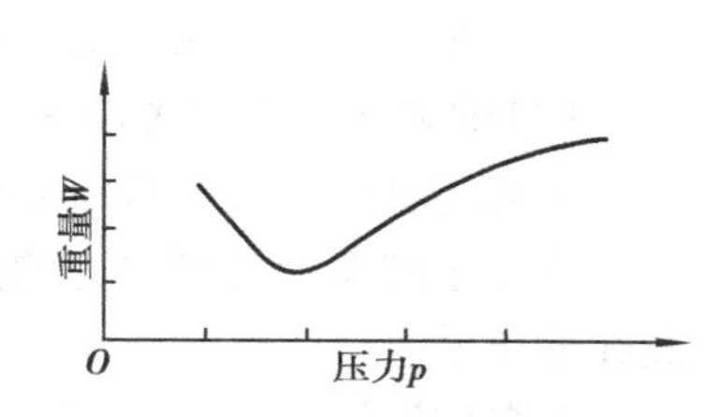

图2.26 压力和重量关系曲线

右移动。

液压泵转速的选择，必须根据主机的要求和泵允许的使用转速、寿命、可靠性等进行综合考虑。泵的使用转速不能超过泵最高转速。提高转速会使泵吸油不足，降低寿命，甚至会使泵先期破坏。

齿轮泵均为定量泵，只能应用在定量液压系统中。轴向柱塞泵易于实现变量，所以在定量液压系统和变量液压系统中均得到广泛应用。

由于齿轮泵的转动部分为对称旋转体，允许高速旋转，最高转速可达6 000 r/min。但提高压力受到漏损的限制，当采用浮动侧板，目前国产齿轮泵压力可达16 MPa。齿轮泵的径向力不易平衡，提高压力会使轴承负荷过大。齿轮泵具有成本低，制造较简单，对油的过滤要求较低等优点，因而在各种机械上获得广泛应用。常用的国产齿轮泵型号及技术性能参见表2.6。

表2.6　国产齿轮泵型号及技术性能

型　号	排量 /(mL·r^{-1})	压力/MPa		转数/(r/min^{-1})		容积效率 η_v/%	总效率 η/%	工作油温 /℃
		额定	最高	额定	最高			
CB型	10～98	10	13.5	1 300	1 625	≥90	≥85	10～60
CB—E型	70～210	10	14	1 800	2 400	≥90	≥85	10～60
CB—C型	10～32	10	14	1 800	2 400	≥90		10～60
CB—D型	32～70	10	14	1 800	2 400	≥90		10～60
CB—F型	10～40	14	17.5	1 800	2 400	≥90		10～60
CB—H型	50～90	14	17.5	1 800	2 400	≥90		10～60
CB—G型	50～200	16	20	2 000	2 200	≥90	≥85	
CB—L型	6～200	16	20	2 000	2 500	≥90	≥85	20～80
CB3型	6～14	14	17.5	2 000	3 000	≥90	≥85	0～80

2.5.2　液压泵的使用须知

要想使泵获得满意的使用效果，单靠产品本身的高质量是不能完全保证的。在实际使用中，往往由于安装、使用、维护以及油路设计不当等问题，在未到设计寿命期限时泵就会先期损坏。对液压系统的维修、使用等问题，后面章节有介绍，这里仅就与泵有关的问题简述如下：

(1)使用条件不能超过泵性能所允许的范围

①转速、压力不能超过规定值。

②若泵旋转方向有规定，则不得反向旋转，特别是齿轮泵和叶片泵反向旋转可能会引起低压密封甚至泵本身损坏。

③泵的自吸真空度应在规定范围内，否则吸油不足会引起气蚀、噪声和振动。

④若泵吸油口规定有供油压力时则应予以保证。

(2)安装时要充分考虑泵的正常工作要求

①泵与其他机械连接时要保证同心或采用挠性连接。

②要了解泵承受径向力的能力，不能承受径向力的泵不得将皮带轮、齿轮等传动件直接装在输出轴上。

③泵的泄漏油管要畅通，一般不接背压，若泄漏油管太长或因某种需要而接背压时，其大小也不得超过低压密封所允许的数值。

④外接的泄漏油管应能保证壳体里充满油,防止停车时壳体里的油全部流回油箱。

⑤停机时间较长的泵,不应满载启动,应待空运转一段时间后再进行正常使用。

复习思考题

2.1 什么是容积式液压泵?它是怎样进行工作的?它的实际工作压力和输油量的大小各取决于什么?

2.2 齿轮泵的困油现象、径向力不平衡是怎样引起的?它对其工作有何影响?如何解决?

2.3 限压式变量叶片泵有何特点?适用于什么场合?用什么方法来调节它的流量-压力特性?

2.4 单作用叶片泵和双作用叶片泵的叶片倾角方向为何相反?

2.5 如题图2.5所示,已知液压泵的排量 $V=10$ mL/r,转速 $n=1\ 000$ r/min,容积效率 η_{bv} 随压力按线性规律变化,当压力调定为4 MPa时,$\eta_{bv}=0.6$,液压缸A、B的有效面积均为100 cm^2,液压缸需举升物重分别为 $W_A=45\ 000$ N、$W_B=10\ 000$ N。试求:

①A、B液压缸举物上升的速度;

②上升和上升停止时的系统压力;

③上升和上升停止时液压泵的输出功率。

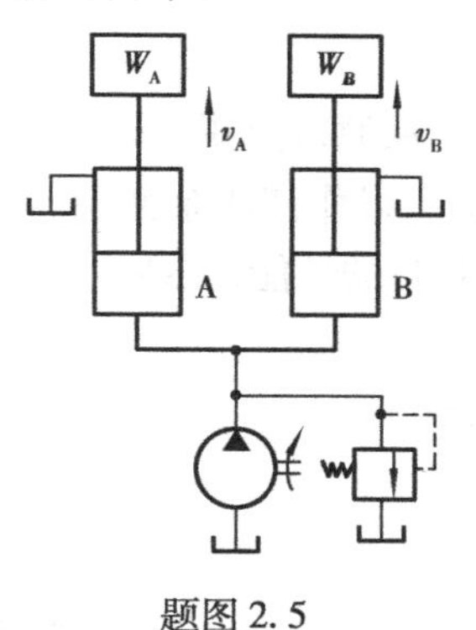

题图2.5

第 3 章 执行元件

执行元件的作用是将液压能重新转换成机械能，克服负载，带动机器完成所需要的动作，实现对外做功。在液压传动中，液压马达和液压缸是两种不同类型的执行元件。它们的区别在于，液压马达将液压能转换成作连续旋转运动的机械能，输出转矩和转速，液压缸则是将液压能转换成作直线往复运动的机械能，输出推力（或拉力）与直线运动速度；另有一种摆动式液压缸，它可以实现周期的、回转角小于360°的回转摆动。

3.1 液压马达

液压马达和液压泵的作用相反。从原理上讲，液压泵和液压马达是可逆的，即泵可以作液压马达使用，或者反过来液压马达也可以作液压泵使用。从结构上来看，二者也基本相同。但有些液压泵和液压马达为了提高其各自的性能，在结构上采取一些措施，限制了它们的可逆性。

3.1.1 液压马达的分类及特点

液压马达可按如下形式分类：

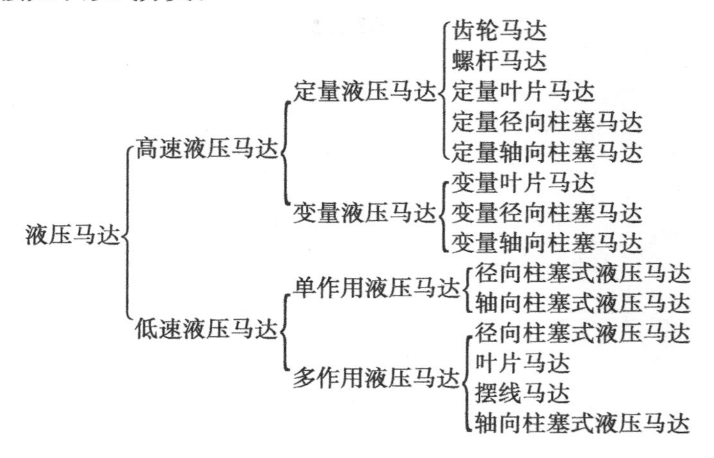

一般认为,额定转速高于500 r/min的属于高速液压马达,额定转速低于500 r/min的属于低速液压马达。

高速液压马达的基本形式有齿轮式、螺杆式、叶片式和轴向柱塞式等。它们的主要特点是转速较高,转动惯量小,便于启动和制动,调节(调速及换向)灵敏度高。通常高速液压马达输出扭矩不大(仅几十到几百牛·米),所以高速液压马达又称为高速小扭矩液压马达。

低速液压马达的基本形式是径向柱塞式,例如单作用曲柄连杆式,静压平衡式和多作用内曲线式等。此外,在轴向柱塞式、叶片式和齿轮式中也有低速的结构形式。低速液压马达的主要特点是排量大,体积大,转速低,因此,可以直接与工作机构相联接,不需要减速装置,使传动机构大大简化。通常低速液压马达的输出扭矩较大(可达几千到几万牛·米),所以又称为低速大扭矩液压马达。

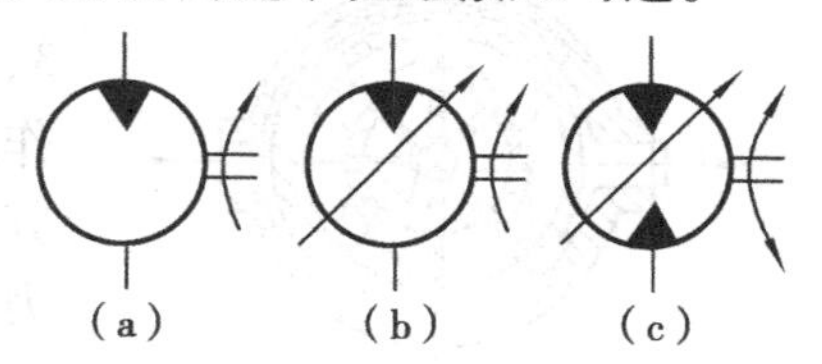

图3.1 液压马达的图形符号
(a)定量马达 (b)变量马达
(c)双向变量马达

液压马达的图形符号如图3.1所示。

3.1.2 液压马达的工作原理与结构特点

(1)齿轮液压马达

齿轮液压马达的工作原理如图3.2所示,图中P点为两齿轮的啮合点。设齿轮的齿高为h,齿宽为B,啮合点P到两齿轮齿根的距离分别为a、b,显然a、b都小于h。当引入压力油后,压力油作用在齿面上(如图中箭头所示,凡齿面两边受力平衡的部分均未用箭头表示),在两个齿轮上就各有一个使它们产生转矩的作用力$pB(h-a)$和$pB(h-b)$,其中p为输入油液的压力。在上述作用力的作用下,两齿轮按图示方向旋转,并把油液带到回油腔排出至油箱。

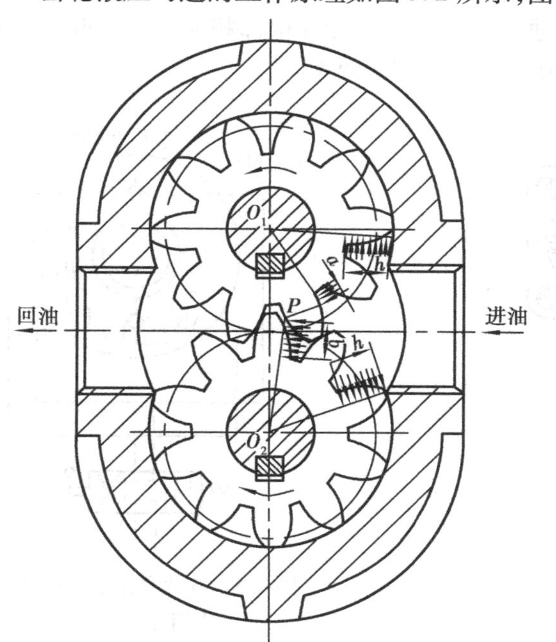

图3.2 齿轮马达工作原理图

与齿轮泵相比,齿轮液压马达的结构具有如下特点:

①进、回油通道对称,孔径相同,以便于正反转时性能一样。

②采用外泄漏油孔。因为马达回油有背压,另一方面当马达正反转时,其进、回油腔也相互变化,如果采用内部泄漏,容易将轴端密封损坏。所以,齿轮马达与齿轮泵不同,必须采用外泄漏油孔。

③在结构上必须适应正反转工作,譬如浮动侧板、困油现象卸荷槽必须是对称的结构。

④应用滚动轴承较多,主要是为了减少摩擦损失,改善马达的启动性能。

(2)叶片式液压马达

和叶片泵一样,叶片马达也可分为单作用式和双作用式两种。单作用式可以调节转子的偏心做成变量马达,但结构复杂,相对运动部件较多,泄漏较大,容积效率较低,所以通常使用的叶片马达都是双作用叶片式马达。双作用叶片式马达的工作原理如图3.3所示。

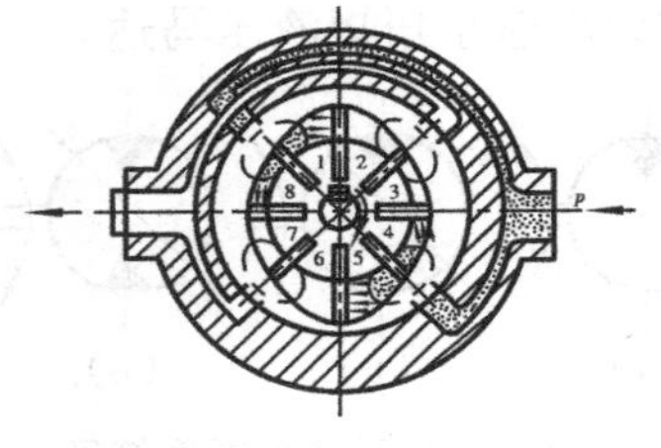

图3.3 双作用叶片式液压马达工作原理图

压力油从进油口进入叶片之间,位于进油腔的叶片有3、4、5和7、8、1两组。叶片4和8两侧均受高压油的作用,作用力互相平衡不产生扭矩。但叶片5和1的承压面积及其合力中心的半径都比叶片7和3大,所以两组叶片的合成力矩构成推动转子沿顺时针方向转动的转矩,而处在回油腔的1、2、3和5、6、7两组叶片,由于腔中压力很低,所产生的力矩可以忽略。如果改变进油方向,液压马达则反转。

图3.4为双作用叶片式液压马达的实际结构。与泵相比具有以下几个特点:

①转子两侧开有环形槽,其间放置燕式弹簧5套在销轴4上,使叶片与定子内表面紧密接触,形成密封容积,以保证启动时高低压腔互不相通,产生足够的启动力矩。

②叶片在转子上是径向布置的,以适应马达的正、反转要求。

③叶片底部始终有高压油通入,因此,壳体上装有两个单向阀,其工作原理如图3.5所示。单向阀由钢球1和阀座2、3组成(图3.4)。单向阀的作用是当马达的进、出油口互换时,即马达换向时,使叶片底部始终与高压油相通。当配流窗口Ⅰ、Ⅱ为进油时,通过单向阀a与叶片根部相通。当配流窗口Ⅲ、Ⅳ为进油时,通过单向阀b与叶片根部相通。这样叶片在任何情况下都能紧靠定子内表面,保证密封,以获得较高的容积效率。

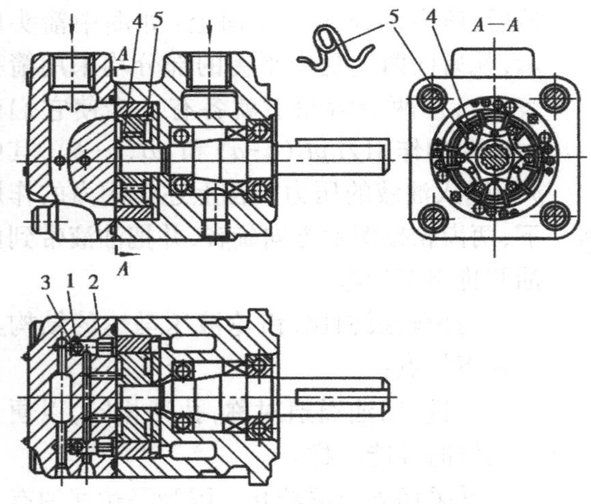

图3.4 双作用叶片式液压马达结构图

1—钢球;2、3—阀座;4—销子;5—燕式弹簧

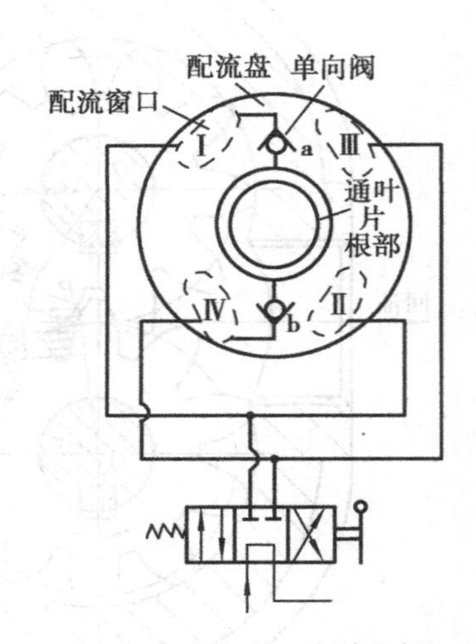

图3.5 叶片马达中单向阀作用原理图

(3)轴向柱塞式液压马达

一般来讲,轴向柱塞泵和轴向柱塞马达具有可逆性(阀式配流除外),二者的结构也基本相同。图3.6为斜盘式轴向柱塞液压马达的工作原理图。

当液压泵的压力油进入马达高压腔时,柱塞在液压力的作用下被顶出,压在斜盘的端面上，斜盘对柱塞有一个反作用力 N，该力分解为两个分力，一个为轴向分力 F，与作用在柱塞上的液压力相平衡，另一个为垂直于柱塞轴线的周向分力 T，该力通过柱塞作用在缸体上，相对于缸体轴心线产生一个转矩。

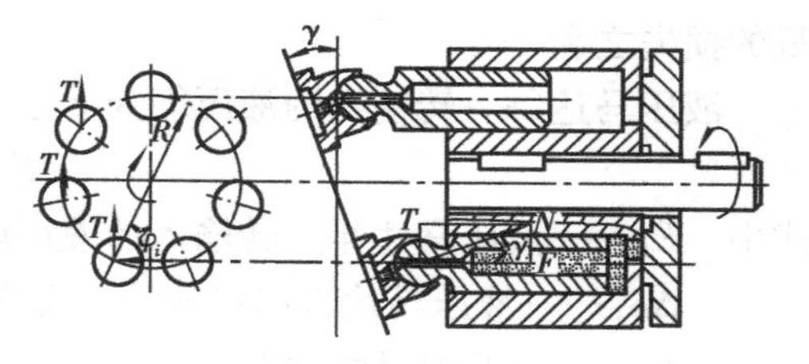

图3.6 斜盘式轴向柱塞马达工作原理图

如果压力油的压力为 p，柱塞的截面积为 A，斜盘的倾角为 γ，则

$$F = pA$$

$$T = F\tan\gamma = pA\tan\gamma \tag{3.1}$$

处于高压区的柱塞都受力 T 的作用，但因所处的位置不同，产生转矩的力臂也不同。如果以 ρ 表示力臂，它是随转角 φ_i 而变化的，对处于高压区的一个柱塞来说，产生转矩为：

$$M_i = T\rho = pA\tan\gamma R\sin\varphi_i \tag{3.2}$$

式中 R——柱塞分布圆半径；

φ_i——柱塞的转角。

对轴向柱塞液压马达而言，其输出转矩是处于高压区的所有柱塞产生的转矩的代数和。因此，其瞬时转矩是脉动的，其脉动的大小与柱塞数有关。

必须指出，液压马达是用来拖动外负载做功的，只有当外负载转矩存在时，从液压泵到液压马达的油液才能产生相应的压力值，所以液压马达的转矩是随外负载转矩而变化的。

轴向柱塞马达的低速稳定性较差，一般都作为高速马达使用。

对轴向柱塞马达，改变斜盘倾角 γ 的大小，就可调节液压马达的转速。γ 越小，液压马达的排量就越小，当输入流量不变时，则液压马达转速就越高。倾角可调的液压马达就是轴向柱塞变量液压马达。

3.1.3 液压马达的主要性能参数

(1)液压马达的排量

与液压泵类似，液压马达的排量是指马达每转一转所输入的油液理论体积，又称每转排量。用 V_m 表示，单位通常为 mL/r。

排量可调节的马达称为变量马达，不可调节的称为定量马达。液压马达的排量与泵的排量一样，取决于其本身的结构参数。不同类型的液压马达排量计算可参见同类型泵的排量计算公式。

(2)液压马达的工作压力和额定压力

液压马达的工作压力是指它的输入油液的实际压力，其大小取决于液压马达的负载。同液压泵一样，若液压马达的工作压力过大，泄漏增加，会导致转速下降，效率降低，寿命下降，因此，也有一个最高压力的限制，即液压马达的额定压力。

(3)液压马达的输出转矩

液压马达是能量转换装置，即输入液压马达的液压能经过马达的作用而转化为机械能。从能量守恒的观点看，液压马达输入压力油所具有的能量应等于输出的机械能与液压马达能量的损失之和。

液压马达每一转输入的液压能为E_1：

$$E_1 = \Delta p_m V_m$$

式中 E_1——液压马达每一转输入的液压能；

Δp_m——液压马达进出口油液压力之差；

V_m——液压马达的排量。

液压马达每一转输出的机械能为E_2：

$$E_2 = 2\pi M_m$$

式中 M_m——液压马达的输出转矩；

2π——液压马达每一转转过的角度。

压力油流过液压马达时，由于有压力损失及各摩擦副之间因摩擦而产生的机械损失，这两种损失的大小，用机械效率来衡量。根据能量守恒定律有：

$$E_1 \eta_{mJ} = E_2$$

$$\Delta p_m V_m \eta_{mJ} = 2\pi M_m$$

$$M_m = \frac{\Delta p_m V_m}{2\pi} \eta_{mJ} \tag{3.3}$$

式中 η_{mJ}——液压马达的机械效率。

由此可见，液压马达输出转矩与其进出口压差和排量成正比。当进出口压差一定时，如果改变排量，则可达到改变马达输出转矩的目的。

(4)液压马达的转速

液压马达的转速为：

$$n_m = \frac{q_m \eta_{mv}}{V_m} \tag{3.4}$$

式中 n_m——液压马达的转速；

q_m——液压马达的输入流量；

V_m——液压马达的排量；

η_{mv}——液压马达的容积效率。

对液压马达常常规定额定转速和最高转速，或规定最高转速和最低转速之间的范围（低速液压马达）。

(5)液压马达的输出功率和总效率

液压马达的输出功率为：

$$P_m = M_m \omega_m = M_m 2\pi n_m \tag{3.5}$$

即

$$P_m = \Delta p_m q_m \eta_{mJ} \eta_{mv} \tag{3.6}$$

或

$$P_m = \Delta p_m q_m \eta_m \tag{3.7}$$

式中 P_m——液压马达的输出功率；

η_m——液压马达的总效率；

Δp_m——液压马达进出口压力差；

q_m——液压马达的输入流量。

由式(3.6)和式(3.7)可知，液压马达的总效率等于其机械效率和容积效率之乘积，即

$$\eta_m = \eta_{mJ}\eta_{mv} \tag{3.8}$$

机械效率、容积效率以及总效率是液压马达的重要性能指标。其中,机械效率直接影响马达的启动性能,如果机械效率低,则启动转矩小,启动性能也就差。容积效率直接影响马达的制动性能,如果容积效率低,即泄漏量大,则制动性能就差。

3.1.4 低速大扭矩液压马达

低速大扭矩液压马达的主要特点是转矩大、转速低,可直接和工作机构联接,不用减速器,整个结构紧凑、尺寸小、重量轻。广泛用于工程、运输、建筑、石油、冶金和矿山等机械上。其基本结构是径向柱塞式,目前主要有3种结构形式:曲柄连杆式、静力平衡式和内曲线多作用式。

图3.7为曲柄连杆式径向柱塞液压马达的结构图。马达主要由壳体、活塞、连杆、偏心轮(曲轴)等组成。马达有5个活塞,壳体上有5个缸,外形像星,又称为星形马达。连杆2一端通过球铰与活塞1连接在一起,另一端为圆弧表面,圆弧半径与偏心轮(和输出轴4一体)半径一致。两个圆环3套在连杆的圆弧外表面,使连杆既能沿着偏心轮的圆弧表面滑动而又不会脱开。输出轴4左端通过联轴器5使配流轴6同频旋转。在$C—C$剖面图上可以看到配流轴以其旋转中心O_1和偏心轮中心O_2的连线为界将轴内部分成Ⅰ、Ⅱ两个区。Ⅰ区与A孔相连,Ⅱ区与B孔相连。

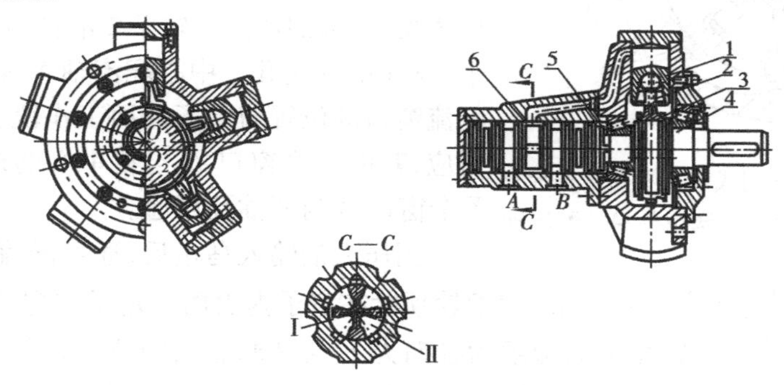

图3.7 曲柄连杆式径向柱塞液压马达

1—活塞;2—连杆;3—圆环;4—输出轴(偏心轮);5—联轴器;6—配流轴

这种马达的工作原理可用图3.8表示。如果B孔(Ⅱ区)通压力油,A孔(Ⅰ区)与回油相通。则将以$O_1—O_2$为界,其右侧活塞油缸(图中油缸4、5)顶部,将有压力油进入,使活塞受到油压的作用,而其左侧的活塞油缸(图中的油缸2、3)顶部与回油相通,其余的油缸(图中的油缸1)处于过渡状态。根据曲柄连杆机构的工作原理,受油压作用的活塞就通过连杆对偏心轮作用一个力N。如果不考虑连杆与偏心轮圆弧表面间的摩擦力,则连杆对偏心轮的作用力N将通过O_2(法向)。处于图中$O_1—O_2$右侧的连杆与偏心轮间都有作用力,这些力对

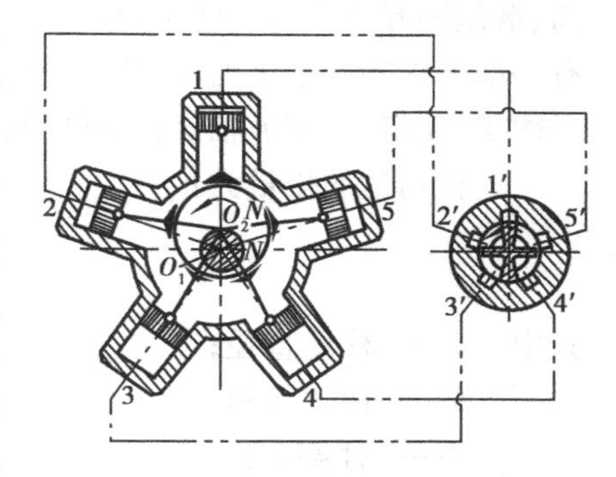

图3.8 曲柄连杆式马达的工作原理

旋转中心 O_1 产生转矩,使其转动。如果进、回油口对换,马达也就反向转动。

随着曲轴旋转,配流轴也跟着转动,使配流状态发生变化。例如当曲轴转过 90°,压力油就进到油缸 5、1、2,再转过 90°,换到油缸 2、3,又转 90°,就到油缸 3、4,如此循环反复。总之,由于配流轴颈过渡密封间隔的方位和曲轴的偏心方向一致,并且同时旋转,所以配流轴颈的进油窗口始终对着偏心方向某一边(图中的右边)的 2 个或 3 个油缸,回油窗口对着偏心方向另一边(图中左边)的其余油缸,这样使不同活塞对曲轴中心 O_1 所产生的驱动力矩同向相加,并使旋转不断进行下去。

这种液压马达只有 5 个活塞,同时通压力油的活塞数量在 2 ~ 3 个,因此,其转矩的脉动率较大。为了减少摩擦力,提高马达的机械效率,球铰处及连杆与偏心轮的圆弧表面间有压力油进入,形成静压支承。液压马达额定压力为 16 ~ 21 MPa,排量有 0.2 ~ 6 L/r 多种规格,转速 5 ~ 100 r/min。这种液压马达的优点是结构简单,零件少,工作可靠及耐冲击。其缺点是转矩脉动率较大,低速时转速不均匀以及启动转矩较低等。这种马达主要用于驱动起重机械的卷筒,履带挖掘机的履带驱动轮等。

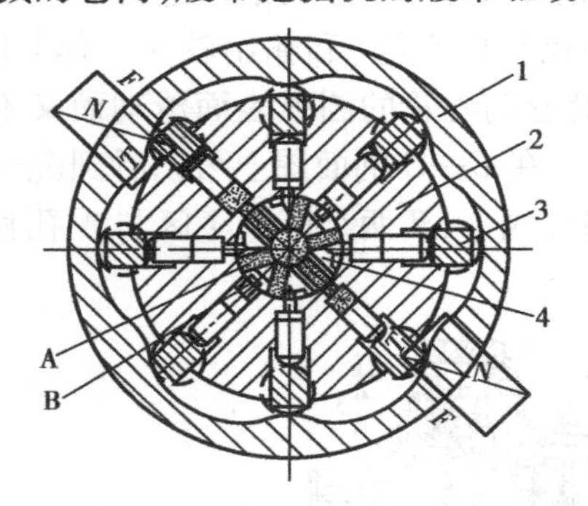

图 3.9　内曲线多作用式液压马达工作原理
1—定子;2—转子;3—柱塞组件;4—配流轴

图 3.9 为另一种常用的称为内曲线多作用式液压马达的工作原理图。定子 1 的内表面由 X 段均布的、形状相同的曲面组成,曲面的数目 X 就是马达的作用次数(图中 $X=6$)。每一曲面两边对称,一边是进油段,允许柱塞组件 3 外伸,为工作段,另一边使柱塞组件 3 缩回,为回油段。转子 2 沿径向有 Z 个(图中为 8 个)均布的柱塞孔。中心配流轴 4 有 $2X$ 个配流窗口。配流窗口的位置与定子曲面工作段、回油段的位置相对应,其中 X 个窗口 A 与在中心的进油孔相通,另外 X 个窗口 B 与回油孔相通。

当压力油输入马达后,通过配流轴的进油窗分配到处于进油段的柱塞底部油腔,油压使滚轮顶紧在定子内表面。定子和配油轴不旋转。定子曲面对柱塞组件产生反作用力 N,分解为径向力 F 与柱塞底面的液压力平衡,切向力 T 则克服负载力矩驱动转子旋转。处于回油段的柱塞组件受压缩回后,低压油从回油窗口排出。柱塞组件处于定子曲面工作段和回油段之间的圆弧过渡面时,柱塞缸孔与进、回油道切断,使高、低压腔互不相通。转子每转一转,每个柱塞往复运动 X 次。由于 X 和 Z 不等,任一瞬时总有一部分柱塞处于进油段,使转子转动。若将马达进、回油口互换时,马达将反转。如果把转子固定,使定子、配流轴旋转,就能构成壳转马达。

这种马达的排量为:

$$V_m = \frac{\pi}{4} d^2 SZX \tag{3.9}$$

式中　d——柱塞直径;

S——柱塞行程;

Z——柱塞数;

X——定子内曲面数。

可见这种马达的排量较单行程马达增加了 X 倍,相当于有 XZ 个柱塞。由于柱塞当量数增加,在同样压力下,输出转矩相应增加,转矩脉动率减小。有时这种马达做成不止一排,这样柱塞数更多,输出转矩可进一步增加,转矩脉动率进一步减小。故这种马达排量可做得很大并且可在很低转速下运行,是一种性能较好的低速大扭矩液压马达。

图3.10为NJM型内曲线液压马达的结构图。这是一种横梁传力轴转式液压马达。其结构简单,工作可靠,径向尺寸不太大。该系列马达的额定压力为25 MPa,最高压力为31.5 MPa,转速0~100 r/min,其机械效率较低,约90%。这是一种常用的内曲线马达。

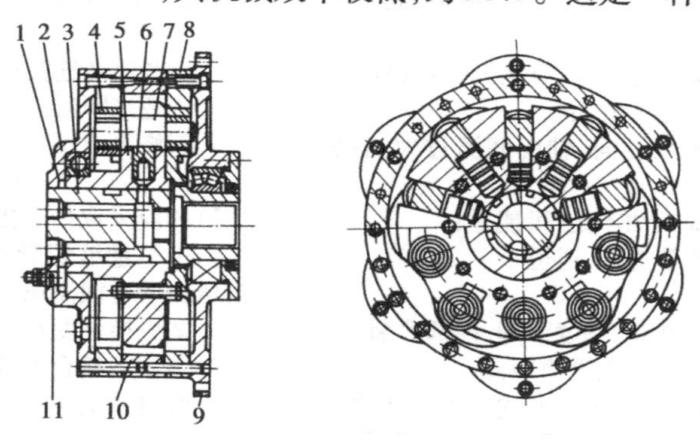

图3.10 NJM型内曲线液压马达的结构

1—O型密封圈;2—左侧盖;3—配流轴;4—滚轮;5—缸体;6—柱塞;7—横梁;
8—定子导轨环;9—右侧盖;10—中间壳体;11—微调机构

该马达壳体由5片组成:两片具有相同曲面的定子导轨环8,中间壳体10,左右侧盖2和9、5片用螺钉联成一个整体。这种分片式结构的优点是,允许柱塞缸体5的直径适当加大,它可伸入到两片定子导轨环之间,这样横梁7在运动时不伸出导向槽外,从而增大了导向长度,使接触比压降低,减小磨损。此外,定子导轨环可采用优质合金钢,其他壳体则采用铸铁或一般钢材。分片式结构的缺点是加工和装配比较麻烦。

柱塞组件由柱塞6、横梁7和滚轮4(通常为滚针轴承)组成,也称柱塞副。其结构特点是利用横梁7来传递切向力T。由于柱塞与横梁间无刚性联接,在液压力的作用下,柱塞顶端的球面与横梁底部相接触,因而柱塞不承受侧向力,使磨损情况大为改善。横梁7两端装有两个滚轮4,由液压力压向定子导轨曲面,并沿曲面滚动。

配流轴3与侧盖2之间间隙较大,用O型圈1密封。这种挠性连接可补偿制造与安装的误差,使转动轴不致卡死。为使配流轴3的配流窗口与定子曲面段相对应,配流轴左端设有微调机构11,其右边为一偏心圆柱,插在配流轴的U形槽内,旋转微调螺钉,就能拨动配流轴作微小转动。

3.1.5 液压马达的常见故障分析

液压马达使用一段时间后,由于零件磨损,密封老化失效等原因而常发生故障。即使是新的马达,由于加工和装配质量不符合要求,也容易出现故障。这就需要维修人员认真观察故障的征兆,仔细分析产生故障的原因,提出有效的排除对策,使液压马达恢复正常运行。液压马达的常见故障有:转速降低,转矩减小;噪声严重;内、外泄漏严重等。表3.1列出了液压马达的常见故障原因和排除方法。

表 3.1　液压马达的故障原因和排除方法

故障现象	产生原因	排除方法
转速降低 转矩下降	1)液压泵供油量不足,可能是: ①电机转速过低 ②吸油口的滤油器被污物堵塞,油箱中油液不足,油管孔径过小等原因,造成吸油不畅 ③系统密封不严,有泄漏,空气侵入 ④油液黏度太大 ⑤液压泵径向、轴向间隙过大、容积效率降低 2)马达输入油不足,可能是: ①系统管道长,通道小 ②油温升高,黏度下降,内部泄漏增加 3)马达各接合面严重泄漏 4)马达内部零件磨损,内部泄漏严重	1)相应采取如下措施: ①核实后调换电机 ②清洗滤油器,加足油液,适当加大油管孔径,使吸油通畅 ③紧固各连接处,防止泄漏和空气侵入 ④适当降低油液黏度 ⑤修复液压泵 2)相应采取如下措施: ①尽量缩短管道,减小弯角和折角,适当增加弯道截面积 ②更换黏度较大的油液 3)紧固各接合面螺钉 4)修复或更换磨损件
噪声严重	①液压泵进油处滤油器被污物堵塞 ②密封不严大量空气侵入 ③油液不清洁 ④联轴器碰擦或不同心 ⑤油液黏度过大 ⑥马达内部零件磨损严重,配合间隙增大 ⑦外界振动的影响	①清洗滤油器 ②紧固各连接处 ③更换清洁的油液 ④校正同心并避免碰擦 ⑤更换黏度较小的油液 ⑥修复或更换 ⑦隔绝外界振动
外部泄漏	①密封圈损坏 ②各接合面或管接头的螺钉或螺母松动 ③管塞未旋紧	①更换密封圈 ②拧紧各接合面的螺钉或管接头处的螺母 ③旋紧管塞
内部泄漏	①配流盘端面磨损,使配流接合面间隙过大 ②柱塞外圆与转子孔磨损 ③油温升高,油液黏度降低 ④马达内部零件磨损严重	①更换顶紧弹簧,修复配流盘接合面 ②研磨转子孔,单配柱塞 ③更换黏度较大的油液 ④修配或更换磨损件

3.1.6　液压马达的选择原则和使用须知

(1)液压马达的选择原则

前面已对常用液压马达分别作了介绍,在实际工作中,到底选用哪种液压马达才合适,应根据具体情况来确定。

对于高速小扭矩马达,常见的有齿轮式、叶片式和轴向柱塞式。齿轮式马达功率和转矩一般较小,适用于小功率传动,能用于 3 000 r/min 以上的高速运转,最低转速 150 ~

400 r/min,缺点是不能用于低速。叶片式马达功率和转矩比齿轮式马达略大一些。轴向柱塞式马达功率与转矩比较大,可以实现无级变量,以达到无级调速的目的。高速小扭矩马达体积小,重量轻,一般应同减速装置配合使用。

对于常见的低速大扭矩液压马达,它们的工作转速通常为每分钟几转到几十转,最高转速不超过200~300 r/min,输出转矩的数值较大,通常为几千到几万牛·米。曲柄连杆式马达的特点是结构简单,工作比较可靠,但它的工艺性差,球铰处及连杆与曲柄的接触处比压较大,油膜容易被破坏而加速磨损。静力平衡式马达由于主要零件实现了油压静力平衡,改善了受力情况,使寿命延长,又具有良好的结构工艺性和低速稳定性,是一种有发展前途的低速大扭矩马达。内曲线多作用式马达的主要特点是作用次数多,排量大,扭矩大,外形尺寸小,使用可靠,性能较好,近年来应用越来越广泛。

表3.2列出了各种液压马达的技术性能与应用范围。

表3.2　各种液压马达的技术性能与应用范围

马达类型	适用工况	应用实例
齿轮马达	负载扭矩不大,速度平稳性要求不高,噪声限制不大	钻床,风扇传动
叶片马达	负载扭矩不大,噪声要求较小	磨床回转工作台,机床操纵机构
摆线马达	负载速度中等,体积要求小	塑料机械,煤矿机械,挖掘机行走机械
轴向柱塞马达	负载速度大,有变速要求,负载扭矩不大,低速平稳性要求高	起重机,绞车,铲车,内燃机车,数控机床
曲柄连杆式马达	负载速度低,负载扭矩大,低速平稳性要求不高	起重机械,行走机械驱动轮
内曲线多作用式马达	负载扭矩较大,转速低,平稳性要求高	挖掘机,拖拉机,起重机,矿山机械

表3.3列出了各种液压马达的主要性能特点。

表3.3　各种液压马达的主要性能特点

类　型 性　能	齿轮马达	叶片马达	轴向柱塞马达	径向柱塞马达		
				曲柄连杆式	静力平衡式	内曲线式
额定压力/MPa	7~14	6~17.5	7~35	7~21	7~21	7~30
最高转速/$(r \cdot min^{-1})$	600~3 000	1 000~3 000	1 000~3 000	30~400	30~400	16~200
最低转速/$(r \cdot min^{-1})$	150~400	50~150	30~50	8~10	2~3	0.5~1
机械效率/%	80~85	85~95	90~95	92~95	92~95	95~98
容积效率/%	90	90	96	96	95	95
单位排量的重力/$(N \cdot mL^{-1})$		0.8	1.4	1.0	1.6	0.95
制动性能	差	较差	好	尚好	尚好	尚好

(2)液压马达的使用须知

液压马达使用时除了压力和转速不要超过规定值外,使用时还应注意下列问题:

①马达与其他机械连接时要保证同心,或采用挠性连接。

②要了解马达承受径向力的能力,不能承受径向力的马达不得将皮带轮、齿轮等传动件直接装在输出轴上。

③具有相位微调机构的马达,调整后不得任意拨动。采用浮动配流机构的马达,其进、回油口应用软管连接,以保证配流机构的浮动性。

④马达泄漏油管要畅通,一般不接背压,若泄漏油管太长或因某种需要而接背压时,其背压也不得超过低压密封所允许的数值。

⑤外接的泄漏油管应能保证壳体里充满油,防止停车时壳体里的油全部流回油箱。

⑥注意回油管道是否有合适的背压,这主要是对使用内曲线马达时提出来的,这种马达由于构造上的原因,必须具有背压才能正常工作。通常背压值在0.5~1 MPa范围内,转速越高,所需背压越大。排量大的马达所需背压也要高一些,可按说明书上的要求,检查背压是否合适。

⑦合理选择溢流阀或安全阀,防止马达在启动、制动时产生剧烈的液压冲击而损坏。一般应选择反应速度快,压力超调值小的溢流阀或安全阀。

⑧停机时间较长的马达,不应满载启动,待空运转一段时间后再行正常使用。

⑨注意排除油中的空气,以减小马达工作时产生的噪声和振动。

3.2 液压缸

3.2.1 液压缸的类型和工作原理

液压缸是将液压能转变为机械能、作直线往复运动(或摆动)的液压执行元件。它结构简单,工作可靠。用它来实现往复运动时,可免去减速装置,并且没有传动间隙,运动平稳,易于实现远程控制和自控,因此,在各种机械的液压系统中得到广泛应用。根据常用液压缸的结构形式,可将其分为4种类型:活塞式(单活塞杆式,双活塞杆式);柱塞式;伸缩式;摆动式。其分类概况列于表3.4。

(1)活塞式液压缸

1)单活塞杆液压缸

单活塞杆液压缸只有一端有活塞杆。图3.11为一双作用单活塞杆液压缸,它主要由缸体10、活塞5、活塞杆15、缸底1和缸盖13等组成。无缝钢管制成的缸筒与缸底焊接在一起,另一端缸盖与缸筒则用螺纹连接,以便拆装检修。两端进出油口A和B都可以通压力油或回油,以实现双向运动,故称为双作用缸。活塞用卡环4(两个半环)、套环3和弹簧挡圈2等定位。活塞上套有一个用聚四氟乙烯制成的支承环7,密封则靠一对Y_x形密封圈9。O形密封圈6用以防止活塞杆与活塞内孔配合处产生泄漏。导向套12用以保证活塞杆不偏离中心，它的外径和内孔配合处都有密封圈。此外，缸盖上还有防尘圈14，活塞杆左端带有缓冲柱塞。

表3.4 液压缸的类型

类型			符号	速度	作用力	说明
活塞式	单活塞杆式	单作用	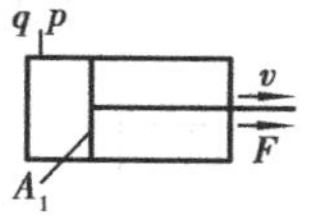	$v=\frac{q}{A_1}$	$F=pA_1$	活塞仅单向运动，由外力使活塞反向运动
		双作用	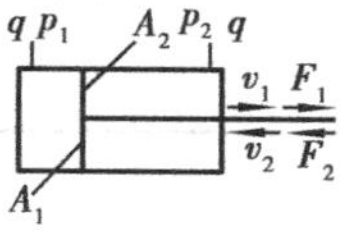	$v_1=\frac{q}{A_1}$ $v_2=\frac{q}{A_2}$	$F_1=p_1A_1-p_2A_2$ $F_2=p_2A_2-p_1A_1$	活塞双向运动，$v_1<v_2$，$F_1>F_2$
		差动	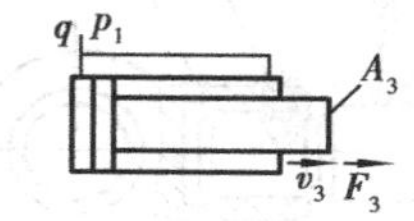	$v_3=\frac{q}{A_3}$	$F_3=p_1A_3$	可使速度加快，但作用力相应减小
	双活塞杆式		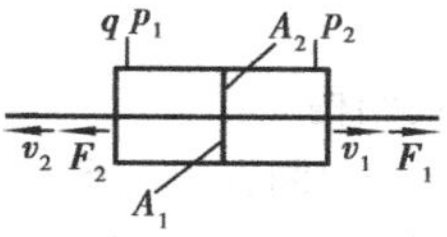	$v_1=\frac{q}{A_1}$ $v_2=\frac{q}{A_2}$	$F_1=(p_1-p_2)A_1$ $F_2=(p_2-p_1)A_2$	活塞左右移动速度和作用力均相等
柱塞式			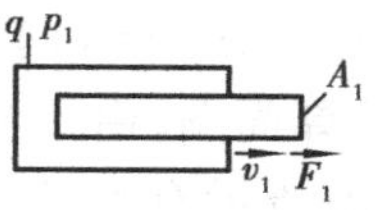	$v_1=\frac{q}{A_1}$	$F_1=p_1A_1$	柱塞仅单向运动，由外力使柱塞反向运动
伸缩式	单作用		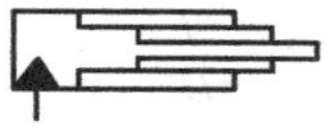 或 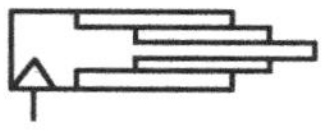	—	—	有多个可依次运动的活塞，由外力使活塞返回
	双作用		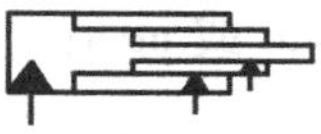 或 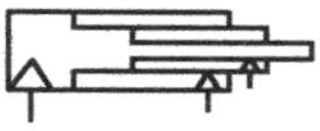	—	—	有多个可依次运动的活塞，活塞可双向运动

续表

类型		符号	速度	作用力	说明
摆动式	单叶式	或	$\omega=\dfrac{8q}{b(D^2-d^2)}$	$M=\dfrac{p(D^2-d^2)b}{8}$	把液压能变为回转的机构能,输出轴只能作小于280°的摆动
	双叶式		$\omega=\dfrac{4q}{b(D^2-d^2)}$	$M=\dfrac{p(D^2-d^2)b}{4}$	输出轴只能作小于150°的摆动

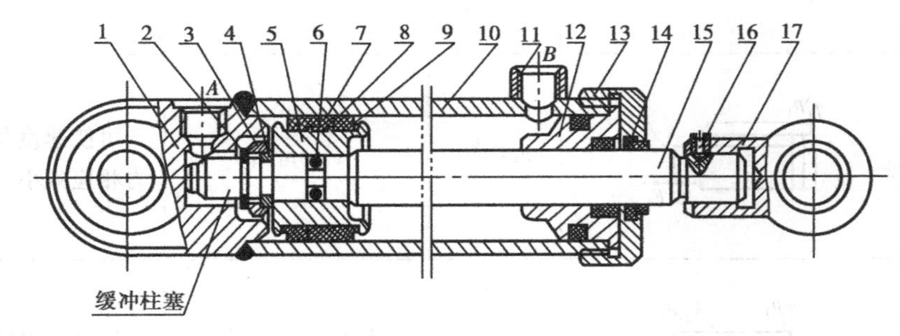

图 3.11　双作用单活塞杆液压缸的结构

1—缸底;2—弹簧挡圈;3—套环;4—卡环;5—活塞;6—O 形密封圈;7—支承环;8—挡圈;
9—Y_x 形密封圈;10—缸体;11—管接头;12—导向套;13—缸盖;
14—防尘圈;15—活塞杆;16—定位螺钉;17—耳环

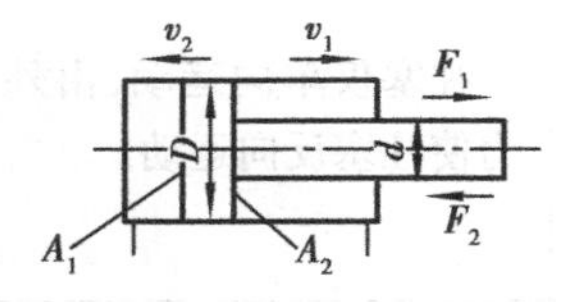

图 3.12　单活塞杆液压缸计算简图

液压缸的基本参数是液压缸的往复运动速度和牵引力。

图 3.12 为单活塞杆液压缸计算简图,由于液压缸的运动速度与液压缸结构及进入液压缸的油液流量有关,因此,当供给液压缸的流量一定时,活塞杆伸出速度为:

$$v_1=\frac{q}{A_1}=\frac{4q}{\pi D^2}\tag{3.10}$$

活塞杆缩回速度为:

$$v_2=\frac{q}{A_2}=\frac{4q}{\pi(D^2-d^2)}\tag{3.11}$$

式中　v_1、v_2——活塞杆伸出和缩回时的速度,常用单位 m/min 或 m/s;

A_1、A_2——无杆腔和有杆腔活塞有效作用面积;

D、d——活塞直径和活塞杆直径;

q——进入液压缸的流量。

由于 $A_1>A_2$,所以 $v_1<v_2$,两个方向的运动速度不等。

液压缸的牵引力表现为推力或拉力。当供油压力一定,回油压力为零时,活塞杆外伸时的推力为：

$$F_1 = pA_1 = p\frac{\pi}{4}D^2 \tag{3.12}$$

活塞杆缩回时的拉力为：

$$F_2 = pA_2 = p\frac{\pi}{4}(D^2 - d^2) \tag{3.13}$$

式中　F_1、F_2——活塞推力和拉力；

A_1、A_2——无杆腔和有杆腔活塞的有效作用面积；

p——液压缸工作压力。

由于 $A_1>A_2$，所以 $F_1>F_2$。牵引力一般用来克服工作负载和液压缸密封装置的摩擦力。

由上述分析可以看出，当活塞杆直径较小时，液压缸往复运动速度和牵引力相差不大，而当活塞杆直径较大时，液压缸往复运动速度相差较大。有时可利用这一特点来满足正反速度不同的要求。如液压牛头刨床，在向无杆腔供油时，活塞慢速前进，产生的牵引力也较大，适应切削工作；走刀完毕后，使油液进入有杆腔，活塞可以快速退回，以提高工效。

单活塞杆液压缸可以是缸体固定，活塞运动，也可以是活塞杆固定缸体运动。无论采用其中哪一种形式，液压缸运动所占空间长度都是活塞行程的两倍，如图3.13所示。

通常将两个方向上的输出速度 v_2 和 v_1 的比值称为速度比，记作是单活塞杆无杆腔和有杆腔的有效面积的比值，也称为面积比。

2）差动液压缸

单活塞杆液压缸的往复运动速度和两个方向的牵引力均不相同。若把这种液压缸的两个油口同时与进油路连通，就形成图3.14所示的差动液压缸。

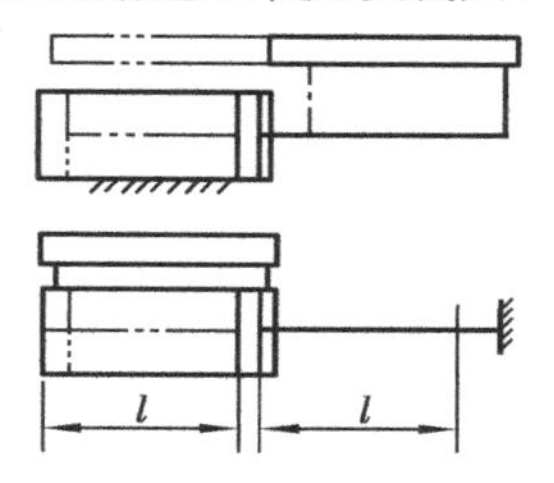

图3.13　单活塞杆液压缸运动所占空间

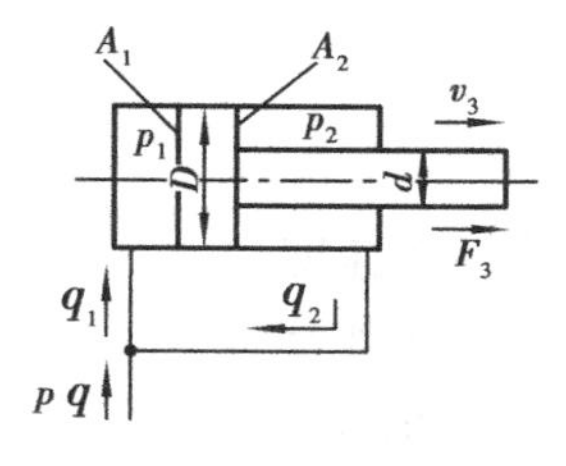

图3.14　差动连接的单活塞杆液压缸

虽然差动液压缸两腔油压力相同，但活塞有效作用面积不同，有杆腔小，无杆腔大，所以两侧总液压力不能平衡，活塞杆要向外伸出。有杆腔排出的油并不返回油箱，而是又进入无杆腔，使无杆腔的输入流量增加，速度加快。差动连接时，液压缸活塞的推力和运动速度分别为：

$$F_3 = p(A_1 - A_2) = p\frac{\pi}{4}d^2 \tag{3.14}$$

$$v_3 = \frac{q + q_2}{A_1} = \frac{q + v_3A_2}{A_1}$$

所以

$$v_3 = \frac{q}{A_1 - A_2} = \frac{4q}{\pi d^2} \tag{3.15}$$

式中　F_3——活塞推力；

v_3——活塞运动速度；

q——液压缸的工作流量；

p——工作压力；

d——活塞杆直径。

由上可见，液压缸差动连接时，相当于只有活塞杆截面起作用。用于差动连接的液压缸常取 $D=\sqrt{2}d$，此时两个方向的运动速度和牵引力均相等。

3）双活塞杆液压缸

双活塞杆液压缸的两端都有活塞杆伸出，如图 3.15 所示。其组成与单活塞杆液压缸基本相同。缸筒和缸盖间用法兰连接，活塞与活塞杆用柱销连接，活塞与缸筒内壁之间采用间隙密封。

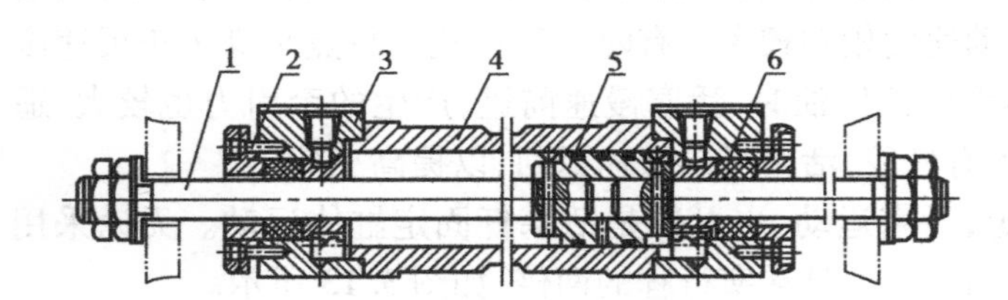

图 3.15　双活塞杆液压缸结构

1—活塞杆；2—压盖；3—缸盖；4—缸筒；5—活塞；6—密封圈

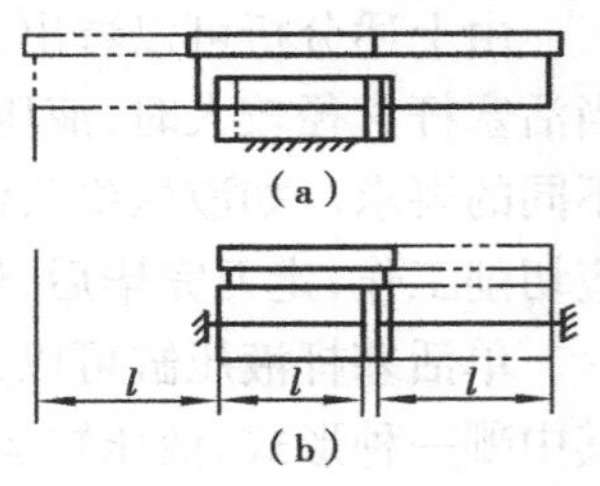

图 3.16　双活塞杆液压缸运动所占空间

双活塞杆液压缸的两活塞杆直径通常相等，活塞两端有效面积相同。如果供油压力和流量不变，那么活塞往复运动时两个方向的作用力和运动速度均相等，即

$$v=\frac{q}{A}=\frac{4q}{\pi(D^2-d^2)} \tag{3.16}$$

$$F=pA=\frac{p\pi(D^2-d^2)}{4} \tag{3.17}$$

式中　v——活塞活动速度；

q——液压缸工作流量；

F——活塞上的作用力；

p——液压缸工作压力；

A——活塞有效作用面积；

D、d——活塞直径和活塞杆直径。

这种液压缸在传动时活塞杆只承受拉力，多数用于机床。将缸体固定在床身上，活塞杆和工作台相联接时，液压缸运动所占空间长度为活塞有效行程的 3 倍，如图 3.16(a) 所示，一般多用于小机床。反之，将活塞杆固定在床身上，缸体与工作台相联接时，液压缸运动所占的空间长度为活塞有效行程的两倍，如图 3.16(b) 所示，适用于中型及大型机床。

(2) 柱塞式液压缸

柱塞式液压缸，如图 3.17 所示。柱塞由导向套导向，不接触缸筒内壁。液压缸只有一个工作油口 9，设在缸体底部。缸底支承在球面支承 7 上，以保证中心受压。为了排除混入油中的空气，缸体上部设有排气装置 10。这种液压缸常用于叉车门架升降机构，为了缓冲，缸底球面支承的周围设有四组弹簧 8。

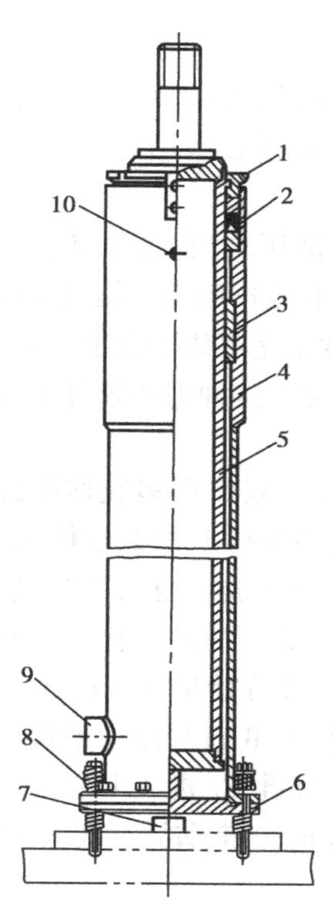

图 3.17 柱塞式液压缸
1—压盖;2—V 形密封圈;3—导向套;
4—缸筒;5—柱塞;6—缸底;
7—球面支承;8—弹簧;9—进油口接头;
10—排气装置

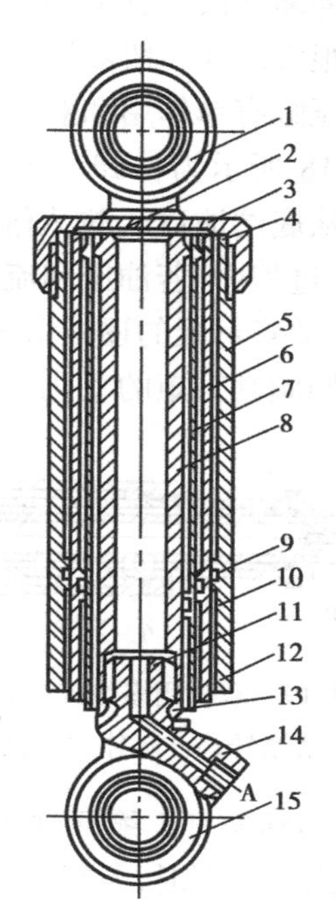

图 3.18 单作用套筒伸缩式液压缸
1、15—安装耳环;2—钢丝挡圈;3—缸盖;
4、9、13—O 形密封圈;5、6、7、8—各级缸筒;
10—导向套;11—柱塞头部;12—防尘圈;
14—油口

柱塞式液压缸具有如下特点:

①柱塞式液压缸是单作用液压缸,即靠油压力只能实现一个方向的运动,回程要靠自重(液压缸垂直放置时)或其他外力,为此柱塞液压缸有时要成对使用。

②柱塞和缸体内壁不接触,缸体内孔只需粗加工,甚至不加工,故工艺简单,更适宜于做长行程液压缸。

③工作时柱塞总是受压,因此它必须具有足够的刚度。

④柱塞质量往往比较大,水平放置时容易因自身重力而下落,造成密封件和导向件单边磨损,故柱塞式液压缸垂直使用更为有利。

柱塞液压缸工作时,柱塞上有效作用力 F 和柱塞运动速度 v 分别为:

$$F = p\frac{\pi}{4}d^2 \tag{3.18}$$

$$v = \frac{4q}{\pi d^2} \tag{3.19}$$

式中 p——工作压力;

q——工作流量;

d——柱塞直径。

(3)套筒伸缩式液压缸

套筒伸缩式液压缸又称多级伸缩式液压缸,它的特点是缩回时缸体尺寸很小,而伸长时活塞行程很大。在一般液压缸无法满足长行程的液压系统中,都可以采用这类液压缸。套筒伸缩式液压缸有单作用和双作用之分。

图3.18所示为自卸汽车常用的一种单作用套筒伸缩式液压缸,它由多级柱塞缸组成。当液压油从底端油口A进入缸体时,各级柱塞依次伸出,缸的有效作用面积相应逐级变化,因此,在工作过程中,若油压和流量保持一定,则缸的推力和速度也是逐级变化的。开始启动时推力很大,随着行程的逐级增长,推力逐级减小而速度逐级递增。这种力和速度的变化规律,正好与车厢倾翻力矩的变化规律相一致。

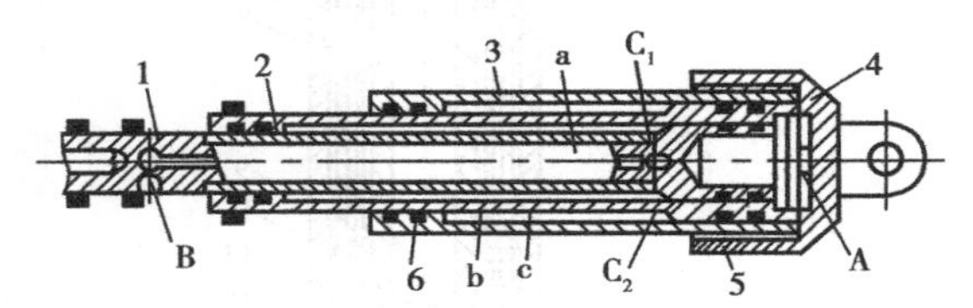

图3.19　双作用多级伸缩式液压缸原理图
1、2—活塞杆;3—缸体;4—缸盖;5、6—密封圈

图3.19是双作用多级伸缩式液压缸,它由套筒式活塞杆1和2、缸体3、缸盖4和密封圈5、6等组成。当从A口通入压力油时,活塞杆1、2同时向外伸出,到极端位置时,活塞杆1才开始从活塞杆2中伸出。相反,当活塞杆上B口与压力油接通时,压力油由a腔经油孔C_1进入b腔,推动活塞杆1先缩回,当活塞杆1缩回到底端后,压力油便可从孔C_2进入c腔,推动活塞杆2连同1一起缩回。伸出与缩回时,各级活塞杆的运动速度为:

伸出时:

$$v_1 = \frac{4q}{\pi D_1^2}$$

$$v_2 = \frac{4q}{\pi D_2^2} \tag{3.20}$$

缩回时:

$$v_1' = \frac{4q}{\pi(D_1^2 - d_1^2)}$$

$$v_2' = \frac{4q}{\pi(D_2^2 - d_2^2)} \tag{3.21}$$

式中　v_1、v_2——一、二级活塞杆伸出速度;

v_1'、v_2'——一、二级活塞杆缩回速度;

D_1、D_2——一、二级活塞直径;

d_1、d_2——一、二级活塞杆直径;

q——进入液压缸的流量。

日本产加腾NK-160型全液压起重机吊臂,为三级同步伸缩式,由一个单级双作用液压缸进行伸缩,两组缆绳导轮机构进行同步,其原理如图3.20。

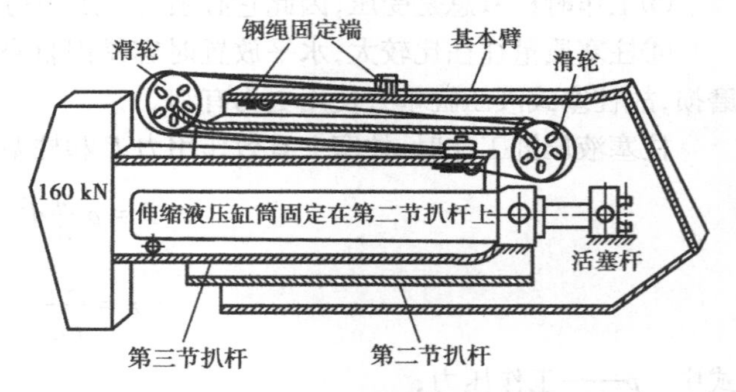

图3.20　加腾NK-160型起重机吊臂伸缩原理

液压缸的缸筒为移动部件,与第二段吊臂(又称第二节扒杆)固定在一起;活塞杆为不动部件,固定在第一段吊臂上。

第二段吊臂前端设有两个滑轮，后端设有一个滑轮，分别套上第三段吊臂（又称第三节扒杆）外伸同步钢丝绳和回缩同步钢丝绳各一组，保证二、三段吊臂同步伸缩。

当液压缸外伸时，推动第二段吊臂外伸，其前端滑轮与外伸同步钢丝绳在第一段吊臂上的固定端之间的距离增长，同时使滑轮至第三段吊臂尾端间的同步钢丝绳长度缩短。所以，第三段吊臂以等于第二段吊臂的伸出速度从第二段吊臂中伸出，因而保证了第二段相对于第一段，第三段相对于第二段有同样的外伸速度而同步伸出。

当液压缸回缩时，拉动第二段吊臂回缩，其后端滑轮相对于回缩同步钢丝绳在第一段吊臂上的固定端距离增长，同时使滑轮至第三段吊臂尾端间的同步钢丝绳长度缩短，这样则将第三段吊臂拉回，与外伸同理，实现了第二、三段吊臂同步缩回。

外伸第三段吊臂，要克服载荷，受力大的困难，故采用了双滑轮双股钢丝绳。回缩第三段吊臂，受力不大，故采用了单滑轮单股钢丝绳。

（4）摆动式液压缸

摆动式液压缸是输出扭矩并实现往复摆动的执行元件，也称摆动式液压马达。有单叶片（图3.21）和双叶片（图3.22）两种形式。图中定子块固定在缸体上，而叶片和转子联结在一起。根据进油方向，叶片将带动转子作往复摆动。单叶片缸的摆动角度一般不超过280°。双叶片缸的摆动角度不超过150°，但可得到更大的输出扭矩。

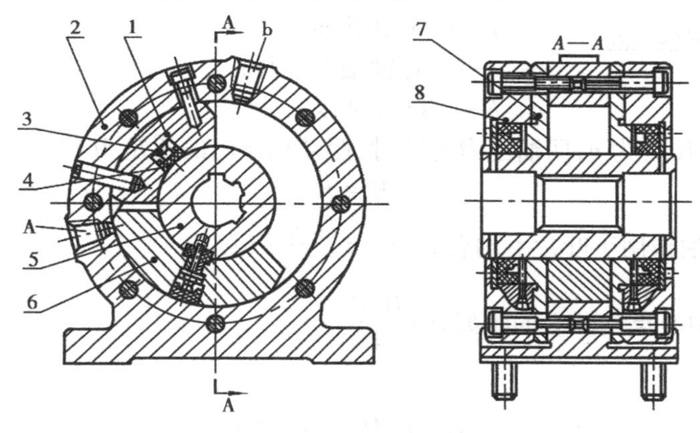

图3.21 单叶片摆动液压缸的结构

1—定子块；2—缸体；3—弹簧片；4—密封镶条；5—转子（花键轴套）；6—叶片；7—支承盘；8—盖板

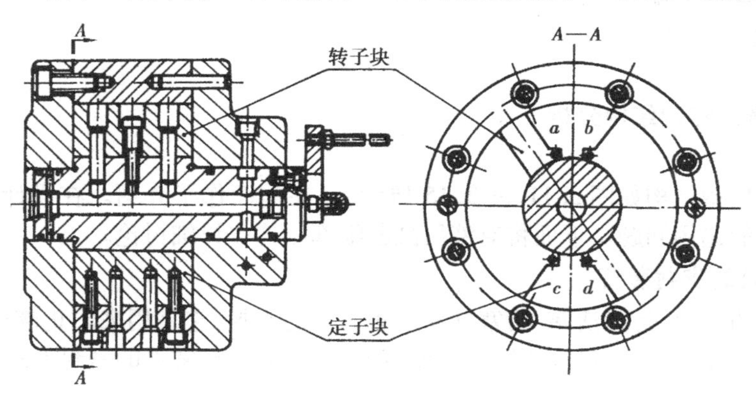

图3.22 双叶片摆动液压缸的结构

摆动式液压缸应用于驱动工作机构作往复摆动或间歇运动等场合，如液压机械手、装载机铲斗、机床上回转台的转动等。

单叶片摆动式液压缸的结构如图 3.21 所示。定子块用螺钉和柱销固定在缸体上，嵌在定子块槽内的弹簧片把密封镶条压紧在花键轴套的外圆柱面上。叶片用螺钉固定在花键轴套上，叶片的槽内也装有弹簧片与密封镶条，使叶片与缸体间得到密封。叶片与定子块两侧有支承盘，并用螺钉将盖板、支承盘、缸体固定在一起，盖板用密封圈密封。当压力油进入孔 a 时，推动叶片连同花键轴套(轴)一起作逆时针方向旋转，叶片另一侧的回油从孔 b 排回油箱。如压力油从 b 孔进入时，叶片连同花键轴套作顺时针方向转动。叶片两侧的间隙起缓冲作用。

如图 3.23 所示，若输入液压油的流量为 q，则流量 q 和摆动轴输出的角速度 ω 之间的关系为：

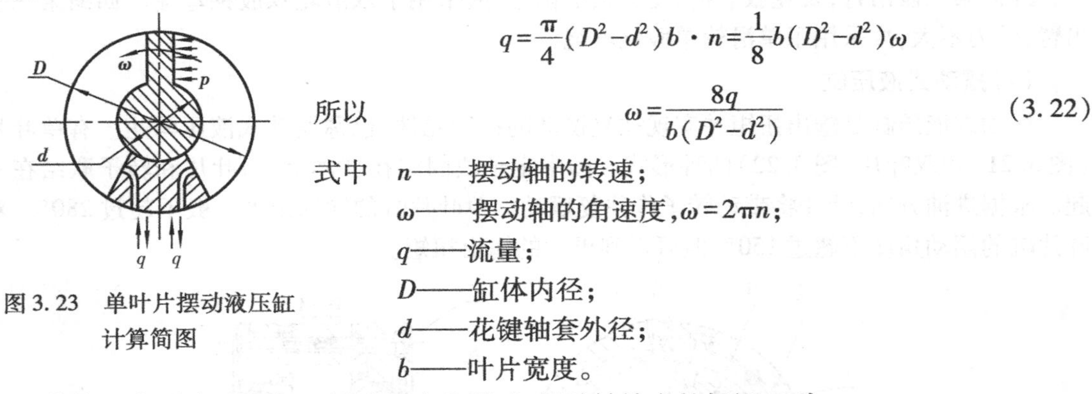

图 3.23　单叶片摆动液压缸计算简图

$$q=\frac{\pi}{4}(D^2-d^2)b\cdot n=\frac{1}{8}b(D^2-d^2)\omega$$

所以

$$\omega=\frac{8q}{b(D^2-d^2)} \tag{3.22}$$

式中　n——摆动轴的转速；

ω——摆动轴的角速度，$\omega=2\pi n$；

q——流量；

D——缸体内径；

d——花键轴套外径；

b——叶片宽度。

若输入液压油压力为 p，回油压力为零时，摆动轴输出的扭矩 M 为：

$$M = Fr$$

式中　F——压力油作用于叶片上的合力，$F=p\frac{D-d}{2}\cdot b$；

r——叶片中心点到轴心的距离，$r=\frac{D+d}{4}$。

由此可得：

$$M=\frac{p(D^2-d^2)\cdot b}{8} \tag{3.23}$$

式中　M——摆动轴输出扭矩；

p——输入油液压力。

3.2.2　液压缸的结构分析

液压缸的典型结构如图 3.11、图 3.15 所示，已在前面作了介绍。在设计液压缸时，常涉及各部分结构的选用问题。下面将对液压缸各细部结构作详细讨论。

(1)液压缸的密封装置

液压缸中的密封，是指活塞、活塞杆和端盖等处的密封，它是用来防止液压缸内部和外部泄漏的。密封设计的好坏，对液压缸的性能有着重要的影响，常见的密封形式有：

1)间隙密封

间隙密封结构如图 3.24 所示，它是利用运动副间的配合间隙起密封作用。图中柱塞(活塞)外圆表面上开有若干个环形槽,主要是为了使柱塞四周都有压力油的作用,有利于柱塞的对中,以减少柱塞移动时的摩擦力,同时也增加了油液流经此间隙时的流动阻力,有助于增强密封效果。为减少泄漏,相对运动部件间的配合间隙必须足够小,但不能妨碍相对运动的顺利进行,故对配合面的加工精度和表面粗糙度提出了较高的要求。合理的配合间隙可使这种密封形式的摩擦力较小且泄漏也不大。这种密封形式主要应用于速度较高的低压液压缸与活塞配合面,此外也广泛应用于各种泵、阀的柱塞配合中。

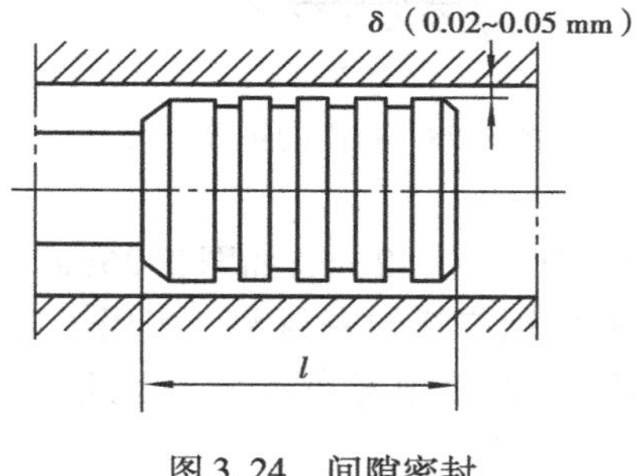

图 3.24 间隙密封

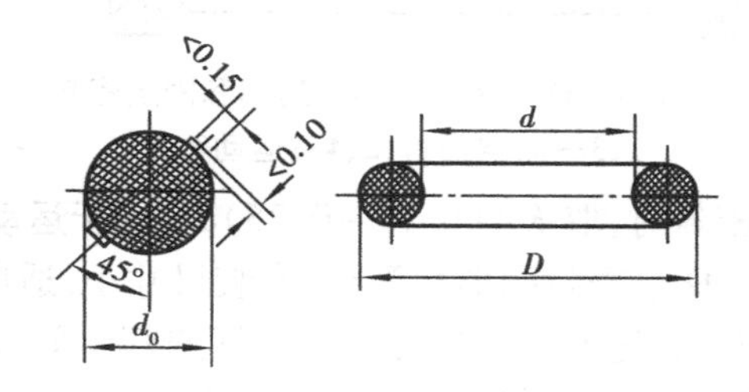

图 3.25 O 形密封圈

D—公称外径;d—公称内径;d_0—断面直径

2)O 形密封圈

O 形密封圈是一种截面为圆形的橡胶圈,如图 3.25 所示(图中截面上的两块凸起表示压制时由分模面挤出的飞边)。O 形密封圈一般用丁腈橡胶制成,因为它与石油基液压油有良好的相容性。当液压系统中采用磷酸酯或其他合成液压油时,则其密封圈应采用其他的材料制成。O 形密封圈可安装在外圆或内圆上截面为矩形的槽内起密封作用,如图 3.26(a)、(b)所示,矩形槽宽度 b 大于 O 形圈直径 d_0,而深度 H 则比 d_0 小。装配后,橡胶圈在径向有一定压缩,依靠压缩变形,在配合面上产生一定接触应力起到密封作用。当受到压力油作用时,O 形密封圈被挤到槽的一侧,如图 3.26(c)所示,使配合面上的接触应力增加,故在压力油作用下仍有良好的密封作用。O 形密封圈既可用于运动密封又可用于固定密封(见图 3.27)。一般固定密封用的 O 形圈直径 d_0 比运动用的 O 形圈要小些。无论固定密封或运动密封,当压力较高时,O 形圈都可能被压力油挤进配合间隙,引起密封圈损坏。为了避免这种情况发生,在 O 形圈的一侧或两侧(决定于压力油作用一侧或两侧)增加一个挡圈,挡圈用较橡胶硬的聚氟乙烯制成,如图 3.28(b)、(c)所示。用于固定密封时,当压力超过 32 MPa 便要用挡圈,这种密封压力最高可达 70 MPa。用于运动密封时,当压力大于 10 MPa 也要装挡圈,此时密封压力最高可达 32 MPa。

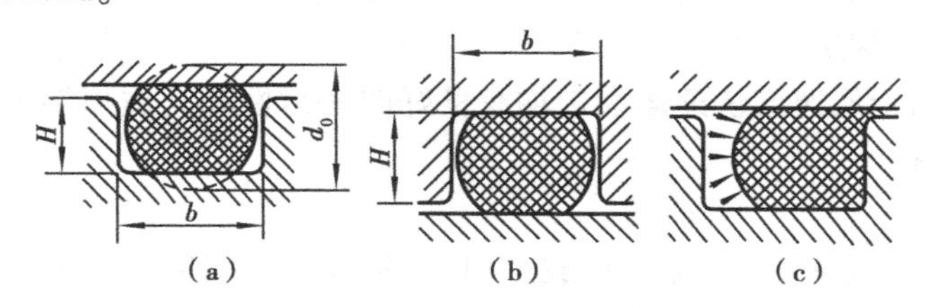

图 3.26 O 形密封圈的安装与密封机理

O 形圈的良好密封效果很大程度上取决于安装槽尺寸的正确性。一般槽宽 b 和槽深 H 在有关手册中有推荐。槽深 H 有较高的公差要求,主要是为了保证密封圈有一定的预压缩量 K($K=d_0-H$)。K 过小时,容易引起漏油,K 过大时,摩擦阻力增加,会加快磨损。一般用于固

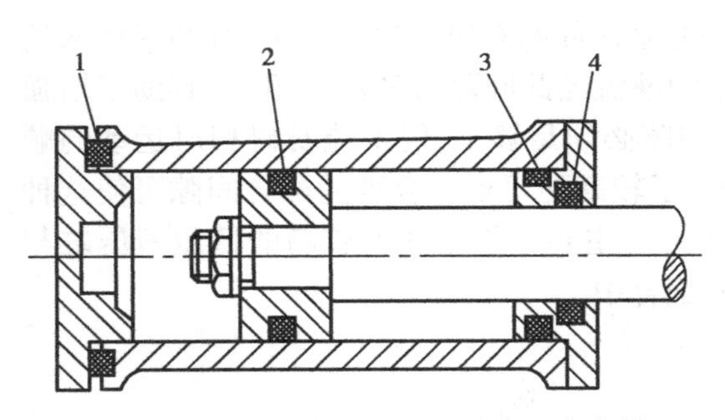

图 3.27　O 形密封圈用于运动和固定密封
1、3—固定密封；2、4—运动密封

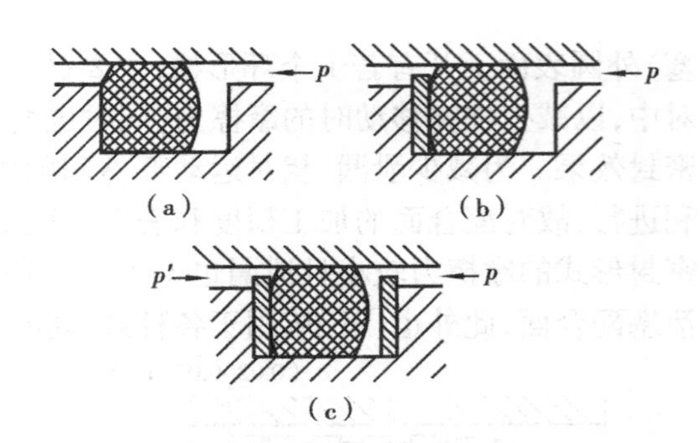

图 3.28　挡圈的正确使用

定密封时，取 $K=(0.15\sim0.25)d_0$；用于运动密封时，取 $K=(0.1\sim0.2)d_0$，如图 3.26(a)所示。

O 形密封圈形状简单，安装尺寸小，适应性广，是一种应用广泛的密封圈。当用于运动密封时，合适的压缩量可取得较好的密封效果，且摩擦力不大，但使用寿命不长。因此，在速度较高的滑动密封中常采用下述密封圈。

3）Y 形密封圈

Y 形密封圈如图 3.29 所示，一般也用耐油的丁腈橡胶制成。它依靠略为张开的唇边贴于密封面而达到密封。在油压作用下，唇边作用在密封面上的压力随之增加，并在磨损后有一定的自动补偿能力。故 Y 形密封圈有较好的密封性能，且能保证较长的使用寿命。在装配 Y 形密封圈时，一定要使唇口对着有压力的油腔，才能起密封作用。使用时可将它直接装入沟槽内，如图 3.30 所示。但在工作压力波动大，滑动速度较高的情况下，要采用支承环来定位，如图 3.31 所示。

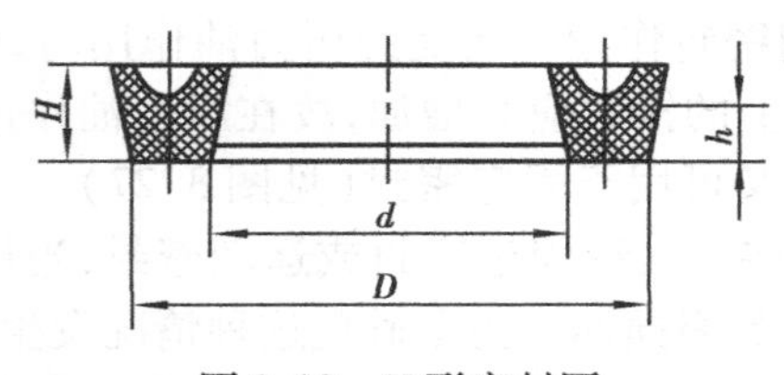

图 3.29　Y 形密封圈

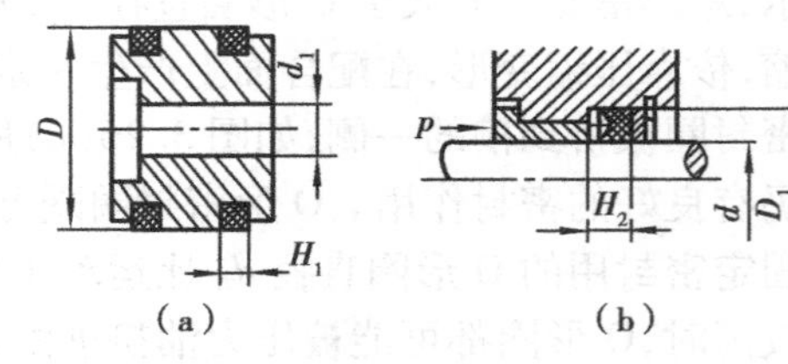

图 3.30　Y 形密封圈的使用

Y 形密封圈密封可靠，寿命较长，摩擦力小，常用于运动速度较高的液压缸，适用温度为-40～80 ℃，工作压力为 20 MPa。

Y_x 形密封圈是 Y 形密封圈的改进型。与 Y 形圈相比，其宽度较大，所以不用支承环也不会在沟槽中发生扭转翻滚现象，如图 3.32 所示。Y_x 形密封圈分为孔用和轴用两种，一般由聚氨酯橡胶制成，应用于低速或快速运动中均有良好的密封性能。适用温度为-30～100 ℃，工作压力小于 32 MPa。

4）V 形密封圈

V 形密封圈用带夹织物的橡胶制成。由支承环、密封环和压环 3 部分叠合组成，如图 3.33 所示。当要求的密封压力高于 10 MPa 时，可增加密封环的数量。安装时应注意方向，即密封环的开口应面向压力油方向。

V 形密封圈耐高压，密封性能可靠，但密封处摩擦力较大。目前在小直径运动副中大多已采用 Y 形或 Y_x 形密封圈，但在大直径柱塞或低速运动活塞杆上仍采用 V 形密封圈。V 形密封圈适用温度为-40～80 ℃，工作压力可达 50 MPa。

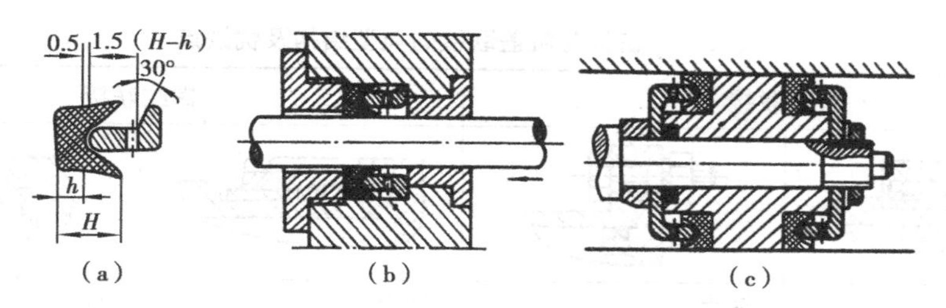

图 3.31　Y 形密封圈附加支承环

(a)主要尺寸　(b)内径滑动　(c)外径滑动

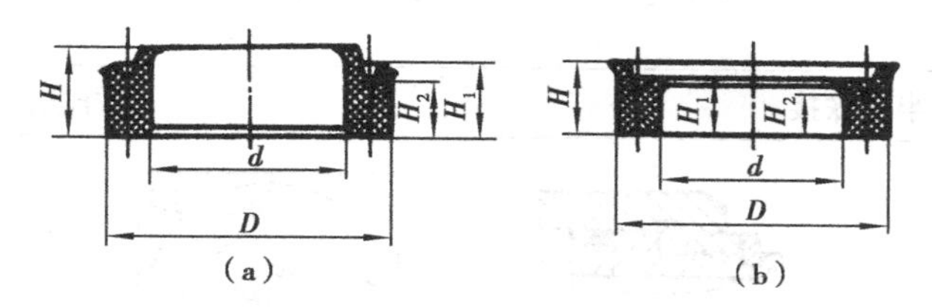

图 3.32　Y_x 形密封圈

(a)孔用　(b)轴用

5)密封圈的摩擦阻力

密封圈的滑动摩擦力可按下式估算：

$$F = fK\pi dhp \tag{3.24}$$

式中　F——摩擦力；

f——密封圈与配合面的摩擦系数，Y 形橡胶密封圈取 $f=0.01$，带夹织物的 V 形密封圈取 $f=0.1 \sim 0.13$；

K——系数，V 形密封圈取 $K=1.59$，其他取 $K=1$；

d——与密封圈产生相对运动处的直径；

h——有效密封长度；

p——工作压力。

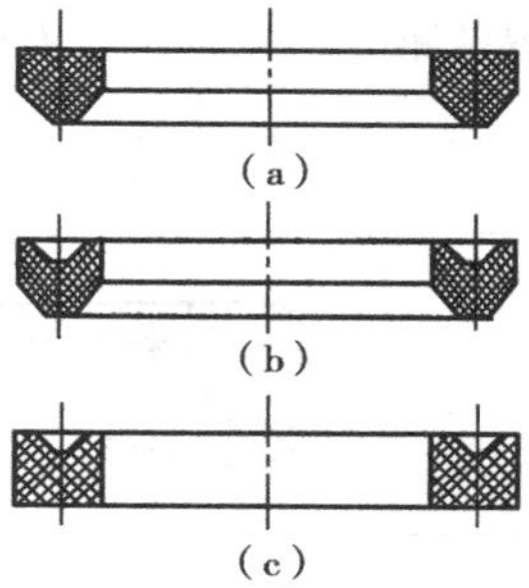

图 3.33　V 形密封圈

(a)支承环　(b)密封环　(c)压环

可见，V 形密封圈的摩擦力比 Y 形大得多。

(2)缸盖的联接方式

缸筒与缸盖联接的各种典型结构及其优缺点见表 3.5。其中焊接联接只能用于缸体的一端，另一端必须采用其他结构形式。其他各种联接中都离不开螺纹或螺栓，因此，设计中常需对螺纹的联接强度进行校核(请参考有关手册)。

(3)活塞与活塞杆的联接

在液压缸行程较短，且活塞与活塞杆直径相差不多时，可将活塞与活塞杆做成整体。但在大多数情况下，活塞与活塞杆是分开的，将它们联接在一起的常见的联接方式如图 3.34 所示。其中图 3.34(a)和(f)中，活塞与活塞杆采用螺母锁紧，其优点是联接可靠，活塞与活塞杆之间无轴向公差要求，缺点是需要加工螺纹。图 3.34(b)为焊接联接，这种联接结构简单，轴向尺寸紧凑，但不易拆换。图 3.34(c)、(d)为半环联接，图 3.34(e)为弹簧挡圈联接。这两种方式联结结构和装拆均简单，并可承受较大的负载或振动，但活塞与活塞杆的加工有轴向公差要求。为了防止活塞与活塞杆配合面处产生泄漏，在配合处增加一个 O 形密封圈可使结构更为完善，如图 3.34(f)。活塞应有一定导向长度，一般取活塞长度为缸体内径的 0.6 ~1 倍。

表 3.5　缸筒与缸盖联接的典型结构及优缺点

法兰联接		螺纹联接	
优点 ①结构较简单 ②易加工 ③易装卸	缺点 ①比螺纹联接重 ②外形较大	优点 ①重量较轻 ②外形较小	缺点 ①端部结构复杂 ②装卸要用专门工具
半环联接		**拉杆联接**	
优点 ①结构简单 ②易装卸	缺点 键槽使缸筒壁的强度有所削弱	优点 ①缸筒最易加工 ②最易装卸 ③结构通用性大	缺点 重量较大，外形尺寸较大
焊接		**钢丝联接**	
优点 ①结构简单 ②尺寸小	缺点 ①缸筒有可能变形 ②缸底内径不易加工	优点 ①结构简单 ②尺寸小，重量轻	缺点 ①轴向尺寸略有增加 ②承载能力小

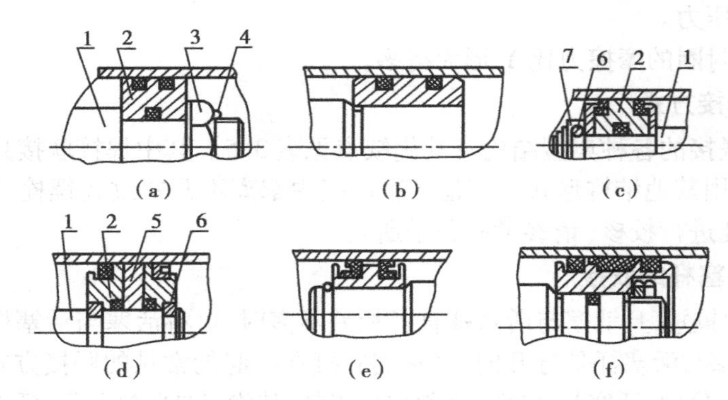

图 3.34　活塞与活塞杆的联接结构

(a)采用螺母、开口销　(b)采用焊接　(c)采用半环、套环

(d)采用两个半环　(e)采用卡簧　(f)采用双螺母

1—活塞杆；2—活塞；3—锁紧螺母；4—开口销；5、6—半环；7—套环

(4)缓冲装置

为了避免活塞运动到行程终点时撞击缸盖,产生噪声,影响工作精度以致损坏机件,常在液压缸两端设置缓冲装置。它通常是利用对油液的节流原理来实现的,即是利用活塞将要达到行程终点时,使回油腔的回油阻力增大,从而减缓活塞的运动速度,达到避免撞击缸盖的目的。

缓冲装置的形式很多,常用的有间隙缓冲装置和阀式缓冲装置,如图 3. 35 所示。间隙缓冲装置见图 3. 35(a)、(b),它是利用活塞顶端的凸台和缸盖上的凹槽构成。当活塞运动到靠近缸盖时,凸台将进入凹槽,将存于凹槽中的油液经凸台与凹槽间的间隙逐渐挤出,凹槽内的油液受到挤压,造成很大的阻力,从而使活塞的运动速度减缓下来。图 3. 35(c)所示,为活塞上凸台与缸盖上凹槽都是圆柱面,其间的间隙是不变的,在凹槽内底部开一小阻尼孔,当活塞运动靠近缸盖时,将回油路堵死,凹槽内的油液受挤压从阻尼孔排出。在阻尼孔的通道上,装一可调的针阀或节流螺钉,以便控制活塞的缓冲速度。图 3. 35(d)所示,是由单向节流阀构成的缓冲装置。这种缓冲装置是在缸盖上和距缸盖一小段距离处的缸筒上各开一油道,并在缸盖的油道上装一单向节流阀。当活塞运动到行程终了接近缸盖时,将缸筒上的回油道堵死,这时活塞与缸盖间的油液只有经缸盖上油道的单向节流阀流回油箱,由于节流阀的阻尼作用,使活塞缓慢地接近缸盖,避免撞击。

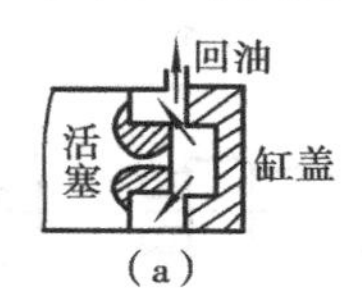

(a)

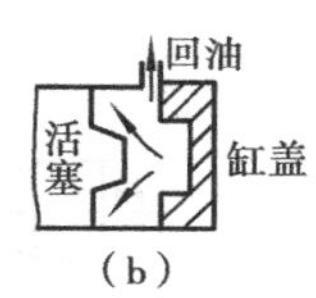

(b)

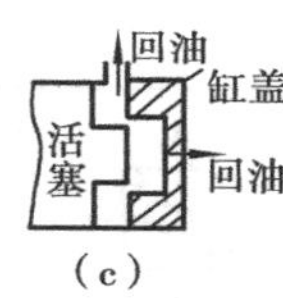

(c)

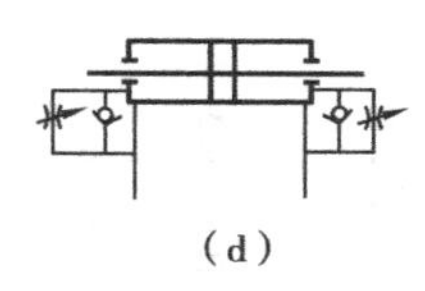
(d)

图 3. 35 液压缸缓冲装置原理图

(5)排气装置

在安装过程中或停止工作一段时间后,液压系统中会有空气渗入。液压系统,特别是液压缸中存在空气,会使液压缸运动速度不稳定,出现爬行和振动,而且还能使油液氧化产生氧化物,腐蚀液压元件。为此,液压缸上要设置排气装置。图 3. 36 为两种典型的排气阀,排气阀安装在液压缸两端最高处,排气时将排气螺塞拧开,排气后再将排气螺塞拧紧。

(a) (b)

图 3. 36 液压缸的排气装置

(6)液压缸的安装定位

液压缸的各种安装方式见表 3. 6。当缸体与机体间没有相对运动时,可采用支座或法兰来安装定位。如果缸体与机体间有相对转动时,则可采用轴销、耳环或球头等联接方式。当液压缸两端都有底座时,只能固定一端,使另一端浮动,以适应热胀冷缩的需要,在液压缸较长时,这点更为重要。采用法兰或轴销安装定位时,法兰或轴销的轴向位置会影响活塞杆的压杆稳定性,这点应予以注意。

表 3.6　液压缸的各种安装方式

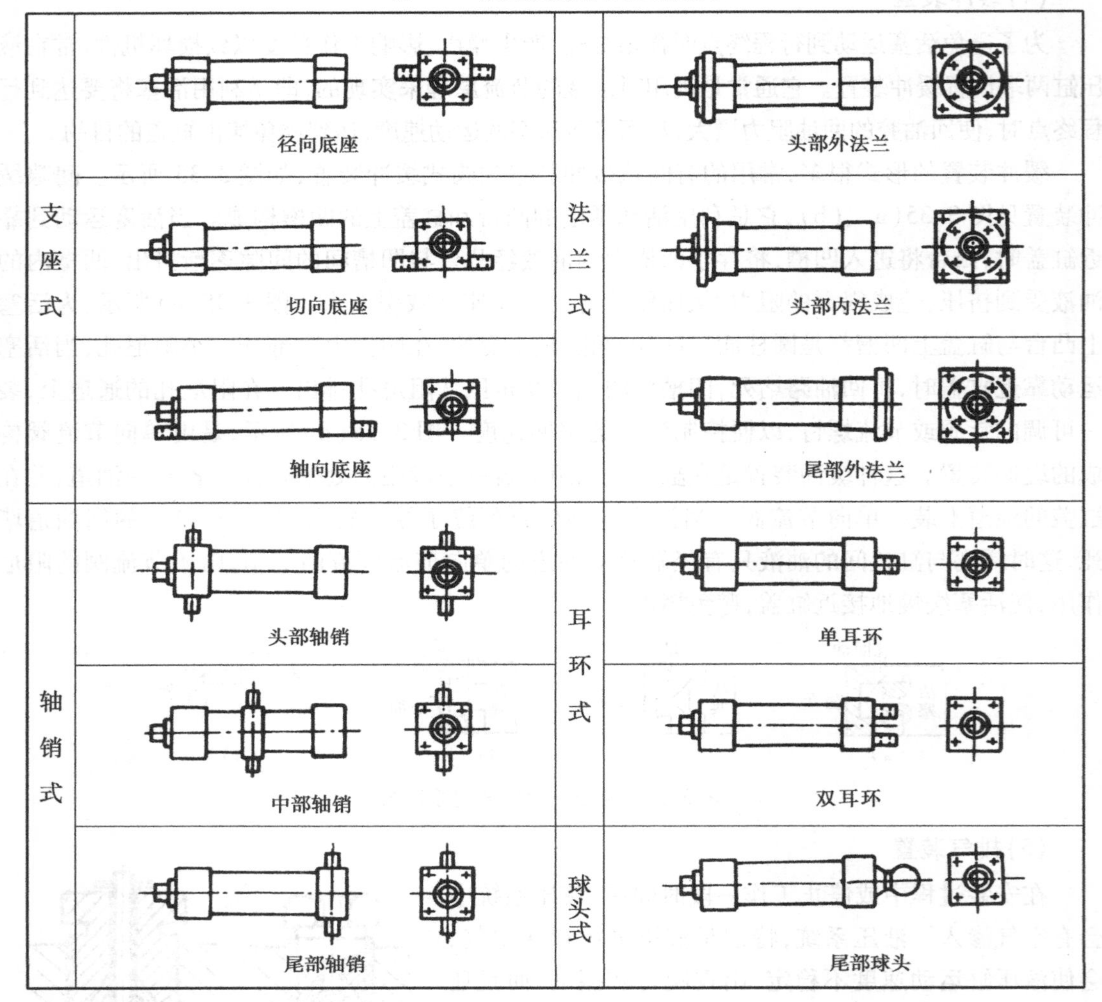

3.2.3　液压缸的设计计算

液压缸设计计算的目的，是为了确定液压缸的主要结构参数，并验算其强度和稳定性。液压缸的设计计算工作应在选定液压缸的品种和结构形式之后，根据负载和动作要求、环境条件、已选定的系统压力和流量以及有关标准来进行。必要时，也可根据液压缸的计算结果修改设计方案。

(1)缸筒内径和壁厚

1)缸筒内径

通常在所给定的液压缸供油压力下，把保证液压缸具有足够的牵引力来驱动工作负载，作为确定缸筒内径的原则，然后再按活塞所需的运动速度确定液压缸的流量，或按已选定的供油流量确定活塞的运动速度。

双作用液压缸，按推力计算缸筒内径时，由式(3.12)得：

$$D = \sqrt{\frac{4F_1}{\pi p}} \tag{3.25}$$

按拉力计算缸筒内径时，由式(3.13)得：

$$D = \sqrt{\frac{4F_2}{\pi p} + d^2} \tag{3.26}$$

式中 D——缸筒内径；

F_1、F_2——牵引力为推力或拉力；

p——液压缸供油压力；

d——活塞杆直径。

d 的计算见式(3.32)，对于工作阻力很小的机械，缸筒内径主要由液压缸的流量和活塞运动速度来决定。当二者为已知时，按无杆腔计算，由式(3.10)得：

$$D = \sqrt{\frac{4q}{\pi v_1}} \tag{3.27}$$

按有杆腔计算，由式(3.11)得：

$$D = \sqrt{\frac{4q}{\pi v_2} + d^2} \tag{3.28}$$

式中 q——进入液压缸的流量；

v_1、v_2——活塞伸出和缩回时的速度。

将上述各式计算所得 D 值中的较大者，按 GB 2348—80 所规定的液压缸内径系列圆整为标准值。

2)缸筒壁厚

缸筒壁厚 δ 可按下列情况分别进行计算。

当缸筒壁厚 $\delta \leqslant \frac{D}{10}$ 时，可用薄壁缸筒的计算公式：

$$\delta \geqslant \frac{p_{max} \cdot D}{2[\sigma]} \tag{3.29}$$

式中 δ——缸筒壁厚；

p_{max}——缸筒内最高工作压力，当液压缸额定工作压力 $p \leqslant 16$ MPa 时，$p_{max} = 1.5p$，当额定工作压力 $p > 16$ MPa 时，$p_{max} = 1.25p$；

$[\sigma]$——缸筒材料许用应力。

许用应力 $[\sigma]$ 按下式计算：

$$[\sigma] = \frac{\sigma_b}{n}$$

式中 σ_b——缸筒材料的抗拉强度；

n——安全系数，通常取 $n=5$，也可参考有关手册进行选取。

当缸筒壁厚 $\delta > \frac{D}{10}$ 时，可按厚壁筒公式进行计算：

$$\delta \geqslant \frac{D}{2}\left(\sqrt{\frac{[\sigma] + 0.4p_{max}}{[\sigma] - 1.3p_{max}}} - 1\right) \tag{3.30}$$

中低压液压缸的壁厚常根据结构上的需要来确定，其强度一般不是主要问题。

壁厚 δ 确定后，即可确定缸筒外径 $D_1=D+2\delta$。若缸筒材料选用无缝钢管，则外径 D_1 的计算值也需圆整到无缝钢管的标准外径尺寸。

(2)活塞杆的计算

活塞杆属于杆件，所以在活塞杆的计算中应包括活塞杆的强度计算和稳定性校核。

1)活塞杆的强度计算

活塞杆的直径由活塞杆的强度条件计算。液压缸工作时，活塞杆主要受拉力和压力作用，因此，活塞杆的强度计算可以近似地视为直杆拉、压强度计算，即

$$\sigma=\frac{F}{\frac{\pi}{4}d^2}\leqslant[\sigma] \tag{3.31}$$

或

$$d\geqslant\sqrt{\frac{4F}{\pi[\sigma]}} \tag{3.32}$$

式中 F——液压缸的最大推力(或拉力)；

d——活塞杆直径；

σ——活塞杆应力；

$[\sigma]$——活塞杆材料的许用应力，$[\sigma]=\frac{\sigma_b}{n}$，$\sigma_b$ 为活塞杆材料的抗拉强度，n 为安全系数，一般取 $n\geqslant1.4$。

活塞杆的直径也可按往复运动的速度比计算，然后再进行强度校核。做往复运动的液压缸，两腔通入的流量 q 相等，活塞往复运动速度 v_1、v_2 不等(单活塞杆液压缸)，速度 v_2 与 v_1 的比称速度比，用 ϕ 表示。

$$\phi=\frac{v_2}{v_1}=\frac{4q/\pi(D^2-d^2)}{4q/\pi D^2}=\frac{D^2}{D^2-d^2}=\frac{1}{1-\left(\frac{d}{D}\right)^2} \tag{3.33}$$

由式(3.33)可得活塞杆直径 d 的计算公式：

$$d=D\sqrt{\frac{\phi-1}{\phi}} \tag{3.34}$$

式中 ϕ——液压缸的速度比。

表3.7表示不同速度比时 D、d 的对应值。

表3.7 速度比 ϕ 与 D、d 对应值

D \ d \ ϕ	2	1.46	1.33	1.25	1.15	D \ d \ ϕ	2	1.46	1.33	1.25	1.15
40	28	22	20	18	14	125	90	70	60	55	45
50	35	28	25	22	18	140	100	80	70	60	50
63	45	35	32	28	22	(150)	105	85	75	65	55
80	55	45	40	35	28	160	110	90	80	70	55

续表

D \ d \ φ	2	1.46	1.33	1.25	1.15	D \ d \ φ	2	1.46	1.33	1.25	1.15
90	60	50	45	40	32	180	125	100	90	80	63
100	70	55	50	45	35	200	140	110	100	90	70
110	80	60	55	50	40						

活塞杆直径计算之后，还应进行强度校核。对于单纯受拉、压作用的液压缸，主要须按式(3.31)校核活塞杆的拉伸或压缩强度。如果在工作时，且活塞杆所受的弯曲应力不可忽略(例如偏心载荷等)，则可按下式校核活塞杆的强度：

$$\sigma=\left(\frac{F}{A_d}+\frac{F_\delta}{W}\right)\leqslant\sigma_s/n_s \tag{3.35}$$

式中 σ——活塞杆内合成应力；

F——液压缸的最大推力(或拉力)；

A_d——活塞杆截面积；

W——活塞杆截面模数；

δ——F 作用线至活塞杆轴心线最大挠度处的垂直距离；

σ_s——活塞杆材料的屈服极限；

n_s——屈服安全系数，一般取 $n_s=2\sim4$。

2)活塞杆稳定性校核

当液压缸的支承长度 $L_B\geqslant(10\sim15)d$，且活塞杆承受压力作用时，则需考虑其压杆稳定性。液压缸活塞杆的纵向弯曲如图3.37所示。活塞杆所受的负载 F 应小于保持压杆稳定的临界负载 F_k，即

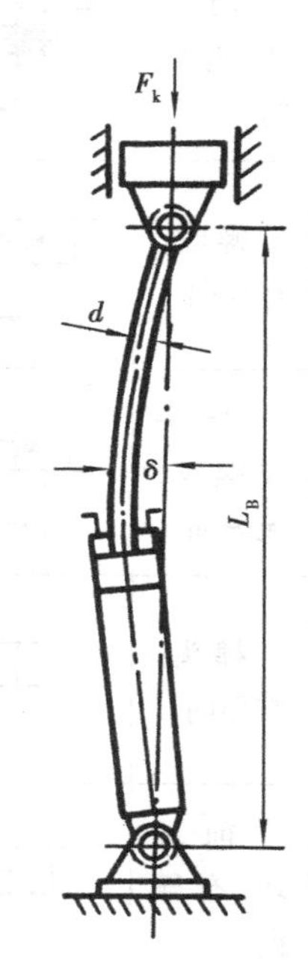

图3.37 液压缸活塞杆纵向弯曲图

$$F\leqslant\frac{F_k}{n_k} \tag{3.36}$$

式中 n_k——安全系数，一般取 $n_k=3.5\sim6$。

F_k 的值与活塞杆的材料、长度、直径及液压缸的安装方式等因素有关。

$$F_k=\frac{\pi^2E_1I}{K^2L_B^2} \tag{3.37}$$

式中 K——液压缸安装及导向系数，见表3.8；

L_B——液压缸支承长度，即活塞杆全部伸出时，活塞杆顶端连接点与液压缸支承点间的距离；

E_1——实际弹性模量，MPa；

I——活塞杆横截面惯性矩，圆截面：$I=\frac{\pi d^4}{64}=0.049d^4$；

$$E_1=\frac{E}{(1+a)(1+b)}$$

表 3.8　液压缸安装及导向系数 K

名称	活塞杆外端	安装示意图	系数 K	名称	活塞杆外端	安装示意图	系数 K
后耳环	榫头，有导向	L_B	2	底脚	榫头，有导向	L_B	0.7
	前耳环，有导向	L_B	2		前耳环，有导向	L_B	0.7
	螺纹，有导向	L_B	1.5		螺纹，有导向	L_B	0.5
	榫头或螺纹，无导向	L_B	4		榫头或螺纹，无导向	L_B	2
中耳轴	榫头，有导向	L_B	1.5	前法兰	刚性固定，有导向	L_B	0.5
	前耳环，有导向	L_B	1.5		前耳环，有导向	L_B	0.7
	螺纹，有导向	L_B	1		支承，无导向	L_B	2
	榫头或螺纹，无导向	L_B	3		刚性固定，有导向	L_B	1
前耳轴	前耳环，有导向	L_B	1	后法兰	前耳环，有导向	L_B	1.5
	前耳环，无导向	L_B	2		支承，无导向	L_B	4

式中 a——材料组织缺陷系数，钢材一般取 $a \approx \frac{1}{12}$；

b——活塞杆截面不均匀系数，一般取 $b \approx \frac{1}{13}$；

E——材料的弹性模量，钢材：$E=210\times10^3$ MPa，因此，$E_1=180\times10^3$ MPa；

E_1——修正后的材料弹性模量。

3.2.4 液压缸的常见故障分析

液压缸的常见故障与排除方法，见表3.9。

表3.9 液压缸常见故障与排除方法

故障现象	产生原因	排除方法
爬行或局部速度不均匀	①空气侵入液压缸 ②活塞杆与缸盖孔密封装置过紧或过松 ③活塞杆与活塞不同心 ④活塞杆弯曲 ⑤液压缸安装位置偏移 ⑥液压缸内孔表面直线度不良 ⑦液压缸内表面锈蚀或拉毛	①设排气阀，排除空气 ②密封圈密封应保证能用手平稳地拉动活塞杆而无泄漏 ③活塞杆与活塞同心度不得大于0.01 mm，否则应校正或更换 ④活塞杆直线度≤0.02 mm/100 mm，否则应校正或更换 ⑤液压缸安装位置不得与设计要求相差大于0.1 mm ⑥液压缸内孔圆柱度不得大于内径配合公差之半，否则应进行镗铰或更换缸体 ⑦进行镗磨，严重者更换缸体
冲击	①活塞与缸体内径间隙过大或缓冲装置失灵 ②纸垫密封冲破，大量泄油	①保证设计间隙，过大者应换活塞，检查、修复缓冲装置 ②更换新纸垫，保证密封
缓冲作用过度	①缓冲调节阀的节流开口度过小 ②缓冲柱塞“别劲”（如柱塞头与缓冲环间隙太小，活塞倾斜或偏心） ③在柱塞头与缓冲环之间有脏物 ④固定式缓冲装置柱塞头与衬套之间间隙过小	①将节流口调节到适当位置并紧固 ②拆开清洗，适当加大间隙，对不合格的零件应更换 ③修去毛刺和清洗干净 ④适当加大间隙
推力不足或速度减慢	①活塞与缸体内径间隙过大，内泄漏严重 ②活塞杆弯曲，阻力过大 ③活塞上密封圈损坏，增大了泄漏或增大了摩擦阻力 ④液压缸内表面有腰鼓形造成两端通油 ⑤外漏严重	①更换磨损的活塞，单配活塞，其间隙为0.03～0.04 mm ②按要求校正活塞杆 ③更换密封圈，装配时不要过紧 ④镗磨液压缸内孔，单配活塞 ⑤更换相应部位密封圈

复习思考题

3.1　高速液压马达和低速液压马达是如何划分的？各有哪些基本形式？各有哪些特点？

3.2　齿轮马达、叶片马达与其同类型泵相比，在结构上有什么特点？

3.3　轴向柱塞液压马达输出轴上的转矩是如何产生的？其输出转矩的大小与哪些因素有关？

3.4　液压马达的排量 $V_m=50$ mL/r，泄漏流量 $\Delta q_m=C\Delta P_m$，$C=3\times10^{-4}$ mL/(Pa·min)。液压马达的摩擦扭矩损失为 4 N·m，且假设与负载无关。供油液压泵流量为 50 L/min，不考虑泵的容积效率。分别计算液压马达输出转矩为 0，20，40，60，80 N·m 时的转速和总效率。

3.5　连杆式径向柱塞马达的配流轴需与输出轴同步旋转，而轴向柱塞马达的配流盘却不旋转，其原因何在？

3.6　已知液压马达的排量 $V_m=250$ mL/r，入口压力为 9.8 MPa，出口压力为 0.49 MPa，此时的总效率 $\eta_m=0.9$，容积效率 $\eta_{mv}=0.92$。当输入流量为 22 L/min 时，试求：

①液压马达的输出转矩；

②液压马达的输出功率；

③液压马达的转速。

3.7　一液压马达排量 $V_m=80$ mL/r，输出转矩为 50 N·m 时，测得其机械效率为 0.85。将此马达作泵使用，其工作压力为 4.62 MPa 时，其机械损失扭矩与上述液压马达工况相同，求此时泵的机械效率。

3.8　一液压泵当工作压力 8 MPa 时，输出流量为 96 L/min，而工作压力为 10 MPa 时，输出流量为 94 L/min。用此泵带动一排量 $V_m=80$ mL/r 的液压马达，当输出转矩为 120 N·m 时，液压马达机械效率为 0.94，其转速为 1 100 r/min。忽略泵与马达间的压力损失，并假设马达出口压力为零。求此时液压马达的容积效率。

3.9　各种形式的液压缸在结构上有什么特点？各适用于什么场合？

3.10　液压缸为什么要设置缓冲装置和排气装置？

3.11　液压缸密封装置有哪些结构形式？如何选用？

3.12　为什么说伸缩式液压缸活塞伸出的顺序是从大到小，而空载缩回时的顺序是从小到大？

3.13　向一差动连接的液压缸供油，液压油的流量为 q，压力为 p。当活塞杆直径变小时，其活塞运动速度及作用力将如何变化？要使快退速度与工进速度之比为 2，则活塞与活塞杆直径之比应为多少？

3.14　题图 3.14 为一柱塞缸，其中柱塞固定，缸筒运动。压力油从空心柱塞中通入，压力为 p，流量为 q。柱塞外径 d，内径 d_0，试求缸筒运动速度 v 和产生的推力 F。

3.15　题图 3.15 中用一对柱塞实现工作台的往复。如这两柱塞直径分别为 d_1 和 d_2，供油流量和压力分别为 q 和 p，试求两个方向运动时的速度和推力。如两个柱塞缸都通以压力油时将产生怎样的运动?

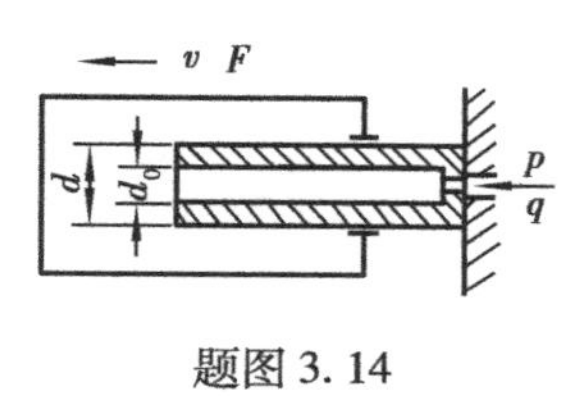

题图 3.14

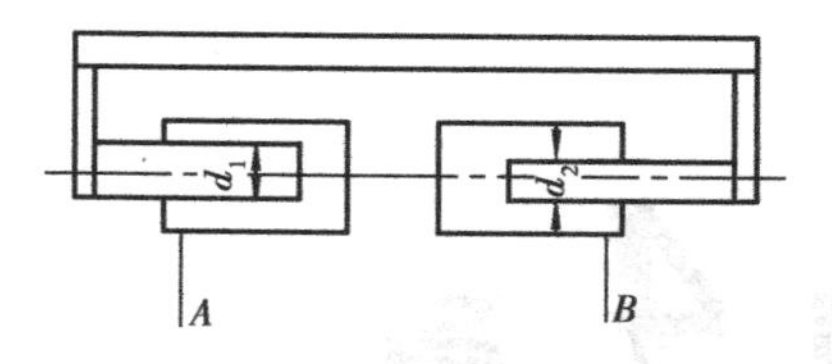

题图 3.15

3.16 设计一双作用单活塞杆液压缸,当活塞杆伸出时,已知活塞杆上的外载 $F=2\times10^4$ N,活塞和活塞杆处的摩擦阻力 $F_f=12\times10^2$ N,进入无杆腔内的油液压力为 5 MPa,试计算液压缸的内径。若活塞杆的最大伸出速度为 4 cm/s,系统的泄漏损失为 10%,应选多大流量的泵?若泵的总效率为 0.85,电机的输出功率应为多大?

3.17 一单活塞杆液压缸,无杆腔进压力油时为工作行程,此时负载为 5.5×10^4 N。有杆腔进压力油时为快速退回,要求速度提高 1 倍。液压缸两端均为耳环铰接,其 $L_B=1.5$ m。液压缸工作压力为 7 MPa,不考虑背压。计算活塞和活塞杆直径,并校核活塞杆的强度及压杆稳定性。

第 4 章 控制阀及其应用

在液压系统中，用于控制液体的流动方向、压力高低和流量大小的元件称为液压控制阀。液压控制阀按其作用的不同可分为 3 大类：

①方向控制阀　控制液体的流动方向和液流通断的阀类，以实现执行元件运动方向的变换。如单向阀、换向阀、电液比例方向阀、插装式方向阀。

②压力控制阀　限制和调节液压系统工作压力的阀类，以提供执行元件所需要的作用力或转矩。如溢流阀、减压阀、顺序阀、压力继电器、电液比例压力阀、插装式压力阀。

③流量控制阀　控制和调节液压系统中液体流量的阀类，以实现执行元件运动速度的变化。如节流阀、调速阀、电液比例流量阀、插装式流量阀。

每一阀类又有多种不同的形式，有的阀是由几种不同类型的阀组合而成的，例如电液换向阀、单向顺序阀、调速阀都是组合阀。

阀作为液压系统中的控制元件，它们对外并不做功，只是组成液压基本回路，以满足不同液压设备的工作要求。控制阀是液压系统的一个重要组成部分，通过它才能使液压系统按人们的意志去完成各种动作。阀的质量优劣，直接影响到液压系统的工作性能。对各种阀的共同要求是：

①阀的动作灵敏，工作可靠，冲击和振动小。

②当油液流过时压力损失小。

③密封性好，不泄漏或泄漏量很小。

④结构紧凑，使用维护方便，通用性好。

本章着重介绍控制阀的结构、工作原理、性能特点及其应用场合，简单介绍阀的常见故障及排除方法。

4.1　方向控制阀及其应用

方向控制阀按其作用主要分为单向阀和换向阀两类。

4.1.1　单向阀

(1)普通单向阀

单向阀的作用是只允许液流在管道内沿一个方向流动,反向则不通。

1)结构特点及工作原理

单向阀的结构简单,如图4.1所示,主要由阀体、阀芯和弹簧等零件组成。阀芯一般有钢球式和锥形式两种。钢球式阀芯构造简单,但密封性及工作平稳性不如锥形式好。单向阀按其结构分为直通式和直角式两种。

图4.1(a)是直通式单向阀。当压力油从进油口引入后,推动阀芯2右移压缩弹簧3,油液经阀芯上的4个径向孔a和内孔b从出油口流出。当液体反向流动时,液压力与弹簧力方向一致,将阀芯紧紧压在阀体1的阀座上,使液流不能通过。直通式单向阀的阀芯被顶开后,油液始终从弹簧孔中流出,易产生振动和噪声,增大了液流阻力损失。

图4.1(b)是直角式单向阀。当压力油顶开阀芯后,油液不经过阀芯的中心孔直接流向出油口,使油液受到的阻力小,工作平稳。

单向阀中的弹簧主要是用来克服阀芯的摩擦阻力和惯性力以保证阀芯复位,所以弹簧较软。一般它的开启压力为$(0.35\sim0.5)\times10^5$ Pa,全流量压力损失为$(1\sim3)\times10^5$ Pa。

图4.1(c)为单向阀的图形符号。

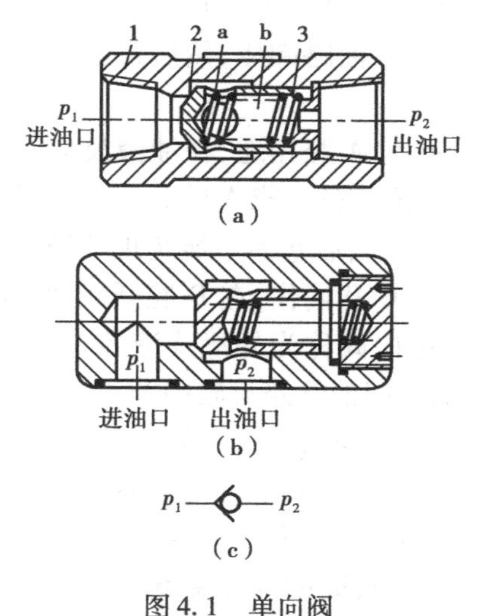

图4.1　单向阀

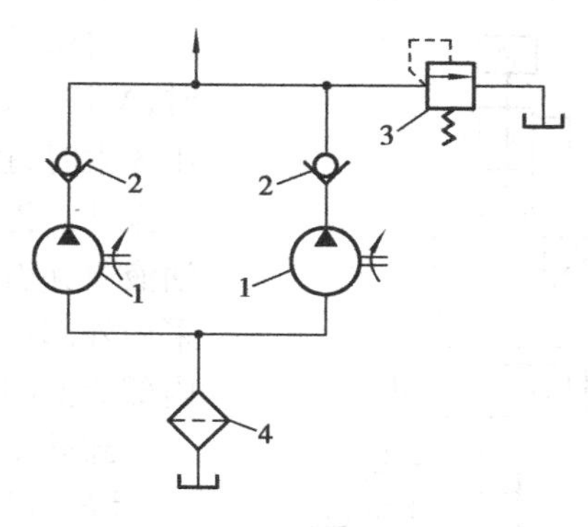

图4.2　单向阀用于双泵系统

1—液压泵;2—单向阀;3—溢流阀;4—滤油器

2)单向阀的应用

单向阀一般用于双泵系统。如图4.2所示,两台液压泵轮流工作向系统供油。在这种系统中,必须在泵的出口管路上串联一个单向阀,以防止工作泵输出的压力油倒流向备用泵。

单向阀也可作背压阀用。把单向阀串联在液压缸的回油管路上,如图4.3所示,使回油路上保持一定的背压力,增加工作机构的运动平稳性。用单向阀作背压阀时,应换上较硬的弹簧,使回油背压力为$(2\sim6)\times10^5$ Pa。

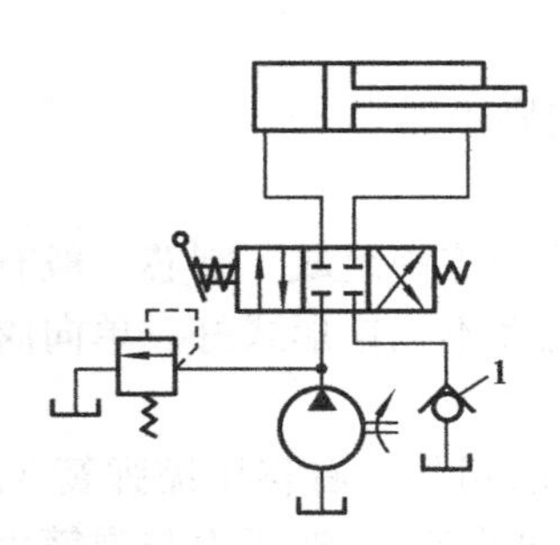

图 4.3　单向阀用作背压阀
1—背压阀

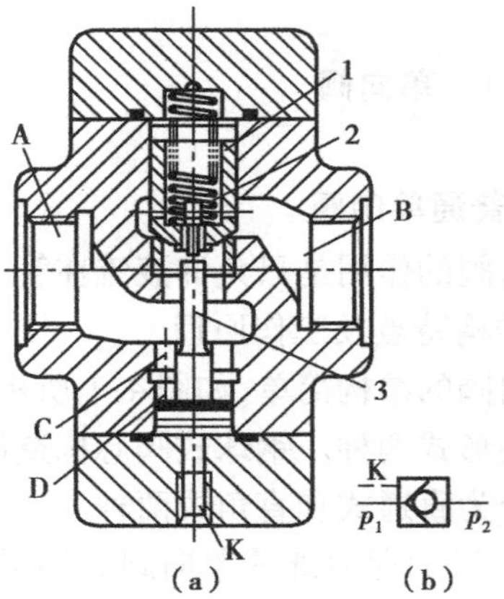

图 4.4　液控单向阀
1—单向阀;2—卸载阀芯;3—控制活塞

(2)液控单向阀

1)结构特点及工作原理

液控单向阀的结构如图 4.4 所示,它主要由阀体、单向阀芯、卸载小阀芯及控制活塞组成。其结构特点比直角式单向阀多一个控制油口 K,控制活塞和卸载阀芯。

当控制油口不通入压力油时,其作用与普通单向阀相同,即油液从 A 腔进入,打开单向阀从 B 腔流出。当油液反向流动时,单向阀关闭,油液则不能通过。如果从 K 口引入控制压力油时,则控制活塞在油压力作用下向上移动,顶开卸载阀芯,使主油路卸压,然后再顶开单向阀,使 A 和 B 腔形成通路,实现油液的反向流动。

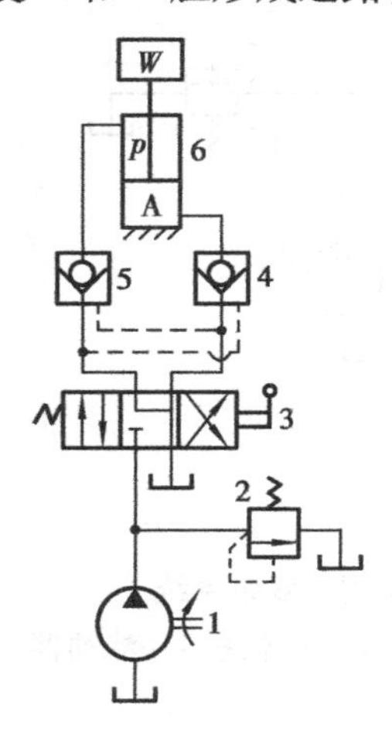

图 4.5　双路油压自锁装置
1—液压泵;2—溢流阀;
3—手动换向阀;
4、5—液控单向阀;
6—液压缸

由图可看出,D 腔通过 C 孔与 A 腔相通,在油液反向流动时,A 腔只能通回油箱或处于零压状态。若 A 腔处于高压或背压较大时,控制油液可能推不开控制活塞而不能实现油液的反向流动。为解决这一问题,可将 C 孔堵住,在 D 腔开泄油孔将油液单独引回油箱,这种液控单向阀称为外泄式液控单向阀。采用外部泄油的液控单向阀用于回油管路有较高背压的情况,内部泄油的液控单向阀用于回油管路没有背压的情况。

卸载小阀芯的作用是使主油路卸压,这样可以减小控制压力,使控制压力油的压力为主油路工作压力的 40%左右。因此,这种液控单向阀可用于压力较高的液压系统中。图 4.4(b)为液控单向阀的图形符号。

2)液控单向阀的应用

液控单向阀用于液压缸的锁紧,如图 4.5 所示。液控单向阀安装在换向阀与液压缸之间,阀 4 的控制油路接在阀 5 的进油路上,阀 5 的控制油路接在阀 4 的进油路上。当压力油从阀 4 进入液压缸下腔时,通过控制油路把阀 5 打开,液压缸上腔的回油经阀 5 流回油箱,活塞上升。同理,当压力油从阀 5 进入液压缸上腔时,液压缸下腔回油经阀 4 流回油箱,活塞下降。当换向阀处于中间位置时,两液控单向阀的进油口均与油箱相通而失去压力，单向阀迅速关闭，液压缸活塞可以被锁紧在任意位置上。其锁紧精度仅受液压缸内泄漏的影响，锁紧精度很高。液压汽车起重机的支腿锁紧就是其应用实例。

(3)单向阀的常见故障分析

单向阀的常见故障分析见表4.1。

表4.1 单向阀的常见故障分析

故障	原因分析	排除措施
发出尖叫声	①通过单向阀的流量超过其额定流量时会发出尖叫声 ②单向阀与其他元件产生共振时也会发出尖叫声	①减少实际流量或更换流量较大的单向阀 ②适当改变阀的额定压力或调节弹簧
泄漏	①阀座锥面密封不严 ②油中有杂质，将锥面或钢球损坏 ③阀芯或阀座拉毛 ④螺纹连接的结合部分没有拧紧或密封不严	①拆下，重新配研，保证接触线密封严密 ②检查油液，加以更换 ③检查并重新配研 ④检查螺纹联接处并加以拧紧，必要时更换螺栓
单向阀失灵	①单向阀阀芯卡死 a. 阀体变形 b. 阀芯有毛刺 c. 阀芯变形 d. 油液污染 ②弹簧折断或漏装使阀芯不能复位 ③锥阀(或钢球)与阀座完全失去密封作用。如锥阀与阀座不同心度超差，密封表面锈成麻点，形成接触不良及严重磨损等	①检修阀芯 a. 研修阀体内孔，消除误差 b. 去掉阀芯毛刺并磨光 c. 研修阀芯外径 d. 更换油液 ②拆检、更换或补装弹簧 ③检测密封性，配研锥阀与阀座，保证密封可靠，当锥阀与阀座同心度超差或严重磨损时，应更换

4.1.2 换向阀

换向阀是利用阀芯和阀体的相对运动来改变液体的流动方向，接通或关闭油路，使执行元件换向或停止运动。换向阀种类较多，按结构可分为滑阀式和转阀式，按阀芯工作位置可分为二位、三位、多位阀，根据阀的进出口通道数目可分为二通、三通、四通、五通，根据操纵方式的不同可分为电磁换向阀、液动换向阀、电液换向阀、手动换向阀、机动换向阀等。

(1)电磁换向阀

电磁换向阀操纵阀芯换向的动力是由电磁铁产生的推力，该推力通过推动阀芯移动来控制液流的通断及改变方向。这种阀的电气信号控制与传递都较方便，便于自动化和远距离控制。但在使用上由于受电磁铁尺寸及推力的限制，通过该阀的流量较小，一般在63 L/min以下。

电磁换向阀分直流与交流两种。交流电磁铁吸引力大,启动性能好,换向时间短,但换向时冲击力较大,当阀芯卡住吸不动时,电磁铁线圈易烧坏;直流电磁铁换向较慢,换向冲击力小,寿命长,但它启动时吸引力小,需直流电源。

1)三位四通电磁换向阀的结构及工作原理

图4.6所示为三位四通电磁换向阀的结构和符号。它由电磁铁、阀体、阀芯、弹簧和推杆等组成。阀体内有5条沉割槽(环形槽),中间的一条沉割槽与进油口P相通(接压力油),两边的槽与O口相通(接回油箱),A、B两油口分别接到执行元件。当两边电磁铁均不通电时,在两复位弹簧的作用下使阀芯处于中间位置,各油口间被阀芯台肩封死互不相通。

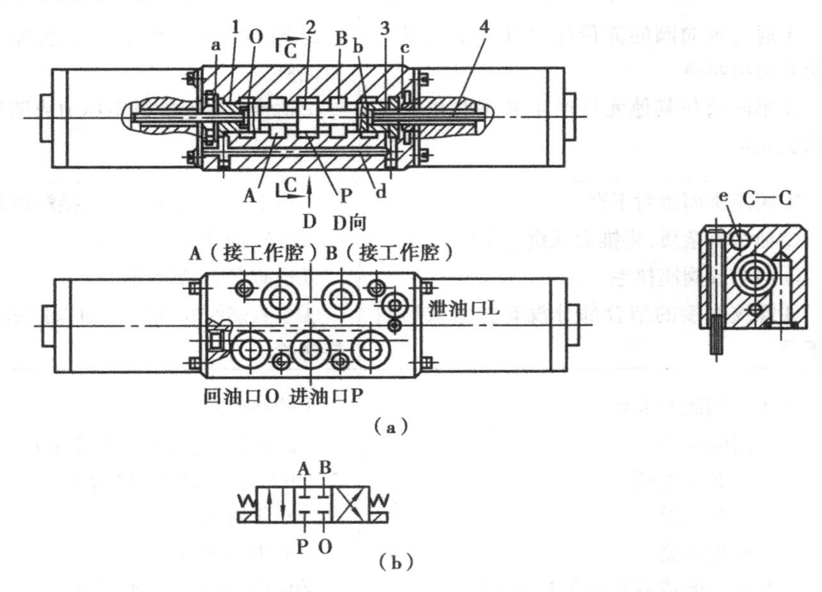

图4.6 三位四通电磁换向阀

1、3—弹簧;2—阀芯;4—推杆

当左边电磁铁通电时,铁芯通过推杆将阀芯推向右端,这时油口P和A相通,而油口B和O相通;当右边电磁铁通电时,阀芯被推向左端,这时油口P和B相通,而油口A和O相通,实现了油路的换向。这种阀的滑阀两端油腔c和a通过孔d引到泄油口L,所以这两腔均没有背压力存在,O形密封圈不受压力,在电磁铁推杆上引起的摩擦力较小。

2)换向阀的位、通及滑阀机能

位是指阀芯的工作位置。阀芯有两种位置的换向阀简称二位阀,阀芯有三种位置的阀简称三位阀。在图形符号中用方格表示换向阀的工作位置,二格即二位,三格即三位,如图4.7所示,工作位置不同,说明进油方向不同。

通是指换向阀的通油口。一个位置上有两个通油口的阀简称二通阀。同理有3个通油口的叫三通阀,有4个通油口的叫四通阀等。

在阀的某一位置上通油口被封闭,用“⊤”或“⊥”表示这个通油口,如图4.8所示。

若两个通油口是相通的,则用箭头连接这两个通口。箭头只表示液流的正方向,实际液流的方向也可能和箭头所示的方向相反,如图4.9所示。

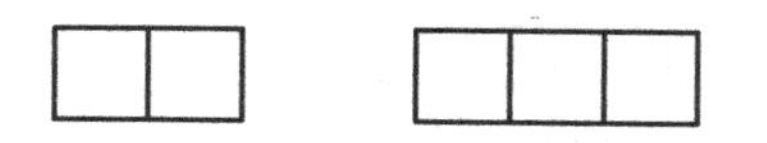

图4.7 换向阀的工作位置表示法

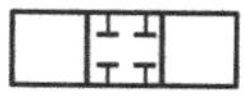

图4.8 换向阀内的封闭油路表示法

图4.9 换向阀内部通道及液流方向表示法

如图4.10所示，方格外的连线表示与阀连接的管路，并用字母表示通路的名称，其各字母的含义如下：

P：压力油口。

O：回油口，通油箱。

A、B：工作油口，分别接执行元件两腔或与其他元件连接。

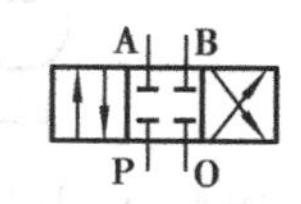

图4.10 换向阀通路性质表示法

滑阀机能是指阀芯处于原始位置时，阀各油口的通断情况。

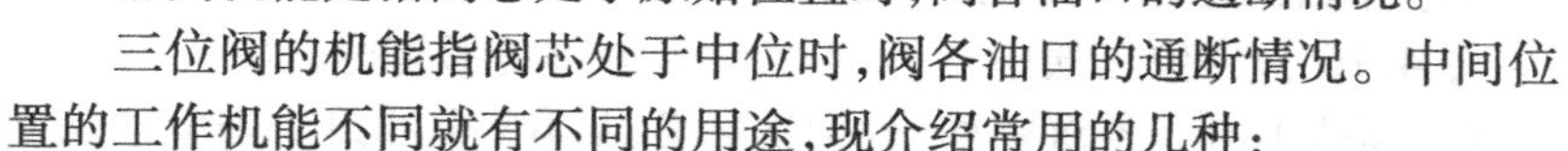

三位阀的机能指阀芯处于中位时，阀各油口的通断情况。中间位置的工作机能不同就有不同的用途，现介绍常用的几种：

①O型机能（图4.11）：阀芯处于中位时，P、A、B、O四个油口均封闭，油液不流动，这时液压泵不能卸荷，液压泵排出的压力油只能从溢流阀排回油箱。液压缸的两腔被封闭，活塞在任一位置均可停住，但因换向阀的内泄漏使其锁紧精度不高。由于液压缸内充满着油液，从静止到启动较平稳，但换向过程中由于运动部件惯性引起换向时冲击较大。

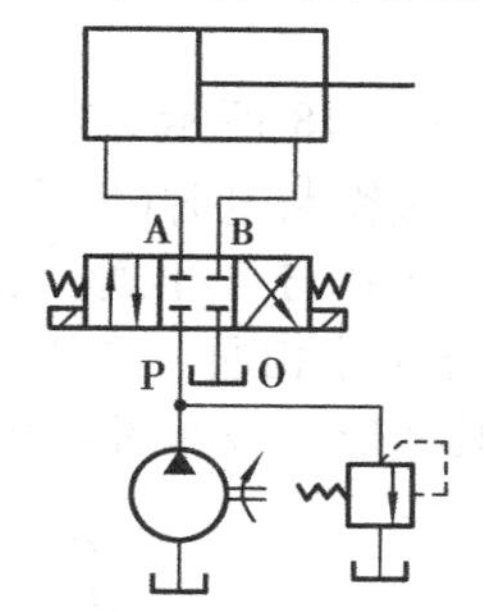

图4.11 O型机能换向阀回路

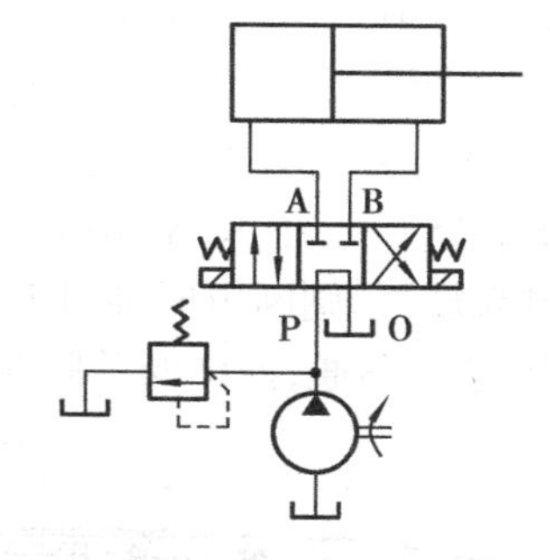

图4.12 M型机能换向阀回路

②M型机能（图4.12）：阀芯处于中位时，压力油口P与回油口O相通，液压泵打出的油液直接回油箱，使泵处于卸荷状态。A、B油口封闭，液压缸两腔不能进油也不能回油而锁紧不动，但锁紧精度不高。启动平稳，换向时有冲击现象，不宜用于多个换向阀并联的系统中。

③H型机能（图4.13）：P、A、B、O四油口互通，液压泵卸荷，液压缸处于浮动状态，可用于手动机构。由于油口全通，换向时比O型阀平稳，但冲击较大，换向精度低。

④P型机能（图4.14）：P、A、B口互通，压力油从P口同时进入A、B口。由于液压缸左右两面的有效作用面积不等，使液压缸有杆腔油液经滑阀通道流入无杆腔，加快了活塞同向运动速度而形成差动连接。但在中位和活塞到死点液压泵不卸荷，始终在调定高压下工作易使油温升高。因液压缸两腔通高压油，换向平稳。

⑤Y型机能（图4.15）：阀芯处于中位时，A、B、O口互通，P口封闭。即液压缸两腔均通油箱，活塞处于浮动状态，可用于手动机构，液压泵不卸荷。启动时因液压缸两腔油液通油箱而有冲击。

除上述5种常用的机能外，根据油口通断情况不同尚可组合成多种机能，读者可自行分析。

从以上所述可以看出，采用不同的位、通和滑阀机能就可以组成各种不同功能的换向阀。位、通和滑阀机对下面将要介绍的换向阀具有相同的意义。

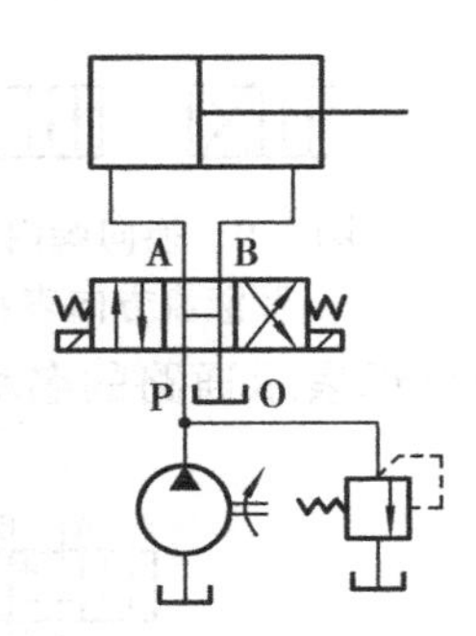

图 4.13　H 型机能换向阀回路

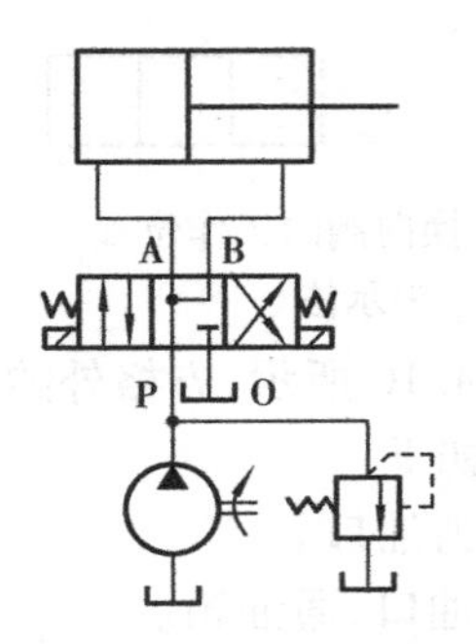

图 4.14　P 型机能换向阀回路

3)其他电磁换向阀的结构及应用

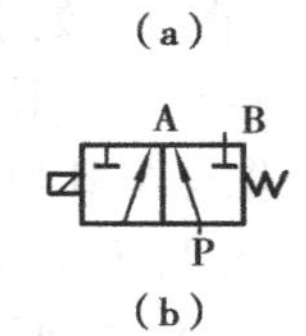

图 4.15　Y 型机能换向阀回路

图 4.16 为二位三通电磁换向阀的结构和图形符号。它只有一个电磁铁,阀体上有 3 条沉割槽,分别连通 P、A、B3 个油口。当电磁铁断电时,阀芯被弹簧推向左边,油口 P 与 A 相通。当电磁铁通电时,阀芯被推向右端,油口 A 封闭,而油口 P 与 B 相通。

二位三通阀可用来控制单作用液压缸(如柱塞缸)工作,如图 4.17 所示。在常态下柱塞在高压油推动下上升。当电磁铁通电时,柱塞在自重作用下下降。

二位二通电磁换向阀的工作原理如图 4.18 所示。其阀体上只有两条沉割槽,分别与 P、A 油口相通。当电磁铁断电时(图示位置)油口 P 与 A 相通;电磁铁通电时,阀芯右移,油口 P 与 A 不通。安装时如果将阀芯反过来放置,则断电时油口 P 与 A 不通,通电时油口 P 与 A 才相通。二位二通阀在断电时油口 P 与 A 不通,换向阀关闭叫常闭型;反之叫常开型。其图形符号如图 4.19 所示。

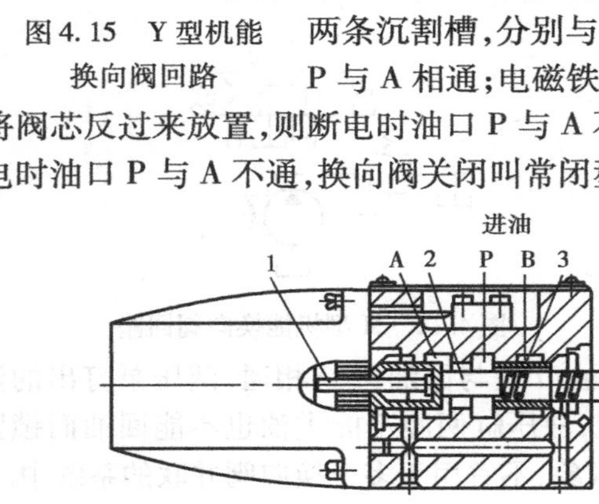

图 4.16　23D-25B 型电磁换向阀

1—推杆;2—阀芯;3—弹簧

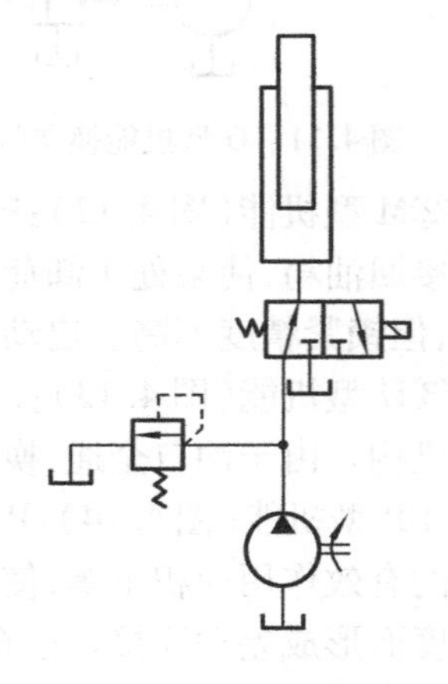

图 4.17　二位三通阀的应用

图 4.20 是二位二通电磁换向阀的卸荷回路。利用三位四通 O 型机能电磁换向阀实现油路换向,当三位阀处于中位时,二位二通电磁阀使液压泵的油液全部流回油箱,液压泵空载运转。这种回路要求二位二通阀的规格和泵的容量相适应。

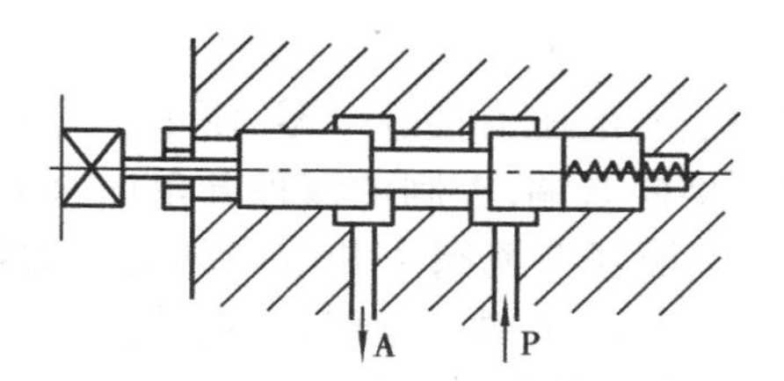

图4.18 二位二通电磁阀工作原理图

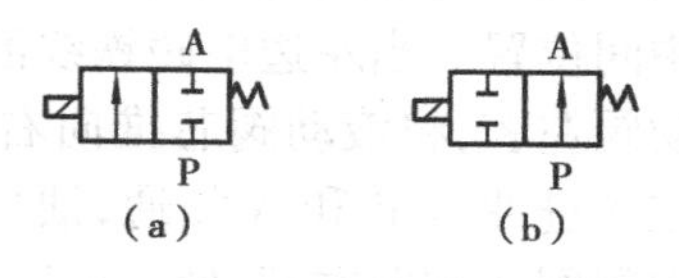

图4.19 二位二通电磁阀图形符号
(a)常闭型 (b)常开型

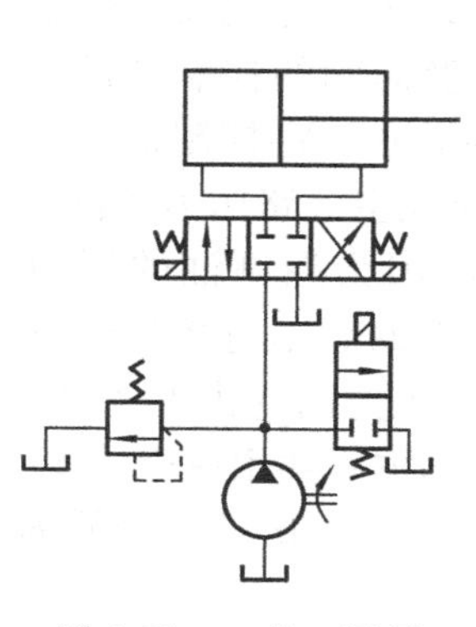
图4.20 二位二通阀
卸荷回路

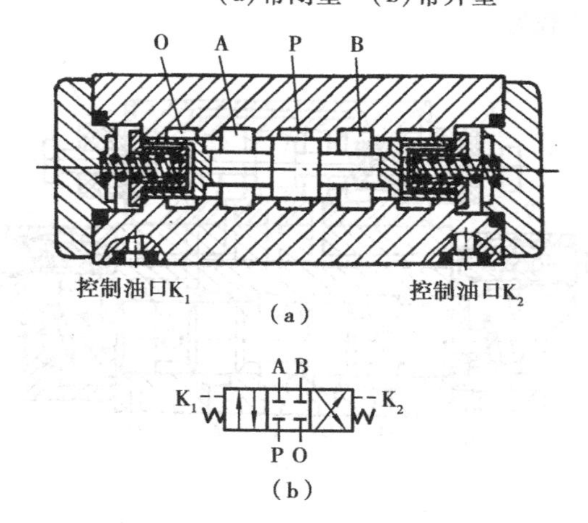

图4.21 34Y-25B型液动换向阀

(2)液动换向阀

从换向阀的工作原理可知,油路的换向过程实际上就是要一股高速流动的液流突然停住,随即又马上改变方向再高速流动。当油路中通过的流量较大时,要在极短的时间内完成换向过程必然产生很大的液压冲击力。若通过的流量大时,作用在阀芯上的摩擦力和液压力也很大,用电磁铁来推动阀芯移动就不能实现。所以当油路中的流量较大时,采用了液动换向阀,用液压力来推动阀芯移动。液动阀的工作原理与电磁阀基本相同,它是利用压力油来推动阀芯移动,改变与阀体的相对位置而换向的。

图4.21为34Y-25B型液动换向阀的结构和图形符号。当控制油路的压力油从阀左边的控制油口K_1进入阀芯左端油腔时,阀芯被油压推向右端,使油口P与A相通,B与O接通。当控制油路的压力油从阀右边的控制油口K_2进入阀芯右端的油腔时,阀芯被推向左端,使油口P与B接通,A与O接通,实现油路的换向。当两个控制油口K_1、K_2都不通压力油时,阀芯在两端弹簧作用下恢复到中间位置。当对液动阀的换向性能要求较高时,应在液动换向阀的两端装上可调节的单向节流阀,用来调节阀芯的移动速度,其结构在电液换向阀中介绍。

(3)电液换向阀

电液换向阀是电磁换向阀和液动换向阀的组合阀,既可以通过大流量也能实现自动化控制。如图4.22所示,上面的电磁阀用来接受控制电路中输出的电信号,使电磁铁推动阀芯移动输出控制压力油,以推动下面的液动换向阀阀芯,由液动阀的阀芯来变换主油路的流向。因此直接控制油路方向的是液动阀,而电磁阀只起个先导作用,不直接与主油路联系,因此能够用较小的电磁铁来控制较大的液流。

两个电磁铁线圈都不通电时，电磁阀阀芯2处于中间位置，其滑阀机能选用Y型，这样主阀的阀芯两端的油腔均通过电磁阀与油箱连通，使这两油腔的压力接近于零，便于主阀芯回复到中间位置。当左边电磁铁线圈通电时，把电磁阀芯推向右端，控制油液顶开单向阀7进入液动阀左腔，将液动阀芯推向右端，阀芯右腔的控制油液经节流阀4和电磁阀流回油箱。这时主阀进油口P和A相通，油口B和O相通。同理，右边电磁铁通电时，控制油路的压力油将主阀阀芯推向左端，使主油路换向。主阀阀芯向左或向右的运动速度可分别用两端的节流阀来调节，这样也就调节了执行机构的换向时间，使换向平稳而无冲击，所以电液阀的换向性能较好。

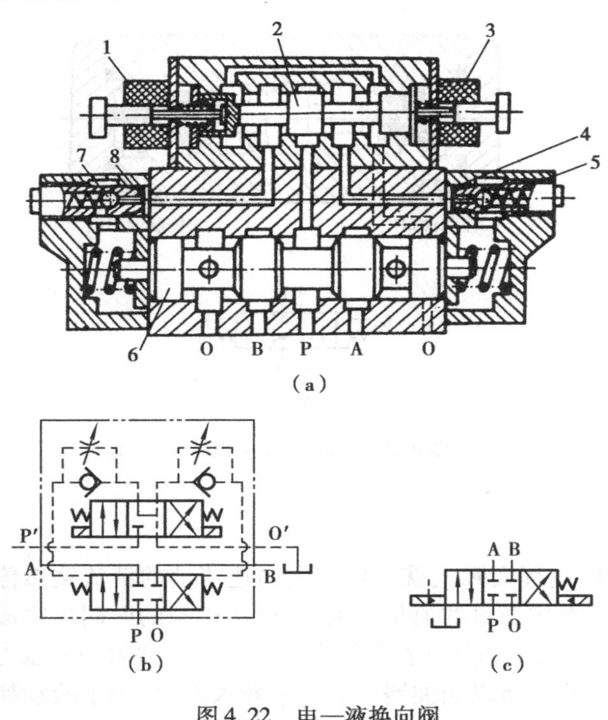

图4.22　电—液换向阀

1、3—电磁铁线圈；2—阀芯；4、8—节流阀；5、7—单向阀；6—主阀芯

图4.22(b)是电液换向阀的原理图，图4.22(c)是它的简化符号。

电液换向阀的控制油源有内控和外控两种方式。将控制油孔与外部油源接通，是在主油路压力较高时采用的外控方式，因为控制油的压力一般较低。而内控油源是将控制油和主油源连通一起，压力油均由P腔进入阀内，即先导阀和主阀共用一个能源，这种供油方式是在主油路压力较低的情况下使用的。

采用内控方式的电液换向阀，当其主阀的滑阀机能为M、H、K型时，为了使此阀能正常工作，必须在回油路上装上背压阀，使控制油的压力提高到$(3\sim5)\times10^5$ Pa，这样主阀才能换向，如图4.23所示。

(4)手动换向阀

手动换向阀用手动杠杆来推动阀芯在阀体里移动，以实现液流的换向。图4.24(a)为三位四通自动复位式手动换向阀。当手柄向左扳时，阀芯右移，油口P和A接通，B和O接通。当手柄向右扳动时，阀芯左移，这时油口P和B接通，油口A通过油槽a和阀芯的中心孔与O接通，实现了换向。放松手柄时，右端的弹簧能够自动将阀芯恢复到中间位置，使油路断开，所以称为自动复位式，这种阀不能定位在两端位置上。

如果要使滑阀在3个位置上都能定位，可以将右端的弹簧改为如图4.24(b)所示结构，在阀芯右端的一个径向孔中装一个弹簧和两个钢球，这样就可以在3个位置上实现定位。推拉手柄可使阀芯左位或右位接通，放开手柄后阀芯由定位装置保持在左位或右位不动，用于换向后持续时间较长的场合。图4.24(c)、(d)表示上述两种结构形式的手动换向阀的图形符号。

图4.25所示为多路换向阀原理图，它是由多个手动换向阀、单向阀和溢流阀组合而成的。主要用于多个执行元件的集中控制，如全液压挖掘机，液压汽车起重机等都用了多路换向阀。压力油进入多路阀进油口后分成3条支路，左支路通溢流阀，右支路通单向阀，中间支路通回油

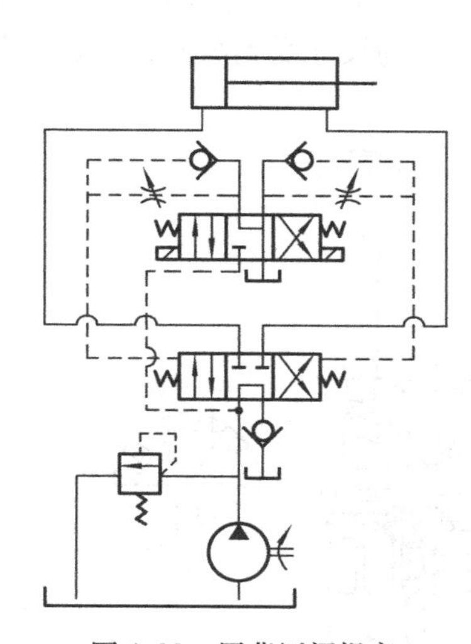

图 4.23　用背压阀提高控制油源压力

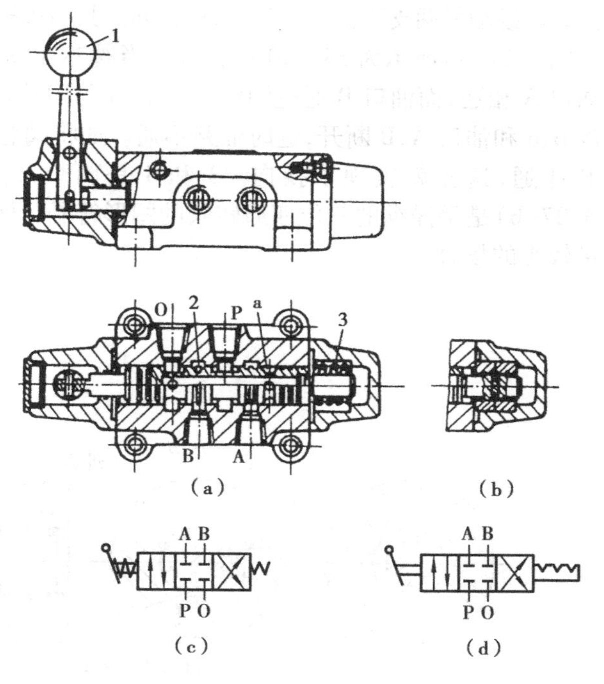

图 4.24　手动换向阀
(a)自动复位式　(b)弹簧钢珠定位式
(c)自动复位式符号　(d)弹簧钢珠定位式符号
1—手柄;2—阀芯;3—弹簧

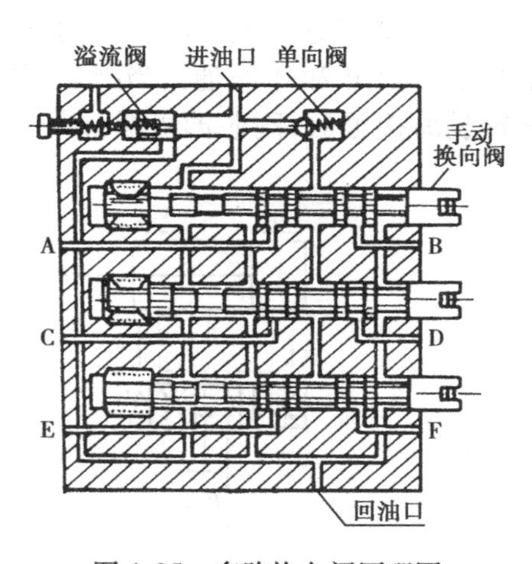

图 4.25　多路换向阀原理图

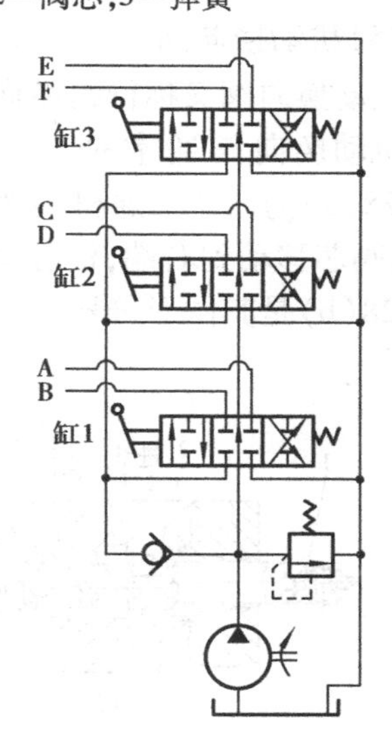

图 4.26　多路换向阀内部线路图

口。当3个手动换向阀靠弹簧自动定在中位时,压力油自中间支路穿过换向阀经回油口流回油箱,液压泵卸荷。当扳动上面操纵手柄使阀芯左移时,阀芯凸肩堵住中间支路进油口,回油口不通,液压泵的压力油一部分流向左支路,经溢流阀溢去(此时系统压力即为溢流阀调定压力)。另一部分油液顶开单向阀进入换向阀。由于此时阀芯已左移,故通向液压缸一腔的A口就进入压力油。而与液压缸另一腔相通的B口就与回油口相通。当阀芯右移时,B口通压力油,A口通回油口。扳动另两支手柄时,工作状态相同。其图形符号如图4.26所示。

图4.27(a)所示为34O-10型转阀。当阀芯在图示位置时,进油口P通过环槽c,油沟b与油口A相通,而油口B通过油沟e、环槽a与回油口O相通。如用手柄将阀芯转过45°时,油沟b、e和油口A、B断开,这时油路不通。如将阀芯转过90°时,油口A和O相通,而油口B和P相通,这样就实现了换向。3和4是两个叉形拨杆,可利用挡铁使转阀机动换向。图4.27(b)是手操纵的三位四通转阀的图形符号。转阀由于结构尺寸受到限制,一般多用在流量较小的场合。

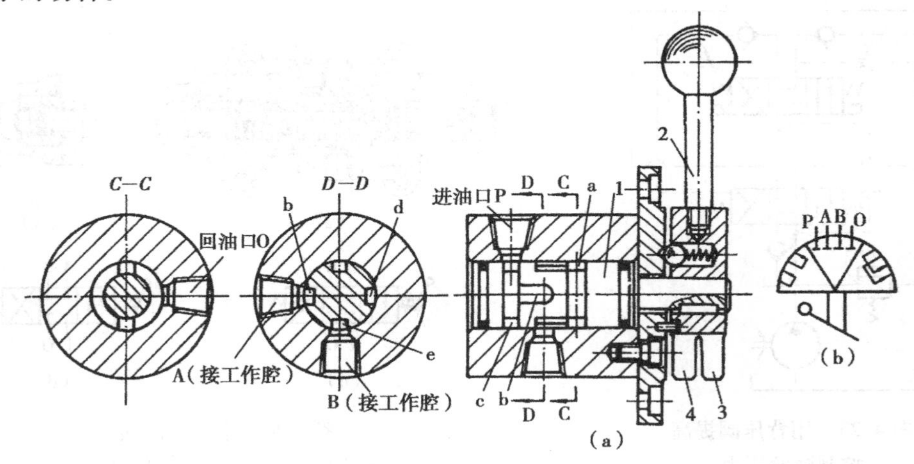

图4.27 转阀

1—阀芯;2—手柄;3、4—叉形拨杆

(5)机动换向阀

机动换向阀又称行程换向阀,它是用挡铁或凸轮推动阀芯的移动来控制油液流动方向的。机动换向阀通常是二位的,有二通、三通等几种,二位二通的分常闭、常通两种。图4.28(a)为二位二通机动换向阀,阀芯被弹簧压向左端,油腔P和A不通。当挡块压住滚轮时,阀芯移动到右端,油腔P和A接通。挡块和滚轮脱离接触后,阀芯即可靠弹簧复位。图4.28(b)是其图形符号。

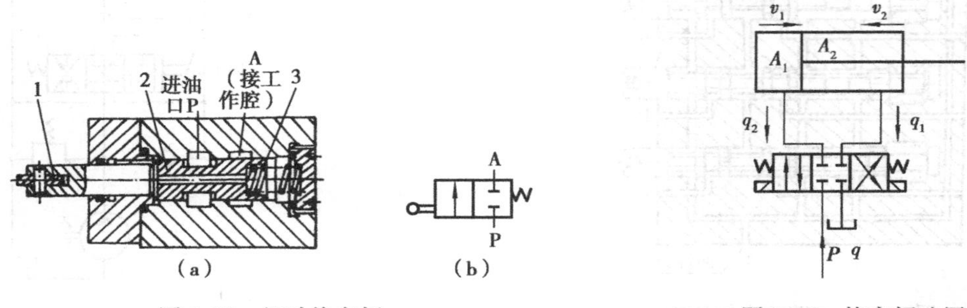

图4.28 机动换向阀

1—滚轮;2—阀芯;3—弹簧

图4.29 换向阀选用

(6)换向阀的选择及应用

1)换向阀的选择

换向阀的选择主要应考虑它们在系统中的作用,所通过的最高压力和最大流量,操纵方式，工作性能要求及安装方式等因素。尤其应注意单杆活塞液压缸中由于面积差形成的不同回油量对换向阀正常工作的影响。如图 4.29 所示，当换向阀在左位工作时：

$$q = A_1 v_1 \qquad q_1 = A_2 v_1$$

$$v_1 = \frac{q}{A_1} = \frac{q_1}{A_2}$$

因 $A_1 > A_2$，故 $q > q_1$。当换向阀在右位工作时：

$$q = A_2 v_2 \qquad v_2 = \frac{q}{A_2}$$

$$q_2 = A_1 v_2 \qquad v_2 = \frac{q_2}{A_1} \qquad q_2 = \frac{A_1}{A_2} q$$

因 $A_1 > A_2$，所以 $q_2 > q$，当 $A_1 = 2A_2$ 时，$q_2 = 2q$。

换向阀的流量如果选得过小，会增加其压力损失，降低系统效率。一般只有在必要时才允许阀的实际流量比额定流量大，但不能大于 20%。如果阀的流量选得过大，就会增加整个系统装置的体积，同时还会使成本增加。

同是一种换向阀，其滑阀机能是各种各样的，应根据系统的性能要求选取适当的滑阀机能。例如当系统要求液压泵能卸荷，而执行元件又必须在任意位置停止时，可选择 M 型机能的换向阀。

电磁阀有交流电磁铁型和直流电磁铁型。对一些工作性能要求较高，流量较大的系统，一般尽可能选用直流电磁铁型，但它需要直流电源。其余流量较小的系统则可选用交流电磁铁型，使成本降低，使用方便。

2）换向阀的应用

图 4.30 是二位三通电磁换向阀用于控制差动液压缸的示意图。电磁换向阀处于左位时，构成差动连接回路，活塞快速左行。电磁铁通电时，换向阀在右位工作，液压缸活塞右行。

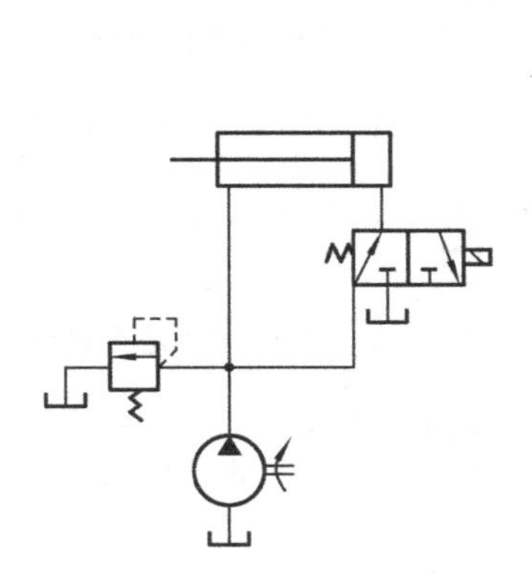

图 4.30 用二位三通阀控制的差动回路

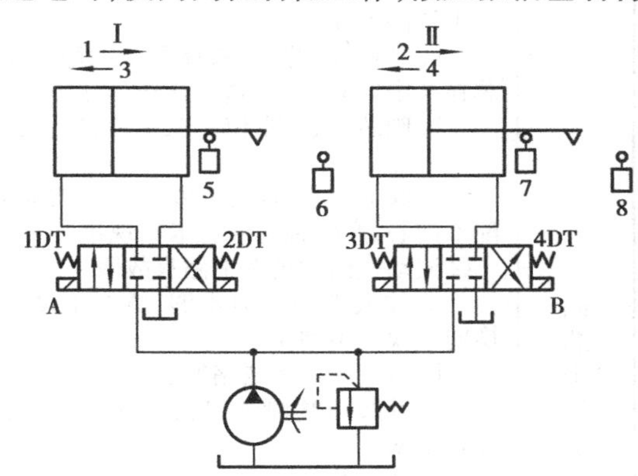

图 4.31 用电磁换向阀控制的多缸并联顺序动作回路

图 4.31 所示是一种用电磁换向阀和行程开关控制的多缸并联顺序动作回路。当按下启动按钮时，电磁铁 1DT 通电，压力油进入液压缸 Ⅰ 的左腔，Ⅰ 缸右腔的油液经阀 A 回油箱，活塞在压力油作用下按箭头 1 所示方向右行，达到要求位置时压下行程开关 6，电磁铁 1DT 断电，Ⅰ 缸的活塞停止运动。行程开关 6 同时使 3DT 通电，压力油进入 Ⅱ 缸的左腔，Ⅱ 缸右腔的油经阀 B 回油箱，活塞在压力油作用下按箭头 2 所示方向向右运动，达到要求位置时，压下行

程开关 8，使 3DT 断电，Ⅱ缸的活塞停止运动。同理，行程开关 8 使 2DT 通电，Ⅰ缸活塞按箭头 3 方向左移。而行程开关 5 使 4DT 通电，Ⅱ缸活塞按箭头 4 方向左移，到位后行程开关 7 使 4DT 断电，活塞停止运动，到此完成一个动作循环，回路停止工作。如需要重复 1 ~ 4 动作的后续循环，可令行程开关 7 发讯使 4DT 断电的同时使 1DT 通电即可实现，后续循环未完以及循环过程中停止回路动作的命令，由停止按钮发出，详见表 4.2 电磁铁动作程序表。

表 4.2　电磁铁动作程序表

<table>
<tr><th rowspan="2">电磁铁
动作名称</th><th rowspan="2">1DT</th><th rowspan="2">2DT</th><th rowspan="2">3DT</th><th rowspan="2">4DT</th><th colspan="3">讯号来源</th></tr>
<tr><th colspan="2">单循环</th><th>后续循环</th></tr>
<tr><td>Ⅰ缸右行 1→</td><td>+</td><td></td><td></td><td></td><td colspan="2">启动按钮</td><td>7</td></tr>
<tr><td>Ⅱ缸右行 2→</td><td></td><td></td><td>+</td><td></td><td rowspan="5">行程开关</td><td colspan="2">6</td></tr>
<tr><td>Ⅰ缸左行←3</td><td></td><td>+</td><td></td><td></td><td colspan="2">8</td></tr>
<tr><td>Ⅱ缸左行←4</td><td></td><td></td><td></td><td>+</td><td colspan="2">5</td></tr>
<tr><td>或单循环后停止</td><td></td><td></td><td></td><td></td><td>7</td><td></td></tr>
<tr><td>或后续循环停止
及循环中停止</td><td></td><td></td><td></td><td></td><td colspan="2">停止按钮</td></tr>
</table>

用电磁阀控制的并联顺序动作回路，工作行程的调整比较方便，动作顺序改变也很容易，具有调整灵活的优点，因此得到广泛应用。

(7)换向阀的常见故障分析

换向阀的常见故障分析见表 4.3。

表 4.3　换向阀的常见故障分析

故　障	原因分析	排除措施
阀芯不动或不到位	①滑阀卡住 a. 滑阀(阀芯)与阀体配合间隙过小，阀芯在孔中容易卡住不能动作或动作失灵 b. 阀芯(或)阀体碰伤，油液被污染 c. 阀芯几何形状超差。阀芯与阀孔装配不同心，产生轴向液压卡紧现象	①检修滑阀 a. 检查间隙情况，研修或更换阀芯 b. 检查、修磨或重配阀芯，必要时更换新油 c. 检查、修正几何偏差及同心度。在阀芯表面开均压槽
	②液动换向阀控制油路有故障 a. 油液控制压力不够，滑阀不动，不能换向或换向不到位 b. 节流阀关闭或堵塞 c. 滑阀两端泄油口没有接回油箱或泄油管堵塞	②检查控制油路 a. 提高控制油压，检查弹簧是否过硬，以便更换 b. 检查、清洗节流口 c. 检查并接通回油箱，清洗回油管，使之畅通
	③电磁铁故障 a. 交流电磁铁因滑阀卡住，铁芯吸不到底而烧毁 b. 漏磁、吸力不足 c. 电磁铁接线焊接不良，接触不好	③检查并修复 a. 清除滑阀卡住故障，并更换电磁铁 b. 检查漏磁原因，更换电磁铁 c. 检查并重新焊接
	④弹簧折断、漏装、太软都不能使滑阀恢复中位，因而不能换向	④检查、更换或补装
	⑤电磁换向阀的推杆磨损后长度不够或行程不对，使阀芯移动过小或过大，都会引起换向不灵或不到位	⑤检查并修复，必要时更换推杆

续表

故　障	原因分析	排除措施
换向冲击与噪声	①流量过大,滑阀移动速度太快,产生冲击 ②单向节流阀阀芯与孔配合间隙过大,单向阀弹簧漏装,阻尼失效产生冲击 ③电磁铁的铁芯接触面不平或接触不良 ④液压冲击(由于压差很大的两个回路瞬时接通)使配管及其他元件振动而形成噪声 ⑤滑阀时卡时动或局部摩擦力过大 ⑥固定电磁铁的螺栓松动而产生振动	①调小单向节流阀节流口,减慢滑阀移动速度 ②检查,修复到合理间隙,补装弹簧 ③清除异物并修整电磁铁的铁芯 ④控制两回路的压力差或用带缓冲的换向阀 ⑤研修或更换滑阀 ⑥紧固螺栓并加防松垫

4.2　压力控制阀及其应用

在液压系统中,用来实现其压力的控制和调节,或以液压力作为控制信号的阀类统称为压力控制阀。它们共同的特点都是利用油液的压力与阀中的弹簧力相平衡这一原理来工作的。

4.2.1　溢流阀

液压泵的工作压力是由外负载决定的,当外负载很大,使系统的压力超过液压泵的机械强度和密封性能所决定的额定压力时,整个系统就不能正常工作,必须限制系统工作压力在所需要的压力范围内。溢流阀的基本功能是,当系统的压力超过或等于溢流阀的调定压力时,系统的油液通过阀口溢出一部分回油箱,防止系统的压力过大,起安全保护作用。溢流阀分为直动式和先导式两种形式。

(1)直动式溢流阀

1)结构和工作原理

图4.32(a)所示为直动式溢流阀的结构图,它由阀体1、阀芯(滑阀式)2、调压弹簧3、调压螺帽4、上盖5等组成。P为进油口,O是回油口。进口压力油经阀芯下端的径向孔、轴向小孔a进入阀芯底部端面上,形成一个向上的液压作用力。当进口压力较低时,阀芯在弹簧力的作用下被压在图示最下端位置,阀口(即进、回油口P、O之间在阀内的通道)被阀芯封闭,阀不溢流。当阀的进口压力升高,使阀芯下端的液压作用力足以克服弹簧对阀芯的作用力时,阀芯向上移动,压缩弹簧,此时阀口被打开,进出油口接通而溢流。由间隙处泄漏到弹簧腔的油液可通过泄漏孔b经回油口排回油箱。调节螺帽以改变弹簧对阀芯的作用力,从而调整进油口的油压即溢流阀的溢流压力。此阀是靠液压力与阀芯调压弹簧力直接平衡而控制阀口启闭的,故称直动式溢流阀。

2)性能分析

当溢流阀稳定工作时,作用在滑阀上的力是平衡的,在不考虑阀芯的自重和摩擦的情况下,阀芯受力的平衡方程式为:

$$p = \frac{F_s}{A} = \frac{K(x_0 + \Delta x)}{A} \tag{4.1}$$

式中 p——作用在阀芯上的液压力;

F_s——弹簧作用力;

A——阀芯截面积;

K——调压弹簧的刚度;

x_0——弹簧的预压缩量;

Δx——弹簧的附加压缩量。

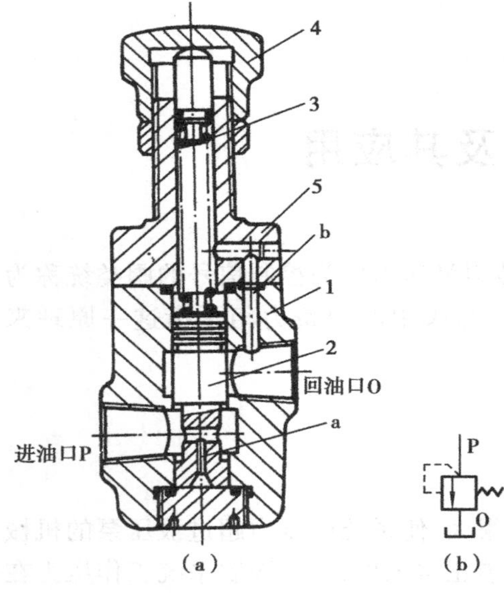

图4.32 P型低压溢流阀

1—阀体;2—阀芯;3—调压弹簧;4—调压螺帽;5—上盖;P—进油口;O—回油口

从上式可以看出,如液压力 p 较大时,则弹簧力也应较大,这样不仅调整不够方便,而且当溢流流量变化时相应油压的变化也较大。溢流压力随溢流流量的变化情况如图4.33所示。当溢流阀刚开始溢流时,因阀芯抬起的高度不大,弹簧的压缩量较小,所以这时油液打开阀口的压力(称为开启压力)$p_{开}$ 较小。当溢流量增加时,阀芯上移,开口增大,这时必须进一步压缩弹簧,使弹簧力增大,所以液压力 p 值上升。当全部流量溢出时,阀芯上升到最高位置,这时的压力称为调整压力 $p_{调}$(也称为全流压力)。$p_{调}$ 和 $p_{开}$ 的差值就是压力变化值。如果要求控制的液压力越高,则溢流阀的弹簧应越硬,相应压力的变化值就越大,所以直动式溢流阀一般用在压力较低的场合,其最大调整压力为2.5 MPa。直动式溢流阀的特点是结构简单,反应灵敏,缺点是工作时易产生振动和噪声,而且压力波动较大。

图4.32(b)为溢流阀的图形符号。

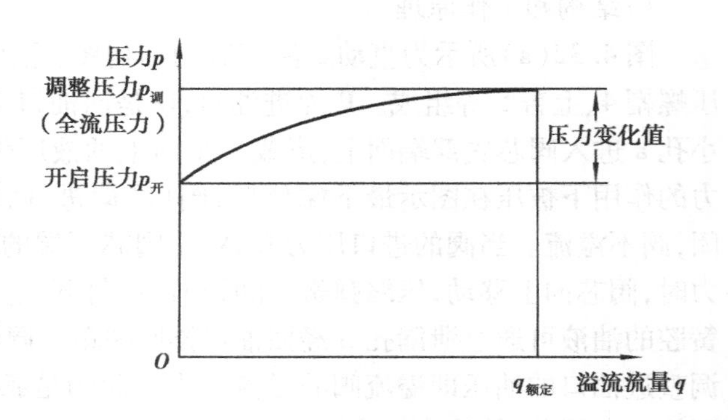

图4.33 溢流阀流量对压力的影响

(2)先导式溢流阀

1)结构和工作原理

为了克服直动式溢流阀的缺点,使液压系统的压力更加稳定,可采用先导式溢流阀。图4.34所示为 Y_1 型溢流阀结构,这种阀是一些液压系统中普遍使用的形式。

这种先导式溢流阀分为上下两部分:上部的先导部分由锥阀芯1、调压弹簧2和调压螺帽3等组成,先导阀相当于一个直动式溢流阀；下部的主阀部分由主阀芯5和主阀弹簧4等组成，其特点是利用主阀芯上下两端液体的压力差来使主阀阀芯移动的。

先导式溢流阀的工作原理如图4.34所示。油腔b和进油口相通，油腔d和回油口相通。压力油从油腔b进入，作用在主阀芯大直径台肩下部的圆环形面积上，并通过主阀芯中的小孔c流到下端面油腔中，作用于主阀芯的下端。同时，又经过阻尼小孔e进入主阀芯的上腔a，还经小孔f、g作用于先导调压阀的锥阀上。

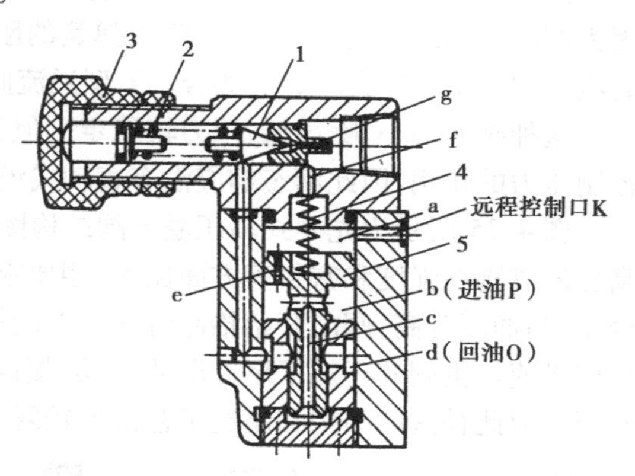

图4.34 Y_1 型先导式溢流阀

当进油压力较低，还不能打开先导调压阀时，锥阀关闭，此时没有油液流过阻尼小孔e。由于主阀芯大直径台肩下部的圆环形面积和阀芯下部小直径端面面积之和与大直径台肩上部面积基本相等，其上下两端的液压力也相等，所以阀芯在上端弹簧的作用下，使主阀芯处于最下端位置，将溢流口关闭。因为主阀弹簧的力量只需克服主阀芯的摩擦力，所以做得较软。

当进油压力升高到能够打开先导调压阀时，锥阀就压缩调压弹簧并将油口打开，压力油通过阻尼小孔e经锥阀流回油箱。由于阻尼小孔e的作用产生压力降，所以主阀芯上部的液压力 p_1 小于下部的液压力 p。当主阀芯上下两端压力差所产生的作用力超过主阀弹簧的作用力时，主阀芯被抬起，油腔b和油腔d接通，油液流回油箱，实现溢流。

用调节螺帽来调节调压弹簧的压紧力，就可以调整溢流阀溢流时进油口的液压力，从而调定了液压系统的压力。K为远程控制口，用于远程调压用，如果将K口用油管接到另一个远程调压阀（图中未画出），则主阀芯上部的油压就受这个远程调压阀控制，从而就可以对这个溢流阀实行远程调压。这时溢流阀上部的先导调压阀应不起作用，所以它的调整压力应高于远程调压阀所可能调节的最高压力。一般情况下这个口不用封闭。

当溢流阀稳定工作时，作用在主阀芯上的力（不计阀芯自重和摩擦力）是平衡的，其力的平衡方程为：

$$pA = p_1A + F_s = p_1A + K(x_0 + \Delta x)$$

或

$$p = p_1 + \frac{F_s}{A} = p_1 + \frac{K(x_0 + \Delta x)}{A} \tag{4.2}$$

式中 p——进油腔液压力；

p_1——主阀芯上腔的液压力；

A——主阀芯的截面积；

K——主阀芯弹簧的刚度；

x_0——主阀弹簧的预压缩量；

Δx——主阀弹簧附加压缩量；

F_s——主阀弹簧的作用力。

从上式可以看出，对于先导式溢流阀，即使进油口的液压力较大，由于阀芯上腔有液压力 p_1 存在，主阀弹簧可以做得较软，因此当溢流流量变化而引起阀芯位置改变时，弹簧力的变化也较小。此外,当调压弹簧调整好之后,在溢流时阀芯上腔的液压力 p_1 基本上是个定值,所以进油口液压力 p 的数值在溢流量变化时变动较小,这就克服了直动式溢流阀的缺点。同时因为调压锥阀的阀孔尺寸较小,调压弹簧的刚度也不大,因此调压比较轻便。所以这种形式的溢流阀适用于压力较高的场合。Y 型溢流阀的最大调整压力为 6.3 MPa。

这种阀振动小,噪声低,压力较稳定。但先导式溢流阀在先导阀和主阀都动作后才能起控制压力的作用,因此动态响应没有直动式溢流阀快。

图 4.35 所示为先导式高压溢流阀结构图,它的工作原理和 Y_1 型溢流阀基本上相同。但高压溢流阀在强度和密封等方面比 Y_1 型要求更高,其主阀芯采用了锥面阀座式结构,没有搭合量,当油压升高,阀芯开始抬起时马上就能打开阀口,使进油口和回油口接通,故灵敏度高,反应迅速。主阀芯还加了尾锥即防振摆,提高了阀的稳定性,不会因阀芯的高频振动产生尖叫声。但此种阀的结构和制造工艺都比较复杂。其最高调整压力可达 35 MPa。

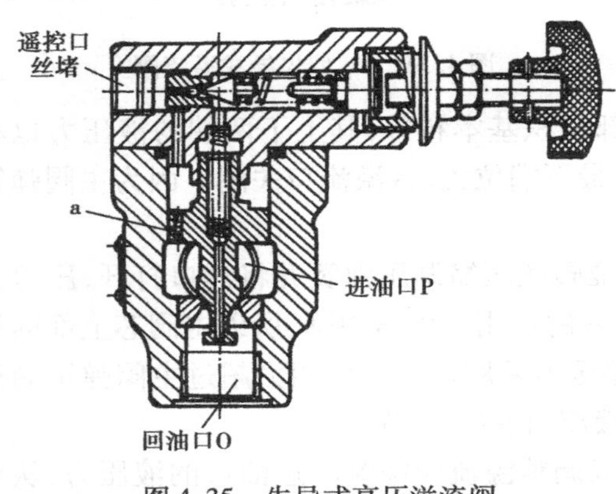

图 4.35　先导式高压溢流阀

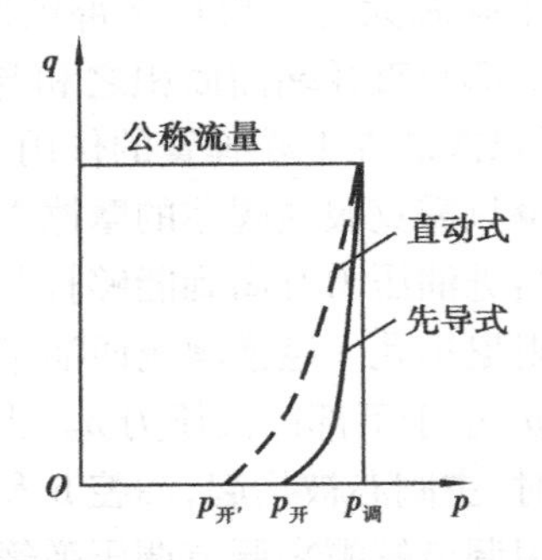

图 4.36　溢流阀的溢流特性曲线

2)性能分析

溢流阀的溢流特性如图 4.36 所示,实线表示先导式溢流阀的特性曲线,虚线表示直动式溢流阀的溢流特性曲线。从图中可看出先导式溢流阀的特性曲线较陡,而直动式溢流阀的特性曲线平缓,二者压力波动性相差很大。先导式溢流阀的开启压力 $p_{开}$ 比直动式溢流阀的开启压力 $p_{开'}$ 更接近调定压力 $p_{调}$,这是因为先导式溢流阀的主阀芯的复位弹簧很软的缘故,因 $p_{开}$ 接近 $p_{调}$,故先导式溢流阀的溢流特性较好。

①压力稳定性:由于液压泵的输油量有脉动,系统负载有变化,这就导致溢流阀阀芯产生振动,因而引起溢流阀所控制的压力也会呈现在调定压力附近的波动。这种波动会直接影响系统的工作品质,同时还会使系统出现振动和噪声。先导式溢流阀的压力稳定性优于直动式溢流阀。

②卸荷压力:把先导式溢流阀的遥控口与油箱接通,主阀芯升到最大高度,液压泵卸荷。这时溢流阀进油口与回油口间的压力差就称为卸荷压力。实际上卸荷压力就是额定流量下卸荷时经过溢流阀的压力损失。卸荷压力越小,即油液通过主阀开口处的压力损失越小,此阀性能越好。

③动态特性:溢流阀的动态特性是指从一个稳定工况变化到另一个稳定工况这一过程中的特性,图 4.37 即为溢流阀动态过程曲线。当溢流阀从关闭时的压力 p_0 突然上升到某一调定压力 p_t 时,液压系统将出现比调定压力还要高的最大压力冲击峰值 p_{max}。这个峰值与调定

压力的差就是压力超调量 Δp。要求压力超调量越小越好，否则会造成液压元件损坏，管道破裂以及一些以压力作为控制信号的元件误动作。

压力回升时间 Δt_2 又称过渡过程时间或调整时间。当溢流阀从初始压力 p_0 开始升压并稳定到调定压力 p_t 时所需时间为 Δt_2，一般要求$\Delta t_2=0.1\sim0.5$ s。卸荷时间 Δt_1 指溢流阀从调定压力 p_t 开始下降至卸荷压力 p_0 时所需的时间，一般要求$\Delta t_1=0.03\sim0.1$ s。

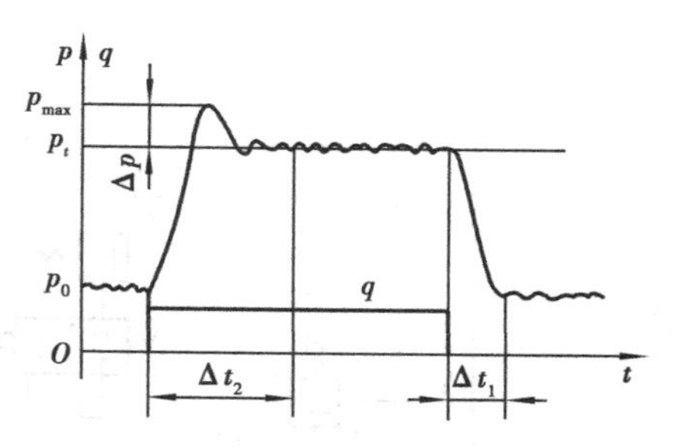

图 4.37 溢流阀动态过程图

压力回升时间 Δt_2 与卸荷时间 Δt_1，反映了溢流阀在工作中从一个稳定状态转变到另一个稳定状态所需要的过渡时间的大小，过渡时间短，溢流阀的动态性能好。

(3)溢流阀的应用

溢流阀在液压系统中一般可用于溢流恒压、安全限压、远程调压、造成背压和使系统卸荷等方面。

图 4.38 所示为溢流阀用于定量泵节流调速液压系统中。工作时溢流阀常开，调节节流阀的开口度大小来控制进入液压缸的流量，多余的油从溢流阀溢回油箱。随着执行元件所需流量(运动速度)的不同，阀的溢流量时大时小，但液压泵的工作压力则基本保持恒定。调节溢流阀的调压弹簧，即可调节系统的供油压力。

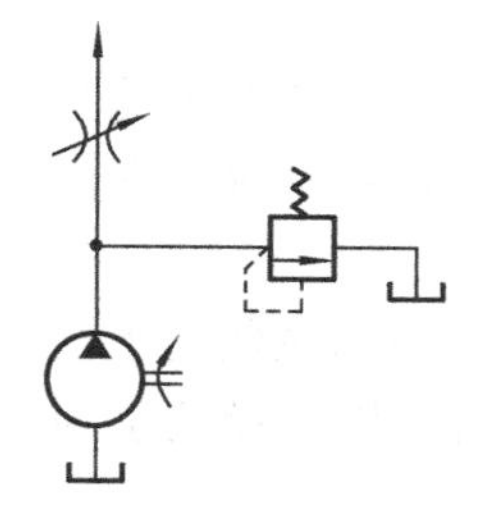
图 4.38 定量泵系统溢流调压

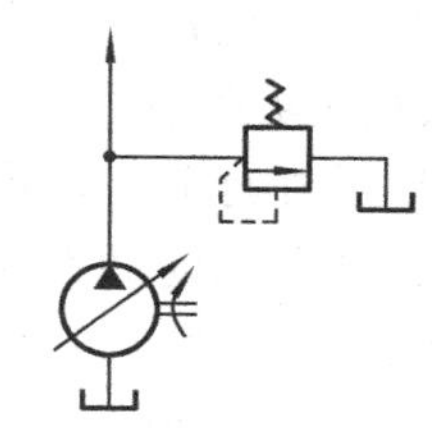
图 4.39 变量泵系统的安全限压

图 4.39 所示为溢流阀用于变量泵系统以限制系统压力超过最大允许值，防止系统过载。在正常工作情况下，溢流阀阀口关闭，当超载时，系统压力达到最大允许值(溢流阀调定压力)，阀口才打开，压力油通过阀口流回油箱，油压便不再升高。在此情况下，溢流阀起安全限压保护作用，故又称安全阀。一般将安全阀的压力调整到比系统最高工作压力大5%～10%。

图 4.40 所示为溢流阀用于远程调压的多级调压回路。图中 3 为远程调压阀，接主溢流阀 2 的遥控口。当二位二通电磁换向阀 4 关闭时，液压泵的出口压力由溢流阀 2 调定为 p_1。当二位二通电磁阀通电切换后，其油路接通，这时泵的出口压力由远程调压阀调定为 p_2。在采用这种回路时，应注意使远程调压阀的调定压力小于主溢流阀本身的调定压力，否则远程调压阀将不起作用。

如果将二位二通电磁阀安装在主溢流阀与远程调压阀之间，则当压力切换时，可能产生较大的压力波动与冲击。

图 4.41 所示为先导式溢流阀的卸荷回路。将二位二通电磁换向阀安装在溢流阀的遥控油路上(两者做成一体的又称电磁溢流阀)。卸荷时电磁阀通电，液压泵的输出流量在极低的压力下通过溢流阀的溢流口流回油箱。而通过电磁阀的流量很小，只是溢流阀控制腔的流量

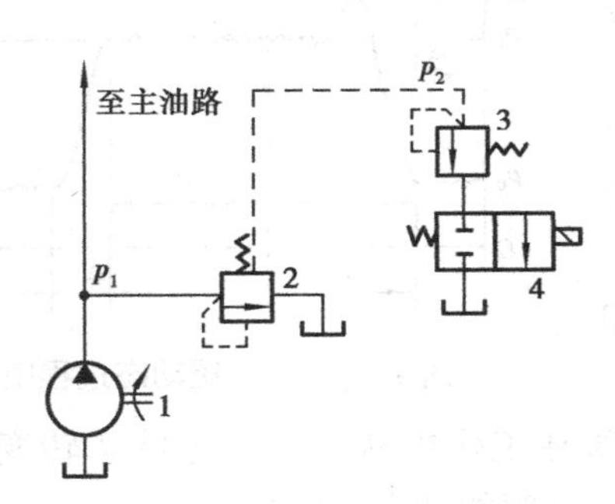

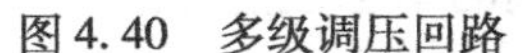
图 4.40 多级调压回路

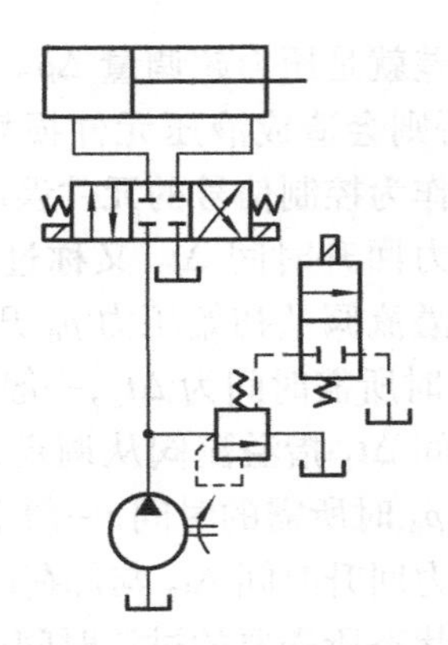
图 4.41 先导式溢流阀卸荷回路

(即通过主阀芯上阻尼小孔的流量),故只需选用小规格的电磁阀。卸荷时,溢流阀处于全开状态。当停止卸荷系统重新工作时,不会产生压力冲击现象,故适用于高压大流量系统中。

(4)溢流阀的常见故障分析

溢流阀在使用中常见的故障有压力失调和噪声、振动等。

1)压力失调

溢流阀在工作中调定压力下降,即使旋入调压手轮,压力上升也很慢,到一定压力后不再上升。

原因 1 先导式溢流阀的主阀芯上开有阻尼小孔,通过该阻尼小孔的流量就是先导流量。当油液中的大粒污垢附着在阻尼孔上,使通流断面积减小,则先导流量将变得很小时,调定压力就会不稳定,压力响应也变慢,结果压力也调不高。

原因 2 溢流阀长时间在含有大量细微污垢的油液中工作后,主阀与上盖的滑动面磨损,使间隙增大,流过主阀阻尼小孔的油液从该间隙流向回油口,先导流量减小到极小,响应也变得缓慢,再进一步磨损则压力升不上去。

使用中的阀或新阀的压力完全调不上去。

原因 1 主阀芯的阻尼小孔被污垢堵死,先导流量减到零。这时先导调压阀已不起作用,进口液压力将主阀复位弹簧压缩,阀口大开而卸荷,故压力完全调不上去。

原因 2 先导阀芯与阀座间进入了大粒污垢,致使先导阀芯开度大于需要值而无法关闭。这时相当于溢流阀的遥控口接通了油箱而卸荷,从而压力完全上不去。

原因 3 溢流阀遥控口接有遥控油路,遥控用电磁阀不换向时仍接通了油箱,使压力调不上去。解决方法是首先听一听电磁阀有无吸合声,确定电磁阀是否动作。还可用手动使电磁阀换向,若手动也换不了向,则是污垢把阀芯卡住了,需要拆开清洗干净。若手动可以换向使压力升高,则应检查电气部分的问题。

溢流阀压力下不来,即使将调压手轮全旋松,压力也降不下来而无法调整。

其原因是先导阀座上的小孔被污垢堵死了,主阀芯在复位弹簧作用下将溢流阀口关闭,调压弹簧失去了对溢流阀的调压作用,有时压力会上升到使元件和管路破坏为止。

以上分析压力失调的主要原因,几乎都是由于油液的污染引起。解决方法是拆开溢流阀,清洗主阀芯阻尼小孔、先导阀芯及阀座,必要时更换清洁的油液。对于阀芯或阀座的磨损,采取修复或更换零件的方法解决。

2)噪声和振动

溢流阀的噪声有液流声和机械声两种。其中液流声主要由液体振动、空穴以及液压冲击等原因产生。机械声主要由阀中零件的撞击和摩擦等原因产生。

空穴产生的噪声,通常是在先导式溢流阀的阀口,因油液流速和压力的变化很大,很容易出现空穴现象,由此产生振动和噪声。

先导式溢流阀在卸荷时,会因压力的急骤下降而发出压力冲击噪声。在高压大流量情况下,这种冲击噪声越大,这是由于溢流阀的卸荷时间很短而产生液压冲击所致。在卸荷时,由于油液流速急骤变化,引起压力突变,造成压力波的冲击。压力波是一个小的冲击波,本身产生的噪声很小,但随油液传到系统中,如果同任何一个机械零件发生共振,就可能加大振动和增强噪声。所以在发生液压冲击时,一般多伴有系统的振动。

溢流发出的机械噪声,一般来自零件的撞击和由于加工误差等原因产生的零件摩擦,主要表现为:

①阀芯与阀孔配合过紧或过松都会产生噪声。过紧,阀芯移动困难,引起振动和噪声;过松,造成间隙过大,泄漏严重,液动力等也将导致振动和噪声。所以,装配时必须严格控制配合间隙。

②弹簧刚度不够,产生弯曲变形。液动力引起弹簧自振,当弹簧振动频率与系统振动频率相同时,会出现共振。排除方法就是更换弹簧。

③调压螺母松动。要求在压力调节好后,一定要拧紧,否则就会产生振动与噪声。

④溢流阀实际通过的流量超过了允许最大值,回油管路振动或背压过大都会产生噪声。在使用中应针对不同的故障,采取适当措施加以解决。

4.2.2 减压阀

减压阀一般分为两类,即定值减压阀和定差减压阀。定差减压阀保持阀的出口压力和进口压力为一恒定差值,这种阀通常与节流阀组合构成调速阀。定值减压阀常简称为减压阀,除特别声明外,指的都是定值输出减压阀。

减压阀在液压系统中起减压作用,并在进口液压力出现波动和流过阀的流量发生变化时,仍能保持阀的出口压力基本恒定,使液压系统中某一部分得到一个降低了的稳定压力。

(1)减压阀的结构和工作原理

图4.42所示为减压阀的结构原理图和图形符号。它的主要组成与先导式溢流阀相同,外形亦相似。主要由主阀芯1、阀体2、先导阀芯3、主阀弹簧4、阀盖5、调压螺帽6、调压弹簧7、锥阀座8等组成。

压力为 p_1 的油液(也称一次压力),经阀的进油口进入a腔,再经过主阀芯1和阀体2之间形成的开口量为 x 的减压口到达b腔,从出油口排出,出油口的压力为 p_2(也称二次压力)。和出油口相通的b腔中的油液,一路经阻尼小孔g到达主阀芯1的下腔c;另一路经阻尼小孔d,油腔k、孔e、孔f作用在调压锥阀3上。

当出油腔的压力小于调压锥阀的调定压力时,调压锥阀关闭,阻尼小孔d中没有油液流动,主阀芯上下两端的油压相等。这时主阀芯在主阀弹簧的作用下处于最下端位置,减压口全部打开,即开口量 $x=x_{max}$ 时,减压口无减压作用,所以阀正常工作时,$x<x_{max}$。

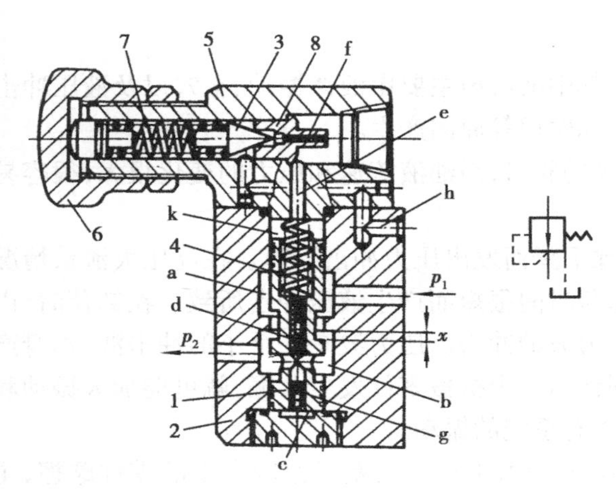

图 4.42 减压阀结构原理图

1—主阀芯；2—阀体；3—先导阀芯（锥阀）；4—主阀弹簧；5—阀盖；6—调压螺帽；7—调压弹簧；8—锥阀座

当出口压力达到调定值时，锥阀开启，流过锥阀芯和阀座所形成的缝隙的液流，经过回油通道，从单独的回油口 h 回油。由于阻尼孔的降压作用，主阀芯下部液压力大于上部液压力，在压力差的作用下主阀芯上移，形成一定的减压开口量 x，减压阀进入某一稳态工作。所谓稳态工作是指减压阀有一定的减压开口量，对应着这个减压开口量有一组流动参数，即进口压力、出口压力和经过减压口的流量。

当进口压力由于某种原因增大，在主阀芯还未来得及调节的瞬间，减压口下游的压力即阀的出口压力也有所增大。这时，作用于锥阀上的液压力增大，调压弹簧 7 进一步被压缩，锥阀开口量增大，流过锥阀缝隙的流量加大，主阀芯上下两端的压力差增大，主阀弹簧进一步被压缩，主阀芯上移，减压口的开启量 x 减小，油液流经减压口的压力降增加，使出口压力降低。这样，通过减压阀口的作用以保持阀的出口压力基本恒定。

在减压阀的出口压力达到调定值时，就形成了一定的减压开口量。若忽略作用在减压阀阀芯上的其他力，只有作用于减压阀阀芯一端的调压弹簧的弹簧力和作用于阀芯另一端的由减压阀的出口压力形成的液压力使减压阀阀芯处于平衡。此时，不论是由于减压阀进油口的压力变化，还是由于通过减压口的流量变化所引起的减压阀开口量的变化均很小，因此弹簧的变形量也很小，弹簧力基本是常数，故与之对应的减压阀的出口压力基本上也是常数。

在液压系统中，液压泵排出的油通常流到主油路。溢流阀和主油路并联，为的是调定主油路的压力。减压阀也和主油路并联，但其出油口和执行元件（例如液压缸）串联。这样，缸内有一定负载，且溢流阀和减压阀都在稳态工作时，减压阀的进油口保持基本恒定的高压，减压阀的出油口保持基本恒定的低压。

即使主油路中有负载且溢流阀调定的主油路中的压力也高于减压阀的调定压力时，若减压支路中的负载压力，也就是减压阀的出口压力很小，则减压阀芯处于最下端位置，减压开口量最大，远超过正常工作时减压口的开启值，减压口不起减压作用。

当减压支路的负载压力接近减压阀的调定值或达到减压阀的调定值（因有调压偏差）时，且主油路的负载压力高于减压阀的调定值时，减压阀的阀芯上移形成一定的减压开口量，减压阀投入某一稳态工作。

当和减压阀串联的液压缸负载增加，乃至缸工作腔中的压力超过减压阀的调定值才能带动负载时，此时因减压阀的自我调节，减压阀的出口油液只能保持恒定的调定压力，而不能超过调定压力，所以缸工作腔中的压力也不可能超过减压阀的调定压力，缸的活塞带不动相应的负载，缸的活塞只好停止运动。

减压阀与缸串联，缸的活塞不运动，减压阀出口的油就没有出路了，那么缸工作腔中的压力是否会无限增加呢？不会。减压阀的出油口虽然没有流量，但经过减压口的油液还可以经阻尼小孔 d、孔 e、孔 f、锥阀芯形成的缝隙、孔 h 构成通路，此时减压阀出口压力仍基本保持恒定的调定值。

（2）单向减压阀

将单向阀和减压阀组合在一起，即成为单向减压阀，如图 4.43 所示。当压力油从油口 p_1 流向油口 p_2 时，单向阀关闭，减压阀正常工作。如油液反向从 p_2 进入，则减压阀不起作用，可通过单向阀进入油口 p_1，图中 L 是泄油口。

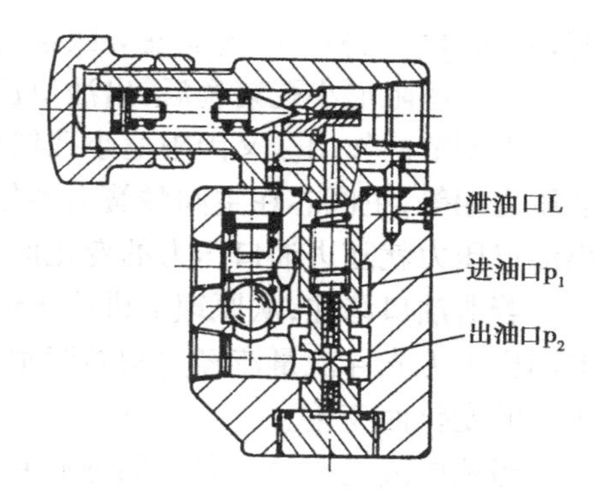

图 4.43 单向减压阀

（3）减压阀的应用

在液压系统中，一个油源供应多个支路工作时，由于各支路要求的压力值大小不同，这就需要减压阀去调节，利用减压阀可以组成不同压力级别的液压回路。

如图 4.44 所示，液压泵 3 同时向液压缸 1 和液压缸 2 供油，缸 1 的负载为 F_1，缸 2 的负载为 F_2。设 $F_1>F_2$，若没有减压阀 4 和节流阀 5，哪个缸的负载较小，则哪个缸先动，即只有缸 2 的活塞到位后压力继续上升，缸 1 才动作。加上减压阀后就解决了这一矛盾，两个缸可分别动作而不会因负载的大小不同而互相干扰。

若不加节流阀，尽管缸 1 有相当的负载，溢流阀有相当的调定压力，若 F_2 为零，则减压阀的二次压力即出口压力为零，阀芯处于最下端，减压口不起减压作用且将减压口的上下游无阻力地沟通，这时减压阀的一次压力即进口压力也为零，这种现象叫减压阀一次压力失压。有了节流阀，可使减压阀出口总是有相当的压力，即可避免这一现象的出现。

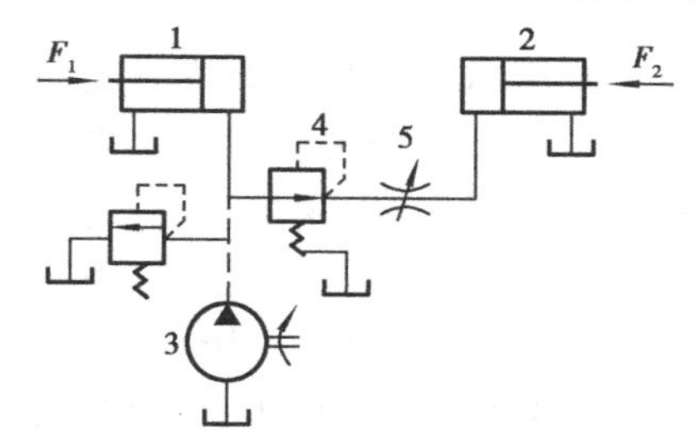

图 4.44 减压阀应用之一

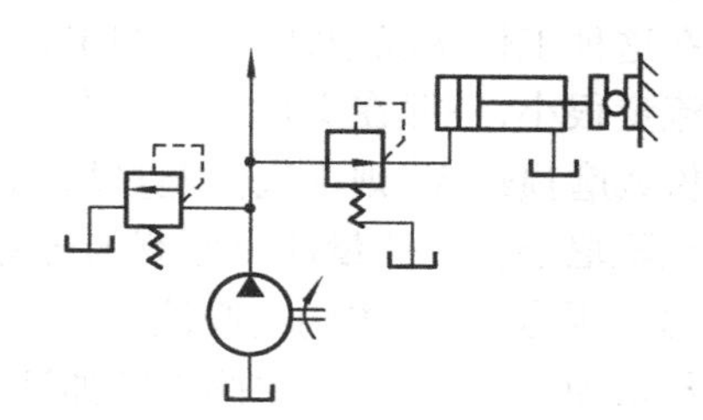

图 4.45 减压阀应用之二

图 4.45 所示的液压缸是一个夹紧缸。当活塞杆通过夹紧机构夹紧工件时，活塞的运动速度为零，因减压阀的作用仍能使液压缸工作腔中的压力基本恒定，故可保持恒定的夹紧力，不致因夹紧力过大而将工件夹坏。

因为减压阀出口压力稳定，所以在有些回路中，虽然不需要减压，但为了获得稳定的压力也加上减压阀。例如，用压力控制的液动换向阀、液控顺序阀，在这些阀的控制油路中有时加上减压阀，目的不是减压而是使控制压力稳定，以免因压力波动使它们产生误动作。

（4）减压阀的常见故障分析

1）调压失灵

调节调压手轮，出油口压力不上升。其原因之一是主阀芯阻尼小孔堵塞，出油口油液不能流入主阀上腔和先导阀前腔，出油口压力传递不到锥阀上，使先导阀失去对主阀出口压力调节的作用。又因阻尼孔堵塞后，主阀上腔失去了油压的作用，使主阀变成一个弹簧力很弱的直动型滑阀,故在出油口压力很低时就将主阀减压口关闭,使出油口达不到一定的压力。

调节调压手轮,出油口压力和进油口压力同时上升或下降。其原因是锥阀座阻尼小孔堵塞,泄油口堵住和单向阀泄漏等因素造成的。

锥阀座阻尼小孔堵塞后,出油口压力同样也传递不到锥阀上,使先导阀失去对主阀出油口压力调节的作用。又因阻尼小孔堵塞后,便无先导流量流经主阀芯阻尼孔,使主阀上、下腔液压力相等,主阀芯在主阀弹簧力的作用下处于最下端位置,减压口通流断面积为最大,所以出油口压力就随进油口压力的变化而变化。

若泄油口堵住,从原理上讲等于锥阀座阻尼小孔堵塞。这时,出油口虽能作用在锥阀上,但同样也无先导流量流经主阀芯阻尼孔,减压口也处于最大位置,故出油口压力跟随进油口压力的变化而变化。

当单向减压阀的单向阀部分泄漏严重时,进油口压力就会通过泄漏处传递给出油口,使出油口压力也会跟随进油口压力的变化而变化。另外,当减压阀口处于全开位置时,由于主阀芯卡住,也是使出油口压力随进油口压力变化的原因。

2)阀芯径向卡紧

由于减压阀和单向减压阀的主阀弹簧力很弱,主阀芯在高压情况下容易发生径向卡紧现象,而使阀的各种性能下降,也将造成零件的过度磨损,并缩短阀的使用寿命,甚至会使阀不能工作。

3)工作压力调定后出油口压力自行升高

在一些减压回路中,如用来控制电液换向阀或外控顺序阀等,当阀换向或工作后,减压阀出油口的流量为零,但压力仍需保持原先调定的压力。在这种情况下减压阀的出油口压力往往会升高,这是由于主阀泄漏量过大所引起的。

在这种工作状况中,因减压阀出口流量变为零,流经减压口的流量只有先导流量。由于先导流量很小,一般在2 L/min以内,因此主阀减压口基本上处于全关位置。如果主阀芯配合过松或磨损过大,则主阀泄漏量增加。而这部分泄漏量也必须从主阀阻尼小孔内流出,这时流经阻尼小孔的流量即由原有的先导流量和泄漏量两部分组成。因阻尼小孔面积和主阀上腔油液压力未变(主阀上腔液压力由已调定的调压弹簧预压缩量确定),为使通过阻尼小孔的流量增加,而必然引起主阀下腔油液压力升高。因此,当减压阀出口压力调定好后,如果出口流量为零时,出口压力会因主阀芯配合过松或磨损过大而升高。

4.2.3 顺序阀

顺序阀是用在具有两个或两个以上执行元件的液压系统中,使各执行元件按预先确定的先后动作顺序工作。顺序阀的结构也有直动式和先导式两种,一般先导式用于压力较高的液压系统中。

(1)顺序阀的结构和工作原理

图4.46所示为直动式顺序阀,该阀主要由阀体3、上下端盖、阀芯2、控制活塞4和调压弹簧1等组成。为避免弹簧过于粗硬,所以不使控制油与阀芯直接接触,而是使它作用在阀芯下端处直径较小的控制活塞上,以减小油压对阀芯的作用力。

阀的工作原理为:进口压力油通过阀体和下端盖上的小孔引到控制活塞的下端,当液压力低于阀内弹簧的调定值时,控制活塞下端的液压作用力小于弹簧对阀芯的作用力,阀芯仍处于图示的最低位置,阀口关闭,油液不能通过顺序阀。当进口液压力达到弹簧的调定值时,控制活塞才有足够的力量克服弹簧的作用力将阀芯顶起,使阀口打开,进出油口在阀内形成通路,此时油液才能经过顺序阀从出口流出。图4.46(b)为其图形符号。

若将此阀的下盖旋转90°安装,并将c口处丝堵取下,外接压力油作控制油,便成为外控顺序阀,其图形符号如图4.46(c)所示,这时顺序阀上部的泄油口必须接回油箱。

若将顺序阀的上盖旋转90°安装,使泄油口和出油口互通,并一起接通油箱,这时阀便成为卸荷阀。其图形符号如图4.46(d)所示。

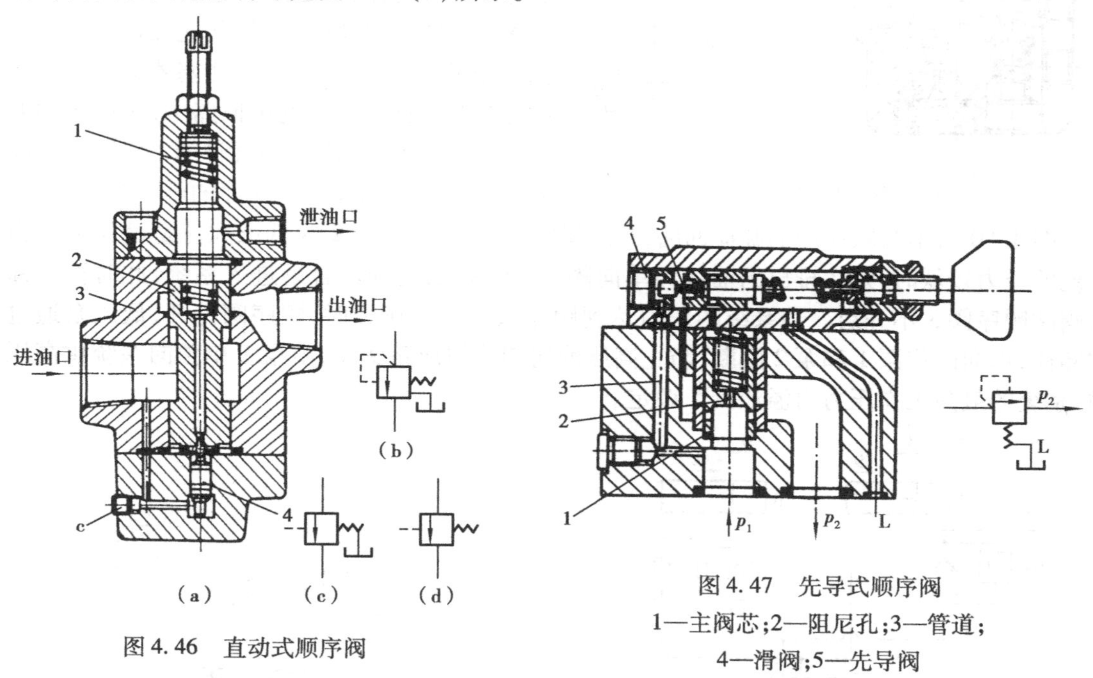

图4.46 直动式顺序阀

图4.47 先导式顺序阀
1—主阀芯;2—阻尼孔;3—管道;
4—滑阀;5—先导阀

图4.47所示为先导式顺序阀,主阀和先导阀均为滑阀式,其外形与溢流阀相似。

压力油进入顺序阀作用在主阀一端,同时压力油一路经孔道3进入先导阀7左端,作用在滑阀4的左端面上,一路经阻尼孔2进入主阀芯1上端,并进入先导阀的中间环形部分。当进油压力低于先导阀的调定压力时,主阀关闭,顺序阀无油流出。一旦进油压力超过先导阀的调定压力时,进入先导阀左端的压力油将滑阀4推向右边,此时先导阀5的中间环形部分与顺序阀出口沟通,压力油经阻尼孔2、主阀芯上腔、先导阀5流向出口。由于阻尼孔的作用,主阀芯上腔压力低于进口压力,主阀芯上移,阀口打开,使顺序阀进出口接通。从以上分析可知,主阀芯的移动是主阀芯上下压差作用的结果,与先导阀的调整压力无关。因此,顺序阀的进出口压力近似相等。

(2)单向顺序阀

单向顺序阀是将顺序阀与单向阀并联起来使用,两阀常装在一个阀体内,其结构和图形符号如图4.48所示。这种阀的特点是当压力油反向流动时,可以不经过顺序阀,而从单向阀自由通过,不受顺序阀的限制。

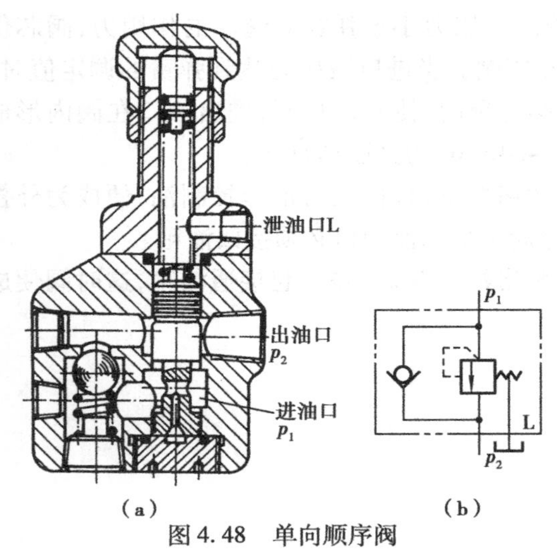

图 4.48　单向顺序阀

(3)顺序阀的应用

图 4.49 所示用顺序阀实现执行元件的顺序动作。工作行程时,换向阀 1 处于图示位置,液压泵输出的压力油先进入液压缸 B 的左腔,活塞按箭头①所示的方向右移,当接触工件时,油压升高,在达到足以打开单向顺序阀 2 时,油液才能进入缸 A,使活塞沿箭头②所示的方向右移。回程时,阀 1 处在左端的工作位置,由于顺序阀 3 的作用,缸 A 的活塞先按箭头③的方向回程至终点,液压缸 B 的活塞才能按箭头④的方向开始回程。在这种回路中,顺序阀的调定压力应比先动作的执行元件的工作压力高 0.5 MPa 以上,以保证动作顺序的可靠性。

图 4.50 所示为顺序阀的卸荷回路,1 为高压小流量液压泵,2 为低压大流量液压泵。当系统的压力较低时,泵 2 排出的油液经单向阀和泵 1 排出的油汇合后进入系统,此时作为卸荷阀的顺序阀 3 不开启。当系统的压力达到顺序阀的调定压力时,顺序阀打开,低压泵通过它卸荷,单向阀将泵 1 和泵 2 隔断,防止高压油向卸荷的油路倒流,由泵 1 单独向系统供高压油,系统的最高工作压力由溢流阀 5 调定。

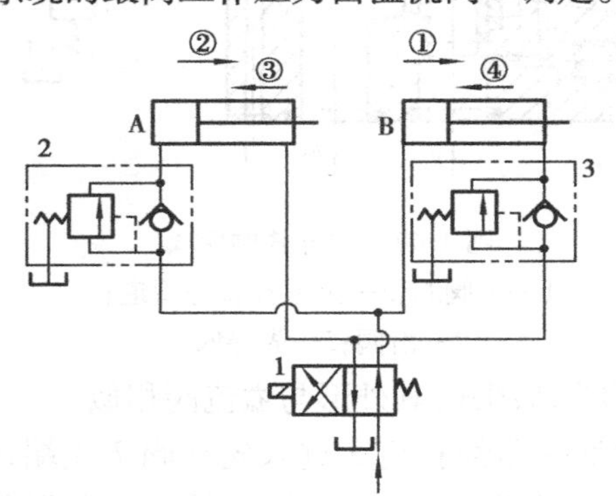

图 4.49　用单向顺序阀的顺序动作回路

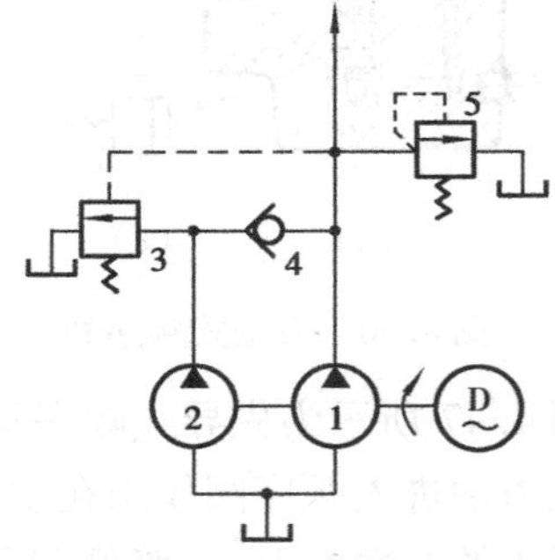

图 4.50　复合泵的卸荷回路

图 4.51 所示为单向顺序阀当作平衡阀使用。

在具有立式缸的液压回路中,液压缸的负载往往是重物,当活塞下行时,不但不需要克服负载,而且重物会帮助活塞下降,极易造成超速和冲击,此时宜在缸的回油路上加平衡阀。换向阀处于右位时,来自液压泵的油经平衡阀的油口 A、单向阀、平衡阀的油口 B 到达缸的无杆腔,重物上行。缸有杆腔的油液经换向阀回油箱。换向阀处于中位时,单向顺序阀锁闭,液压缸不能回油,活塞停止运动。换向阀处于左位时,来自泵的油到达缸的有杆腔。同时,来自泵的油经过控制管道进入顺序阀的控制口 K,当控制压力达到调定值时,顺序阀开启。缸无杆腔的油经顺序阀、换向阀回油箱,活塞下降。

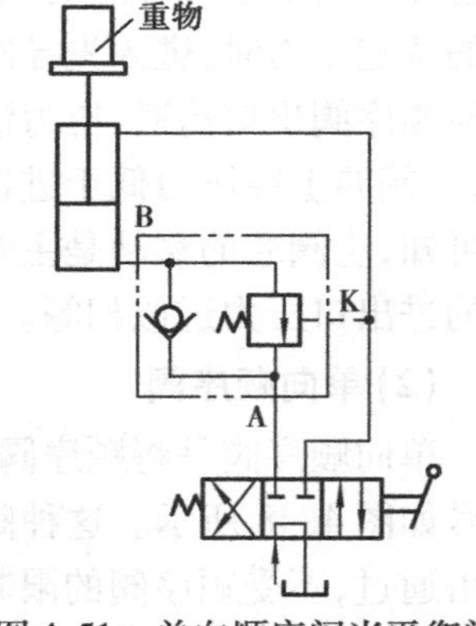

图 4.51　单向顺序阀当平衡阀使用的回路

一旦重物超速下降时，缸有杆腔中的压力减小，同时控制口 K 的压力减小，顺序阀的开口减小，缸回油阻力增加，重物和活塞的下降速度减慢，提高了运动的平稳性。

(4)顺序阀的常见故障分析

顺序阀的主要故障是不起顺序作用，它有两种情况，一种是进油腔和出油腔压力同时上升或下降，另一种是出油腔没有流量。

第一种情况的原因之一是阀芯内的阻尼孔堵塞，使控制活塞的泄漏油无法进入调压弹簧腔流回油箱。时间一长，进油腔压力油通过泄漏传入阀的下腔，作用在阀芯下端面上，因阀芯下端面积比控制活塞要大得多，所以阀芯在液压力作用下使阀处于全开位置，变成一个常通阀，因此进油腔和出油腔压力会同时上升或下降。另外，阀芯在阀处于全开位置时卡住也会引起上述现象的产生。

第二种情况的原因是泄油口安装成内部回油形式，即阀的泄油口在阀内与阀的出油腔相通，使得调压弹簧腔的液压力等于出油腔液压力。因阀芯上端面积大于控制活塞端面积，阀芯在液压力作用下使阀口关闭，顺序阀出油腔没有流量。另外，阀芯在阀口关闭位置时卡住，也会产生出油腔没有流量的现象。

当端盖上的阻尼小孔堵塞时，控制油液就不能进入控制活塞腔，阀芯在调压弹簧力作用下使阀口关闭，出油腔同样也没有流量。

4.2.4 压力继电器

压力继电器是将液压信号转换为电信号的一种转换元件。当系统压力达到压力继电器的调定压力时，它发出电信号，控制电气元件，使油路换向、卸压、实现顺序动作或关闭电动机，起安全保护作用。

常用的压力继电器有柱塞式和薄膜式两种。

(1)压力继电器的结构和工作原理

压力继电器由两部分组成，第一部分是压力—位移转换器，第二部分是电气微动开关。

图 4.52 所示为柱塞式压力继电器。液压力为 p 的控制油液进入压力继电器，当系统压力达到其调定压力时，作用于柱塞 1 上的液压力克服弹簧力，顶杆 2 上移，使微动开关 4 的触头闭合，发出相应的电信号。调整螺帽 3 调节弹簧的预压缩量，从而可改变压力继电器的调定压力。

此种柱塞式压力继电器宜用于高压系统，由于位移较大，反应较慢，不宜用在低压系统。

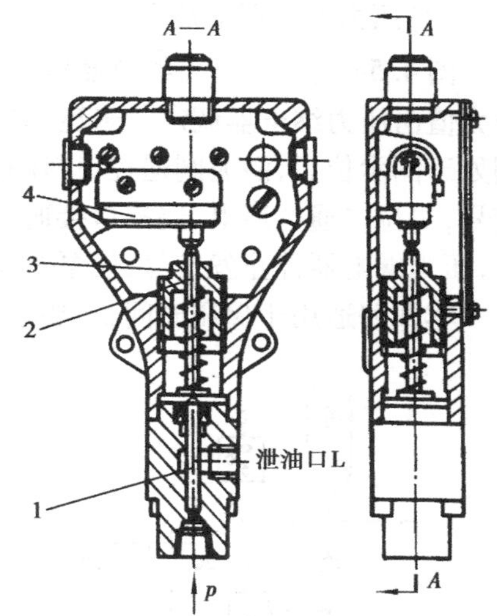

图 4.52 柱塞式压力继电器
1—柱塞；2—顶杆；
3—调节螺帽；4—微动开关

图 4.53(a)所示为薄膜式压力继电器的结构原理图，图(b)是它的图形符号。如图所示，控制油口 K 和液压系统相通，当系统液压力达到压力继电器的调定

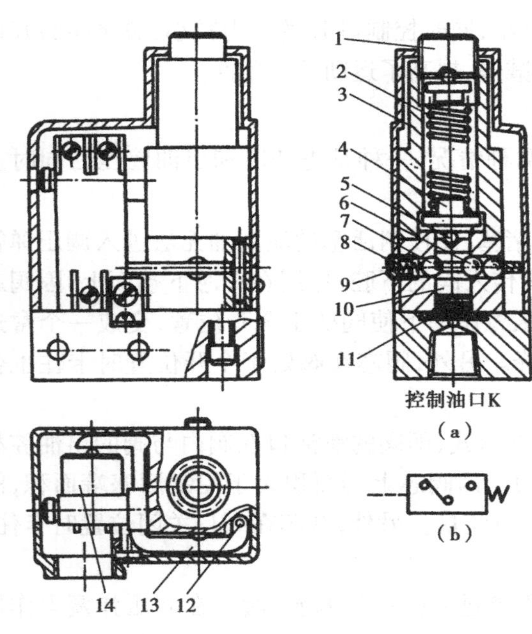

图 4.53　薄膜式压力继电器

1—调节螺钉;2、9—弹簧;3—套筒;4—弹簧座;5、6、7—钢球;8—调节螺钉;10—柱塞;11—膜片;12—销轴;13—杠杆;14—微动开关

压力时,液压力作用于薄膜 11 使柱塞 10 上升,压缩弹簧 2,一直到弹簧座 4 的肩部碰到套 3 为止。与此同时,柱塞 10 一方面推动钢球 7 压缩弹簧 9,另一方面又用锥面推动钢球 6 水平移动,使杠杆 13 绕轴 12 逆时针方向转动,压下微动开关 14 的触杆从而发出电信号,发出电信号的液压力大小可用调节螺钉 1 来调节。

当控制油口 K 的液压力降到一定数值时,弹簧 2 和 9 通过钢球 5 和 7 将柱塞 10 压下,钢球 6 便落入柱塞 10 的锥面槽内,杠杆 13 返回,微动开关 14 复位,电路断开。

钢球 7 在弹簧 9 的作用下,对柱塞 10 产生一定的摩擦力。当柱塞向上移时,摩擦力与液压力相反,压力油除要克服弹簧 2 的弹簧力外,还要克服摩擦力。柱塞向下移时,摩擦力与液压力的方向相同,弹簧力要克服液压力和摩擦力。所以,使微动开关断开时的压力比使微动开关闭合时的压力低。用螺钉 8 调节弹簧 9 的作用力,可以改变微动开关闭合和断开之间的压力差值。

(2)压力继电器的应用

图 4.54 所示为压力继电器构成的保压回路。系统由蓄能器持续补油保压,保压的最大压力值由压力继电器调定。未达到压力继电器调定压力时,压力继电器不发信号,二位二通阀处于图示位置,溢流阀遥控口封闭,液压泵向蓄能器充油。压力足够高时,压力继电器发出信号,二位二通阀通电,遥控口接通。溢流阀使泵卸荷,由蓄能器保压。压力下降到一定程度时,压力继电器停止发信号,使泵重新向蓄能器充液。

本回路适用于保压时间长,要求功率损失小的场合。

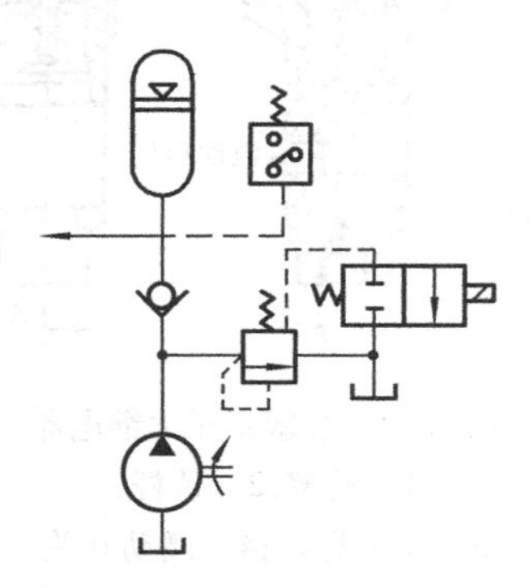

图 4.54　用压力继电器的保压回路

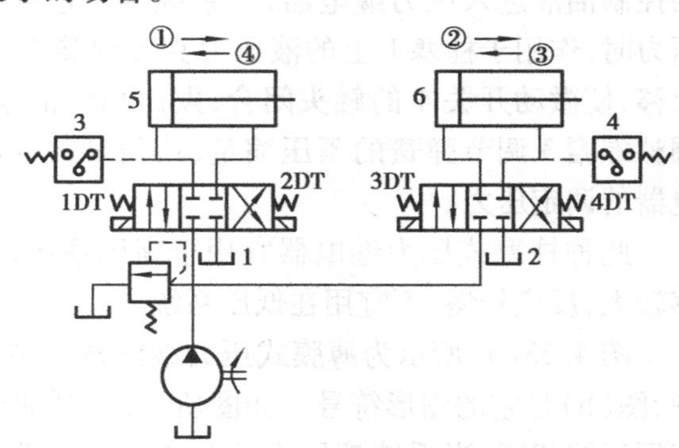

图 4.55　压力继电器控制的顺序动作回路

图4.55所示是一种利用压力继电器控制电磁换向阀实现顺序动作的回路。其中压力继电器3和4分别控制换向阀的3DT和2DT通电,实现如图所示①→②→③→④的顺序动作。当1DT通电时,压力油进入液压缸5左腔,推动活塞向右运动,在碰到死挡铁后,压力升高,压力继电器3发出信号,使3DT通电,压力油进入液压缸6左腔,推动其活塞也向右运动。在3DT断电,4DT通电(由其他方式控制)后,压力油推动缸6的活塞向左退回,到达终点后,压力又升高,压力继电器4发出信号,使2DT通电,1DT断电,缸5的活塞亦左退。为了防止压力继电器在前一行程终了前产生误动作,压力继电器的调定值应比先动作缸的工作压力高$(3\sim5)\times10^5$ Pa。同时,为了使压力继电器能可靠地发出信号,其压力调定值又应比溢流阀的调定值低$(3\sim5)\times10^5$ Pa。

采用压力继电器控制比较方便,但由于其灵敏度高,易受油路中压力冲击影响而产生误动作,故只宜用于压力冲击较小的系统,且同一系统中压力继电器数目不宜过多。如能使用延时压力继电器来代替普通压力继电器,则会提高其可靠性。

(3)压力继电器的常见故障分析

压力继电器的常见故障是灵敏度降低和微动开关损坏等。

灵敏度降低是由于柱塞、推杆的径向卡紧,或微动开关空行程过大等原因引起。当柱塞或推杆发生径向卡紧时,摩擦力增加。这个阻力与柱塞和推杆的运动方向相反,它在一个方向帮助调压弹簧力,使油液压力升高,在另一个方向帮助液压力克服弹簧力,使油液压力降低,因而使压力继电器的灵敏度降低。

在使用中,由于微动开关支架变形,或零位可调部分松动,都会使原来调整好的微动开关最小空行程变大,使其灵敏度降低。

压力继电器的泄油腔如不直接回油箱,则由于泄油口背压过高,也会使灵敏度降低。

4.2.5 压力阀的比较

溢流阀、减压阀和顺序阀在结构、工作原理和特点上有相似的地方,也有不同之处。

①溢流阀排出的油不做功,直接回油箱;减压阀和顺序阀(作卸荷阀、平衡阀时除外)排出的油液通向下一级执行元件,输出的油液有一定压力,做功。

②溢流阀的泄漏油是通过阀体内部与回油口接通的;减压阀、顺序阀的泄油口单独接回油箱。

③溢流阀和顺序阀是用进口液压力和弹簧力相平衡进行控制的。溢流阀保持进口油压基本不变,顺序阀达到调定压力开启后,其进、出口油液压力可以高于其调定压力,顺序阀的阀芯不需随时浮动,只有开或关两种位置;减压阀是用出口油压进行控制,其阀芯要不断浮动以保持出口压力基本为恒定。

④溢流阀和顺序阀的阀口在常态下是关闭的,而减压阀的阀口在常态下是开启的。但溢流阀和减压阀处于工作状态时,溢流口和减压口都是开启的。溢流口和减压口关闭时都不算工作状态(安全阀例外),对阀芯和阀体之间的密封性没有特殊或严格的要求。顺序阀则不然,它的开启位置是工作位置,其关闭位置也是工作位置。因为在关闭位置顺序阀需维持一定的进口压力,以免影响其他回路的工作。因此对顺序阀的阀芯和阀体之间的密封性有一定要求。

⑤溢流阀和减压阀上的压力降都比较大。希望流过顺序阀的液流在阀中形成的压力损失越小越好，一般在(0.2～0.4)MPa。

⑥溢流阀和减压阀在溢流口和减压口上形成的压力降是需要的，它们的开口量较小。顺序阀需要有较小的压力降，故它的开口量也较大。

4.2.6 压力阀的选择和调节

选择压力阀的主要依据，是它们在系统中的作用，以及额定压力、最大流量、压力损失数值、工作性能参数和使用寿命等。

通常所规定的压力控制阀的工作压力和流量是指使用的最高压力和最大流量。实际上压力阀都是可以调节使用的，例如某高压系列的溢流阀，有6～8 MPa、4～16 MPa、8～20 MPa、16～32 MPa等4种调压范围。但如果选32 MPa的溢流阀，调压弹簧刚度必然很大，用于调定压力为6 MPa时，不仅启闭特性不好，调整也不易准确。因此，选择压力阀时均应根据各自的工作压力在调压范围内选择。溢流阀的调定压力就是液压泵的供油压力 p_B，即

$$p_B \geqslant p + \sum \Delta p \tag{4.3}$$

式中 p——液压系统执行元件的最大工作压力；

$\sum \Delta p$——液压系统总的压力损失。

由上式可知，溢流阀的调定压力必须大于执行元件的工作压力和系统压力损失之和。

如果溢流阀在系统中起安全作用，则溢流阀的调定压力应按下式计算：

$$p_B \geqslant (1.05 \sim 1.1)(p + \sum \Delta p) \tag{4.4}$$

溢流阀的流量按液压泵的额定流量选取，作溢流阀和卸荷阀用时不能小于泵的额定流量，作安全阀用时可小于泵的额定流量。减压阀的调定压力根据其工作情况而决定。减压阀不能控制输出油液流量大小，当减压后的流量需要控制时，应另设流量控制阀。减压阀的流量规格应由实际通过该阀的最大流量选取，在使用中不宜超过推荐的额定流量。

顺序阀的规格主要根据通过该阀的最高压力和最大流量来选取。应注意顺序阀开启后的工作压力可能比其调定压力还高，但在选择顺序阀时，其最高工作压力应比阀的额定压力低或接近。选择顺序阀的额定流量应大于或等于通过该阀的最大流量。在顺序动作中，顺序阀的调定压力应比先动执行元件的工作压力至少高0.5 MPa，以免压力波动产生误动作。

压力继电器能够发出电信号的最低工作压力和最高工作压力的差称为调压范围，压力继电器也应在其调压范围内选择。对于一般接入控制油路上的各类阀，由于通过的实际流量很小，因此可按该阀的最小额定流量规格选取，使液压装置结构紧凑。

4.3 流量控制阀及其应用

液压系统中执行元件的运动速度的大小是通过调节进入执行元件的流量的多少来实现的。流量控制阀就是在一定的压差下利用节流口通流截面的变化来调节液体通过阀的流量。

4.3.1 节流口的形式及特点

(1)节流口的形式

任何一个流量控制阀都有一个节流构造,称为节流口。改变节流口的通流截面积大小,就可以改变液流流经节流口时所产生的阻力损失,从而控制通过节流口的流量大小,达到调节执行元件运动速度的目的。

图4.56所示为几种典型节流口的构造形式。它们分别通过轴向移动或旋转阀芯来调节通道截面的大小以调节流量。由于节流口的构造形式不同,在调节过程中,节流口变化规律差异较大,因而调节性能的差别也比较明显。对于(a)、(b)、(c)形式节流口,构造简单,制造比较方便,但由于通道长且直径小,容易堵塞,工作性能较差,只适用于要求不高的场合。而(d)、(e)形式节流口,构造较复杂,但它们接近于薄壁小孔式,节流通道短,不易堵塞,工作性能较好,适用于流量调节性能要求高的场合。

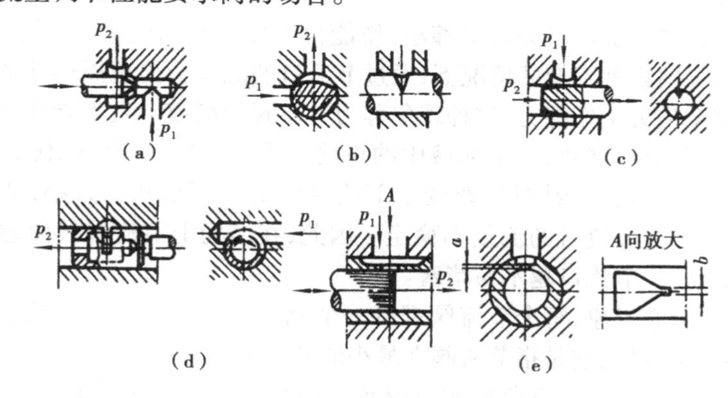

图4.56 节流口的形式

(2)节流口的流量特性公式

实际使用的节流口实际上是介于薄壁孔和细长孔之间的,故其流量特性常用下式来描述:

$$q = CA\Delta p^{\Phi} \tag{4.5}$$

式中 q——通过节流孔口的流量;

C——由节流口形式、液体的流态、油液性质决定的流量系数;

A——节流口通流截面积;

Δp——节流口前、后的压力差;

Φ——节流阀指数,由节流口形状决定。对于细长孔 $\Phi=1$,对于薄壁孔口 $\Phi=0.5$,介于二者之间的 $\Phi=0.5\sim1$。

上式表明,如果用一定的机构来调节通流截面积 A,就可以调节流量 q,这正是流量控制阀的基本工作原理。此外,要使节流口的流量保持一定,还要考虑到在工作过程中,节流口前后的压力差和油温等可能产生的变动及其补偿问题。

(3)影响节流口流量稳定性的因素

液压系统在工作时,希望节流口大小调节好后,流量 q 稳定不变。但实际上流量总是有

变化,特别是小流量时。根据式(4.5)可知,影响流量稳定性主要有以下因素:

1)压力差 Δp

通过节流口的流量 q 和节流口前后的压力差 Δp 是直接相关的。在同一个节流口开度下,即在 A 相同的条件下,若 Δp 变化,则 q 必然变化。因此,要使流量保持稳定,就要使 Δp 保持恒定。调速阀就是按这一原理工作的。同时,节流阀指数 Φ 对阀的性能也有影响,Φ 值小,则 Δp 变化后对 q 的影响就小一些,所以薄壁孔节流($\Phi=0.5$)比细长孔节流($\Phi=1$)的流量稳定性受 Δp 变化的影响要小。

2)油温的变化

油液温度变化时其黏度也将发生变化。对于细长孔,当油温升高使液体黏度降低时,流量就会增加,所以节流通道长时温度对流量的影响大。而对于薄壁孔,液体的温度对流量的影响是很小的。因此,要求流量阀在工作温度变化时流量仍保持稳定,其节流口都应尽量采用薄壁孔的形式。

3)节流口的堵塞

从理论上讲,只要把节流口关得足够小,便能得到任意小的流量。实际上当节流口开度很小时,在保持其他因素都不变的情况下,通过节流口的流量会出现周期性的脉动,甚至造成断流,使节流阀完全失去工作能力,这种现象称为节流阀的堵塞。发生堵塞现象的主要原因,一是油液污染造成节流口堵塞,二是油液中的极化分子与金属表面的吸附作用,使节流缝隙的表面形成一层牢固的边界吸附层,改变了节流缝隙的几何形状和大小,造成节流口堵塞。节流口的堵塞也使通过节流口的流量不稳定。因此,在结构上节流口表面越光滑、水流直径越大、节流通道越短时,节流口越不易堵塞。

由于节流阀的堵塞现象,每个节流阀都有一个能正常工作的最小流量限制,这个限制值称节流阀的最小稳定流量,它是指节流阀在最小的开口量和一定的压差下能够长期保持其调节的流量恒定。目前国产轴向三角槽式节流阀的最小稳定流量在(30 ~ 50)mL/min,而薄壁小孔式节流阀的最小稳定流量在 20 mL/min 左右。

4.3.2 节流阀

(1)普通节流阀的结构和工作原理

普通节流阀是流量阀中结构最简单,使用最普遍的一种,它的结构和图形符号如图 4.57 所示。普通节流阀实际上就是由节流口与用来调节节流口开口大小的调节元件组成,即由带轴向三角槽的阀芯 1、阀体 2、调节手把 3、顶杆 4 和弹簧 5 等组成。

压力油 p_1 从进口进入阀体,经孔道 a、节流口、孔道 b,再从出口流出,出口油液压力为 p_2。调节手把可使阀芯 1 轴向移动从而使节流口通道大小发生变化,以调节通过阀腔流量的大小。弹簧可使阀芯始终压向顶杆。阀芯上的通道 c 是用来沟通阀芯两端,使其两端液压力平衡,并使阀芯顶杆端不致形成封闭油腔,从而使阀芯能轻便移动。

(2)单向节流阀

图 4.58 所示为单向节流阀的结构和图形符号。油液正向流动时,从进油口 3 进入,经阀芯 2 和阀体 4 之间的节流缝隙从出油口 5 流出,此时单向阀不起作用。

当反向流动时,油液从反向进油口 5 进入,靠油液的压力把阀芯压下,使油液通过,从油口3流出。这时此阀只起通道作用而不起节流调速作用。节流缝隙的大小可通过手柄进行调节。通道10将高压油液引到活塞6的上端,使其与阀芯下部的油压相互平衡,便于在高压下进行调节。

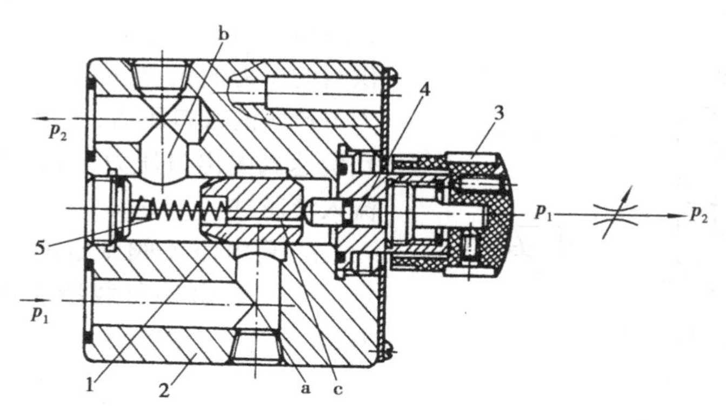

图4.57 普通节流阀

1—阀芯;2—阀体;3—调节手把;4—顶杆;5—弹簧

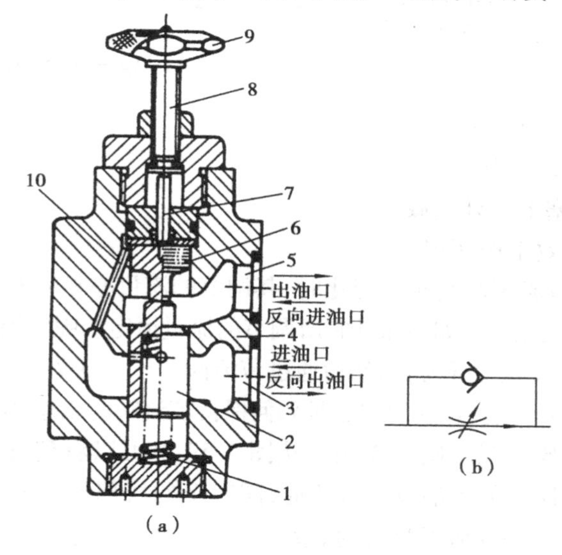

图4.58 单向节流阀

1—弹簧;2—阀芯;3、5—油口;4—阀体;
6—活塞;7—顶杆;8—调节螺杆;9—调节手柄;10—阀体

4.3.3 调速阀

节流阀在工作过程中,虽然阀前的液压力由溢流阀保持恒定,但随着执行元件的负载变化,节流阀出口的液压力就产生变化,节流阀前后的压力差也就发生了变化,因此,进入执行元件的流量就时大时小,造成运动速度不稳定。

为了避免负载变化对执行元件速度的影响,采用了能保持节流阀前后压力差恒定不变的流量阀,这就是调速阀。

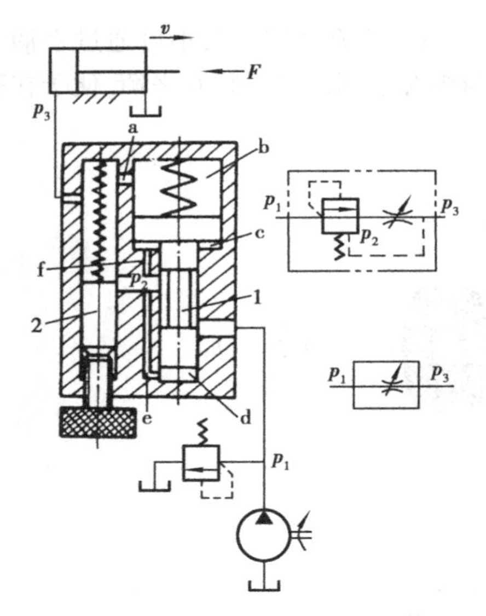

图 4.59　调速阀的工作原理和符号

1—定差减压阀阀芯;2—节流阀

图 4.59 所示为调速阀的工作原理图和图形符号。

从原理图上可以看到,调速阀是由一个定差式减压阀串联一个普通节流阀组成的。液压泵供给的压力油 p_1 进入减压阀,其出口压力 p_2 作为节流阀的入口压力,节流阀出口压力 p_3,也就是调速阀的出口压力,油液从出油口流出,最后流入液压缸。

p_1 是由溢流阀调定的压力,基本上维持恒定值。p_3 是由外负载所决定的调速阀出口压力,其值为:

$$p_3 = \frac{F}{A_1} \tag{4.6}$$

调速阀两端的压力差为 $\Delta p = p_1 - p_3$,将式(4.6)代入则得:

$$\Delta p = p_1 - p_3 = p_1 - \frac{F}{A_1} \tag{4.7}$$

式中　p_1——调速阀入口压力;

p_3——调速阀出口压力;

F——作用在活塞上的外负载;

A_1——活塞的有效工作面积。

人们已经知道,当节流阀两端压差变化时,其调节的流量亦相应发生变化,使速度不稳定。调速阀两端的压差发生变化时是如何保证它所调节的流量恒定的呢?当压力油 p_1 进入调速阀,首先通过其中的减压阀,使压力降为 p_2,然后通过节流阀使压力变为 p_3 与外部负载相适应。节流阀两端的压差为 $\Delta p_j = p_2 - p_3$。现在的问题是如何保持节流阀的压差 Δp_j 恒定。

下面分析一下调速阀中减压阀的作用。从图 4.59 上可以看到,减压阀阀芯 1 的上端弹簧腔 b 经孔道 a 与节流阀 2 的出油口(p_3)相通;阀芯 1 的肩部 c 和下端 d 经孔道 f,e 与节流阀 2 的入端(p_2)相通。当外载荷 F 增加时,液压力 p_3 也增加,这时 p_3 通过 a 孔作用在减压阀阀芯 1 的上端,使上端作用力增大,破坏阀芯原来的平衡状态,使阀芯下移。减压阀的开口加大,通过减压阀的压力降减小,使 p_2 也增大,而使 $\Delta p_j = p_2 - p_3$ 基本上能保持原来的数值不变,当外部载荷减小时,p_3 也减小,同理阀芯 1 又失去平衡而上移,此时减压阀的开口减小,液流通过减压阀的压力损失增大,使 p_2 也跟随降低,同样使 $\Delta p_j = p_2 - p_3$ 仍保持不变。由于减压阀可保持节流阀两端压差为常数(故称定差式减压阀),因而流过节流阀的流量也就稳定不变了。

减压阀稳定工作时其阀芯上所受力的平衡方程式为:

$$p_2 A_g = p_3 A_g + F_s + G + F_f \tag{4.8}$$

式中　p_2——节流阀入口压力,即减压阀的出口液压力;

p_3——节流阀出口液压力;

A_g——减压阀阀芯大端面积;

F_s——减压阀弹簧的作用力；

G——减压阀阀芯自重；

F_f——阀芯移动时的摩擦力。

如略去 G 和 F_f 的影响可得：

$$\Delta p_j = p_2 - p_3 = \frac{F_s}{A_g} \tag{4.9}$$

考虑到弹簧是起恢复作用的，刚性较小，当阀芯移动时，由于弹簧压缩量的变化所附加的弹簧作用力的变化是很小的，即 F_s 近似为常数，因而可认为 $p_2 - p_3$ 是一个常数，亦即通过调速阀的流量基本不变，这就保证了执行元件运动速度的稳定性。

调速阀正常工作时，要求调速阀两端的压差至少为0.5 MPa，这从图4.60所示的特性曲线图上可看出。节流阀的流量随着压力差的变化而按近似平方根曲线规律变化，而调速阀在压力差大于一定数值后，流量基本是稳定的。调速阀在压差很小时，调速阀中的减压阀阀芯在弹簧力作用下，使减压阀开口全部打开，减压阀不起作用，这时调速阀的特性就和节流阀相同。

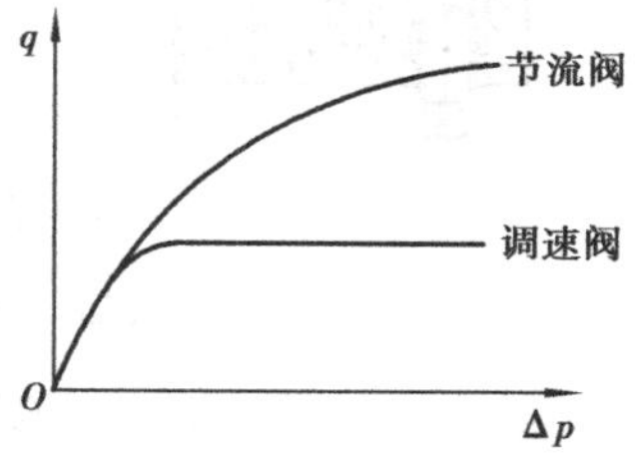

图4.60 节流阀和调速阀的特性曲线

调速阀与普通节流阀一样，对温度和堵塞现象敏感，为了弥补温度对流量稳定性的影响，可以采用带温度补偿装置的调速阀。所不同的是节流阀内有一根温度补偿杆，它采用热膨胀系数较大的高强度聚氯乙烯塑料制成，用以附加控制节流开口的大小。人们知道，油温升高后，黏度降低，通过节流口的流量将增大，而受热膨胀的温度补偿杆推动节流阀阀芯，使节流开口减小，限制流量的增大。反之，若温度降低，黏度增加，流量将减小，此时补偿杆收缩拉回节流阀芯，使节流开口增大，以维持流量在温度变化前的数值。利用这种方法，可部分地补偿温度变化的影响。如要根本解决问题，则必须控制油温的变化。

4.3.4 溢流节流阀

除调速阀可以比较稳定地控制流量以外，还可采用定差溢流阀与节流阀并联组成溢流节流阀来控制流量，同样可以达到稳定流量的效果。图4.61所示为溢流节流阀的工作原理和图形符号。

溢流节流阀有一个进口，两个出口，进油口与液压泵相连，出油口与液压缸相接，回油口与油箱相通。压力油 p_1 从进油口流入，一路经节流阀4节流后由出油口流入液压缸，压力降为 p_2，一路经溢流阀3的溢流口流回油箱。溢流阀阀芯大端的弹簧腔a与节流阀的出油口相通，压力为 p_2，而其肩部油腔b和小端部的c腔接通入口压力油 p_1。当负载 F 增大引起出口液压力 p_2 增大时，溢流阀阀芯a腔压力增加，阀芯3下移，溢流口减小，使液压泵提供的压力油 p_1 增加，因而使节流阀前后的压差 $p_1 - p_2$ 可基本保持不变。当 p_2 减小时，溢流阀阀芯a腔的压力亦减小，溢流阀阀芯受力平衡被破坏而向上移动，溢流口加大，使进口压力 p_1 下降，仍保持节流阀前后的压力差 $p_1 - p_2$ 基本上不变。如略去阀芯自重和移动时的摩擦力影响，溢流阀阀芯在稳态工作时受力平衡方程式为：

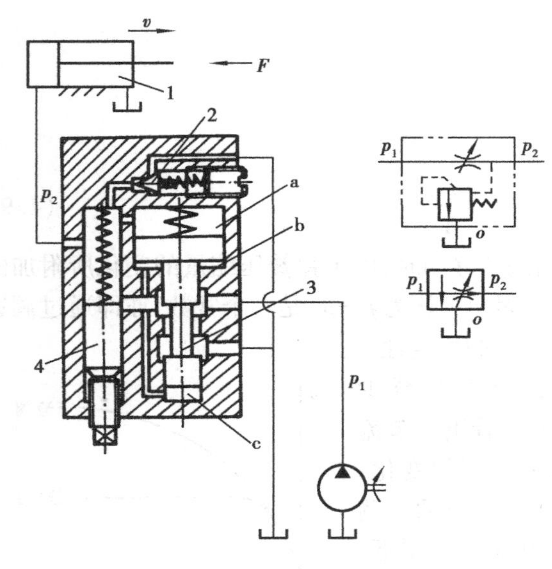

图 4.61　溢流节流阀

$$p_1A_y = p_2A_y + F_s$$

$$p_1 - p_2 = \frac{F_s}{A} \tag{4.10}$$

式中　p_1——节流阀入口压力，即液压泵供油压力；

p_2——节流阀出口压力，即由外负载决定的压力；

A_y——溢流阀阀芯的大端面积，也就是阀芯肩部 b 与下端 c 的有效面积之和；

F_s——溢流阀阀芯大端 a 腔的弹簧作用力。

由于溢流阀上端的弹簧较软，在工作过程中阀芯的移动量较小，故弹簧力变化很小，因此溢流阀阀芯两端的压力差基本上不变，所以节流阀前后的压力差基本上为一常量，这就保证了通过节流阀的流量不受负载变化的影响，流量基本上是稳定的。

安全阀 2 用以防止系统过载，它与节流阀的出油口相通，当出口油压 p_2 增大到等于安全阀的调定压力时，安全阀打开溢流，它相当于先导式溢流阀的先导部分。

4.3.5　调速阀与溢流节流阀的比较

①调速阀由定差减压阀和节流阀串联而成；溢流节流阀由定差溢流阀和节流阀并联而成。

②调速阀的进口压力为恒压，不随执行元件负载的变化而变化；溢流节流阀的进口压力是变化的，负载压力越大，阀的进口压力也就越高。

③液压泵的部分流量流过调速阀，定差减压阀芯运动时阻力较小，减压阀弹簧较软；溢流节流阀通过泵的全部流量，溢流阀芯运动时阻力较大，溢流阀弹簧较硬。

④调速阀节流口上的压力差较小，为 0.1 ~ 0.3 MPa，泵消耗的功率较大，发热也较大；溢流节流阀节流口上下游的压力差较大，为 0.3 ~ 0.5 MPa，泵消耗的功率较小，发热也较小。

4.3.6　分流阀

(1)分流阀的用途和分类

分流阀又称为同步阀。其作用是控制两个或两个以上的执行元件的进油或出油的流量分配，并使其实现相同的速度运动。应用分流阀实现了执行元件速度同步，使系统结构简单，使用方便，精度容易保证(一般可达到 5% 以上的分流精度)。

根据流量分配的不同，分流阀分为等量分流和比例分流两种，等量分流阀的各分支流量相等，比例分流阀的分流流量不相等，相互间成一定的比例关系。

根据液流的方向，分流阀还可以分为出口分流阀、进口分流阀(也称集流阀)、双向分流阀

（也称分流集流阀）、单路稳定分流阀等，其图形符号分别如图 4. 62 所示。

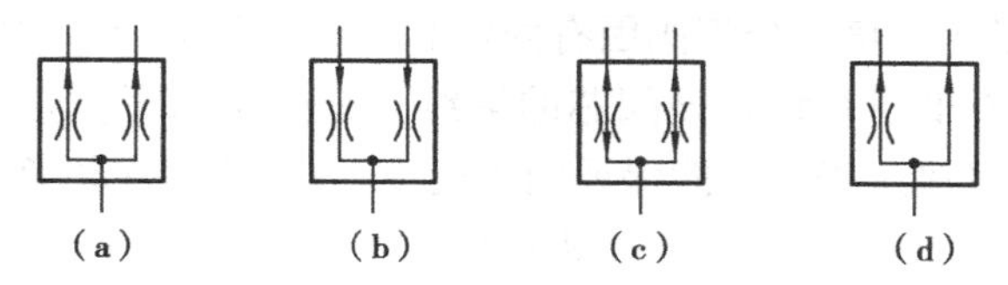

图 4. 62　分流阀的图形符号

(a)分流阀　(b)集流阀　(c)分流集流阀　(d)单路稳定分流阀

(2)分流阀的工作原理

如图 4. 63 所示，分流阀可以看作是由两个具有压力补偿的流量控制阀结合为一体构成的，它是具有压力反馈结构的流量调节器。压力油从进油口流入，然后分成两路，经两个尺寸相同的固定节流口，两个可变的节流口 6 和 8 后从两出油口流出。两个固定节流孔前的压力都是 p_0，而固定节流口后的压力分别为 p_1 和 p_2，如果 $p_1=p_2$，则两个固定节流口前后的压力差 Δp 相等，即

$$\Delta p = p_0 - p_1 = p_0 - p_2 \tag{4.11}$$

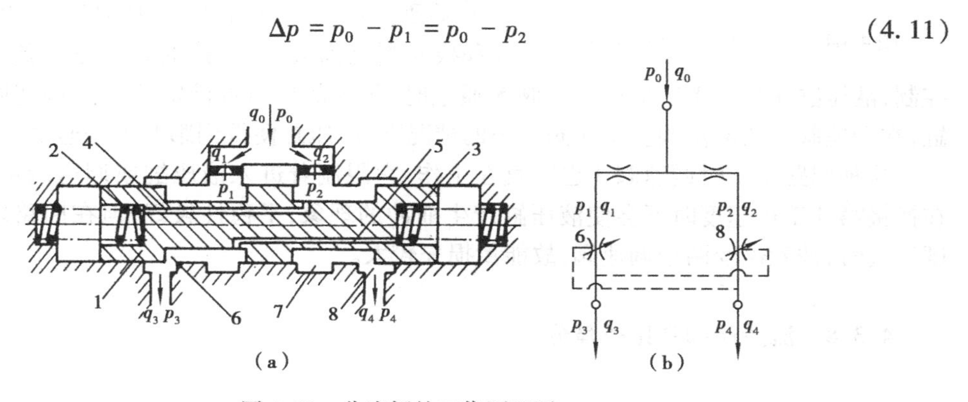

图 4. 63　分流阀的工作原理图

由于两个固定节流口尺寸相同，所以它们的流量系数相等，通流截面积也相等，因而通过两个固定节流口的流量相等。根据连续性原理，两个出油口的流量这时也相等，即 $q_3=q_4$。

若分流阀所控制的执行元件的负载不相等，则两个出油口的压力 p_3 和 p_4 不相等，假设 $p_3>p_4$，此时二者流量也不相等，$q_3<q_4$。由于滑阀的压力补偿作用，p_3 压力油经通道 5 作用到滑阀右端，同样 p_4 压力油经通道 4 作用于滑阀左端，由于 $p_3>p_4$，在压力差作用下滑阀向左移动，因此使可变节流口 6 开口面积加大，压力降减小，流量 q_3 增加。另一方面节流口 8 开口面积减小，此处压力降增大，流量 q_4 减小，这样油腔 7 的压力升高至 $p_1=p_2$，滑阀又处于平衡位置，从而使两出口的流量相等。分流阀(集流阀)的关键是保持固定节流口上的压力差相等，只要这个条件成立，分流阀两出口流量就相等。

4. 3. 7　流量阀的选择和应用

流量阀的规格仍根据通过该阀的最高压力和最大流量来选取，同时要考虑其最小稳定流量是否满足该执行元件最低运动速度的要求和调速性能的要求。

在使用中，节流阀的进出油口可以反接，但调速阀当油路反向流动时将不起作用。分流

阀固定节流孔的压力差与工作流量的大小有关,为了保证分流阀的精度,一般希望最大工作流量不应超过最小流量的一倍。分流阀因有固定和可变两重节流口,故阀的进出油口之间的压差损失较大,不宜用在低压系统。该阀芯的轴线只宜处于水平位置,若垂直安放则影响同步精度,又因分流阀在过渡过程中不能保证同步精度,故不能用在频繁换向的系统。

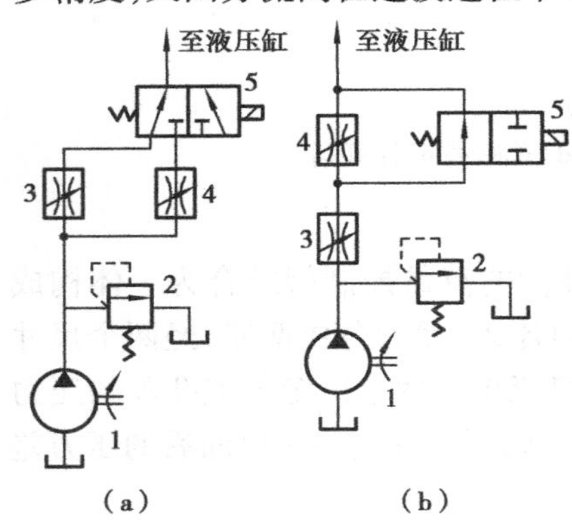

图 4.64　调速阀的速度换接回路

图 4.64(a)所示为调速阀并联的速度换接回路。调速阀 3 和 4 并联,阀的出口经换向阀与液压缸联接,两个调速阀的调整流量不同,切换换向阀便可使液压缸获得不同的工作速度。这种回路的特点是各调速阀的开口可以单独调整,互不影响,但一个调速阀工作时,另一个调速阀中没有油液流过,它的减压阀处于完全打开的状态,因此,当换向阀切换到使它工作时,液压缸会出现前冲现象。

图 4.64(b)所示为调速阀串联的速度换接回路,其工作原理为:换向阀断电时,液压泵输出的油液经调速阀 3 和换向阀流到液压缸,这时缸的进油流量由调速阀 3 控制,液压缸获得第 Ⅰ 工进速度。阀 5 通电时,阀 3 的出口油液需要经过调速阀 4 流到液压缸,在调速阀 4 的流量调整得比阀 3 小的情况下,液压缸便得到第 Ⅱ 工进速度。

这种回路工作时调速阀 3 也一直在工作,它限制着进入液压缸或调速阀 4 的流量,因此在换接第 Ⅱ 工进速度时不会使液压缸产生前冲的现象,平稳性较好,但在回路以第 Ⅱ 工进速度工进时,油液需经两个调速阀,故能量损失较大。

4.3.8　流量阀的常见故障分析

(1)节流阀的故障分析

1)节流失灵或调节范围不大

流量调节失灵是指调整节流手轮后出油腔流量不发生变化,其主要原因有以下几种:

原因 1　阀芯径向卡住而不起作用。当阀芯在全关位置发生径向卡住时,调整调节手轮后出油腔无流量;当阀芯在全开位置或节流口调整好开度后径向卡住,调整调节手轮出油腔流量不发生变化。解决方法是在发现阀芯径向卡住后对其进行清洗,排除脏物或除去毛刺。

原因 2　节流孔阻塞。解决方法是清洗节流口,更换油液。

原因 3　节流阀阀芯和阀体的间隙大而造成的内部泄漏以及系统内部泄漏,这样往往导致流量调节范围不大。解决方法是检查出泄漏大的部位,更换零件或修理。

当单向节流阀进、出油腔接反时(接反后起单向阀作用),调整调节手轮后,流经阀的流量也不会发生变化。

2)流量不稳定

节流阀和单向节流阀在节流口调整好并锁紧后,有时会出现流量不稳定现象,特别是在最小稳定流量时更容易发生。引起流量不稳定,从而造成节流阀控制的执行元件速度不稳定的主要原因是锁紧装置松动,节流口部分堵塞,油温升高以及负载压力发生变化等。

(2)调速阀的故障分析

1)流量调节失灵

原因1 减压阀芯或节流阀芯径向卡住而不起作用。当减压阀芯或节流阀芯在全闭位置时,径向卡住会使出油腔没有流量;在全开位置(或节流口调整好)时,径向卡住会使调整调节节流部分出油腔流量不发生变化。

原因2 节流调节部分出现故障导致调节螺杆不能轴向移动,使出油腔流量也不发生变化。

2)流量不稳定

当调速阀的节流口调整好并锁紧后,有时会出现流量不稳定现象,特别在最小稳定流量时更容易发生。

主要原因是锁紧装置松动,节流口部分堵塞,油温升高,进、出油腔最小压差过低和进、出油腔接反等。

油液反向通过调速阀时,减压阀对节流阀不起压力补偿作用,使调速阀变成节流阀,故当进、出油腔油液压力发生变化时,流经的流量就会发生变化,从而引起流量不稳定。

3)内泄漏量增大

调速阀节流口关闭时,是靠间隙密封,因此不可避免有一定的泄漏量,故它不能作为截止阀用。当密封面(定差减压阀芯、节流阀芯和单向阀芯密封面等)磨损过大后,会引起内泄漏增加,使流量不稳定,尤其会影响到最小稳定流量。

(3)分流(集流)阀的故障分析

1)同步失灵

主要原因是阀芯径向卡住。分流(集流)阀为了减少泄漏量对速度同步精度的影响,一般阀芯和阀体之间的配合间隙较小,所以在系统油液污染或油温过高时,阀芯容易发生径向卡住,因此在使用时应注意油液的清洁度和温度。

2)同步误差大

主要原因是使用流量过小和进出油腔压差过低等。分流阀固定节流孔前后油液压差小,同步精度就低,通过分流阀的流量过小也会引起速度同步误差增大的现象。所以分流阀的使用流量一般不应低于公称流量的25%,进出油腔压差不应低于1 MPa。

4.4 电液比例控制阀及其应用

4.4.1 电液比例控制阀的特点

电液比例控制阀简称比例阀,其结构特点是由比例型电磁铁与液压控制阀两部分组成。相当于在普通液压控制阀上装上比例型电磁铁以代替原有的手调控制部分。电磁铁接收输入的电信号,连续地或按比例地转换成力或位移。液压控制阀受电磁铁输出的力或位移控制,连续地或按比例地控制油液的压力和流量。

比例阀实现连续控制的核心是采用了比例型电磁铁,电磁铁是一种通电后使铁磁物质产生电磁吸力,把电能转变为机械能的电气元件。比例型电磁铁的工作原理如图4.65所示。当线圈2通电后,磁轭1和衔铁3中都产生磁通,产生电磁吸力,将衔铁吸向轭铁。衔铁上受的电磁力和阀上的或电磁铁上的弹簧力平衡,电磁铁输出位移。当衔铁3运动时,气隙δ保持恒值并无变化,所以比例型电磁铁的吸力F和δ无关,其静特性如图4.66所示。图中纵坐标是比例型电磁铁的吸力F,横坐标是衔铁的行程s。

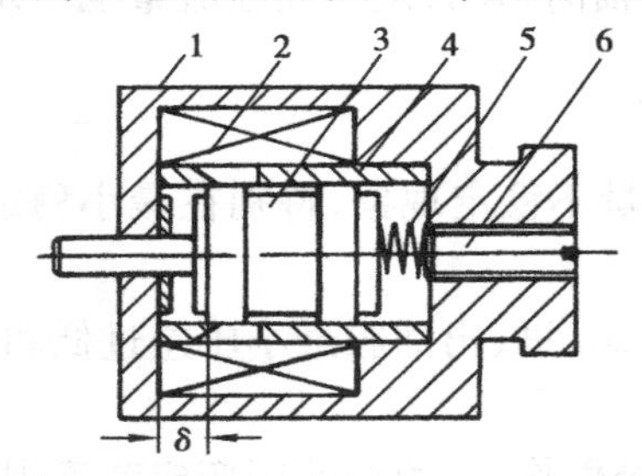

图4.65 比例型电磁铁原理

1—磁轭;2—线圈;3—衔铁;4—导磁套;
5—调整弹簧;6—调整螺钉;δ—气隙

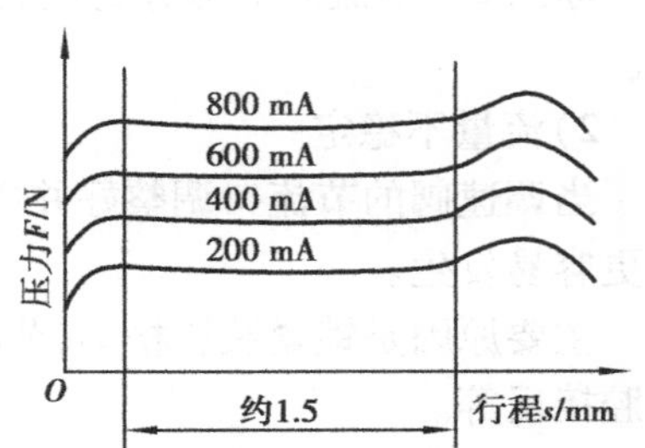

图4.66 比例型电磁铁的静特性

由图可得出如下结论:

①在s很小,或s很大时,力F随行程s而变化,不宜作为工作区段。

②在s大约为1.5 mm的中间区段,曲线大体上呈水平的平行线,这个区段的曲线可作为工作区段曲线。一般说来,比例型电磁铁的有效工作行程小于开关型电磁铁的有效工作行程。

③比例型电磁铁的吸力在有效行程内和线圈中的电流成正比。

④比例型电磁铁的吸力在有效行程内和衔铁位置无关。

比例阀具有以下优点:

由于比例阀实现了用电信号对液体压力、流量和流向的控制,可进行远距离控制,构成自动控制系统,既可开环控制,也可闭环控制;因其能连续地、按比例地对压力和流量进行控制,控制方便且可避免压力和流量有级切换时的冲击;抗污染性能优于伺服阀,制造比伺服阀简单,价格低于伺服阀,但高于普通液压控制阀;一个比例阀可兼有几个普通液压阀的功能,可简化回路,减少阀的数量,提高了可靠性。

4.4.2 电液比例控制阀的结构和工作原理

根据控制的参数和用途的不同,比例阀可分为比例压力阀、比例流量阀和比例方向阀。下面对这几种阀作简单介绍。

(1)电液比例压力阀

比例压力阀也分为直动式和先导式两大类。在先导式比例压力阀中,关键部件是比例先导阀。比例先导阀可以和溢流阀、减压阀、顺序阀组合成先导式比例溢流阀、先导式比例减压阀和先导式比例顺序阀。主阀部分和本章第二节中讲述的溢流阀、减压阀、顺序阀原理相同,结构大同小异。

比例先导阀的工作原理如图4.67(a)所示,4.67(b)是其图形符号。

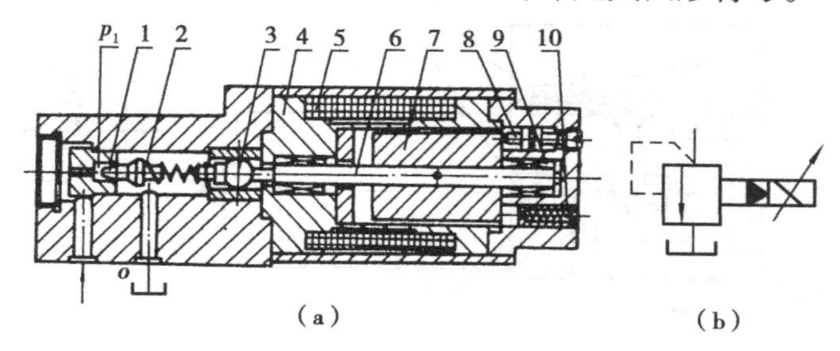

图4.67 比例先导阀原理

(a)结构原理 (b)符号

1—锥阀;2—弹簧;3—带球头的导杆;4—比例型电磁铁本体;5—线圈;
6—推杆;7—衔铁;8—手动调压螺钉;9—轴承;10—空气排出阀

当比例型电磁铁4的线圈5通电时,则产生电磁力,电磁力的大小和线圈中的电流成正比。衔铁7在电磁力作用下向左移动,通过钢球3和传力弹簧2,将电磁力传到锥阀芯1的右端,锥阀在弹簧力作用下紧紧地压在阀座上。液压油从压油口进入并在锥阀芯的左端作用有液压力。二者平衡,弹簧2受到一定程度的压缩。所以锥阀芯的上游压力p_1正比于线圈5中的电流,锥阀芯的下游通油箱压力为零。

从图4.66可知,比例型电磁铁的有效工作行程为1.5 mm左右。在比例先导阀中,锥阀芯的最大开口量和弹簧的最大变形量之和约为1 mm,故可保证比例型电磁铁在有效工作行程中工作。在有效工作行程内,电磁力的大小只决定于线圈中控制电流的大小而和衔铁(推杆6)的位移无关。故连续调节控制电流时,先导阀的调定压力p_1也成正比地连续变化。

传力弹簧2只起传递力的作用,和普通先导阀的调压弹簧不同,它不需要预压缩量。所以刚度可以较大,弹簧刚度不影响阀的静特性。因为阀的流量变化时,虽然锥阀的开启度发生变化,但只要比例型电磁铁的控制电流不变,弹簧的压缩量也就不变。

当比例型电磁铁出现故障时,用手动调压螺钉8可以调压。若压力摆动严重,可将放气阀10的钢球压下,排出空气。

本阀也可以作为直动式比例溢流阀单独使用。

(2)电液比例流量阀

图4.68所示为电液比例调速阀,现以比例调速阀为例说明比例流量阀的工作原理。

当比例电磁铁5的线圈上通有控制电流时,电磁力通过推杆4作用于节流阀芯的右端,节流阀芯3左移压缩弹簧,弹簧反力作用于阀的左端。当电磁力和弹簧力平衡时,阀芯3处于平衡位置,形成的节流口开口度为h。

当h很小时,可认为节流阀的通流面积和h成正比,又因减压阀芯1的调节作用,使节流口上下游的压力差为常数,故可认为调速阀的出口流量和节流开口度h成正比,和比例型电磁铁中的控制电流成正比。只要改变控制电流的大小,即可改变调速阀出口流量的大小。当控制电流不变时,阀的出口流量保持稳定。

在比例型电磁铁的线圈上,除控制电流外,可加上颤振电流分量使节流阀芯3产生高频、小振幅的振动,消除节流口的阻塞现象。所以比例调速阀比普通调速阀可得到更小的稳定流量。

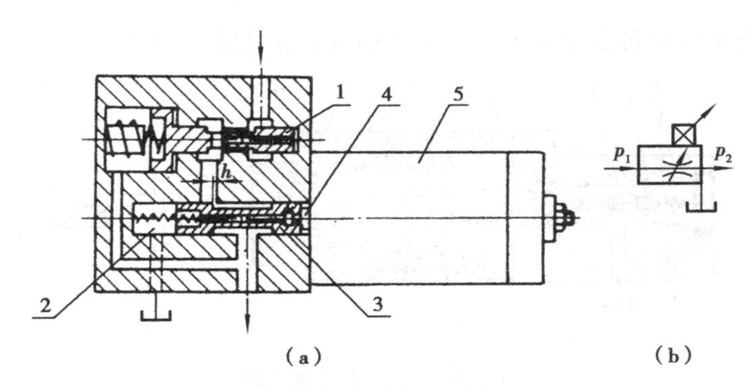

图 4.68 比例调速阀
(a)结构原理 (b)符号
1—减压阀芯;2—节流阀弹簧;3—节流阀芯;4—推杆;5—比例电磁铁

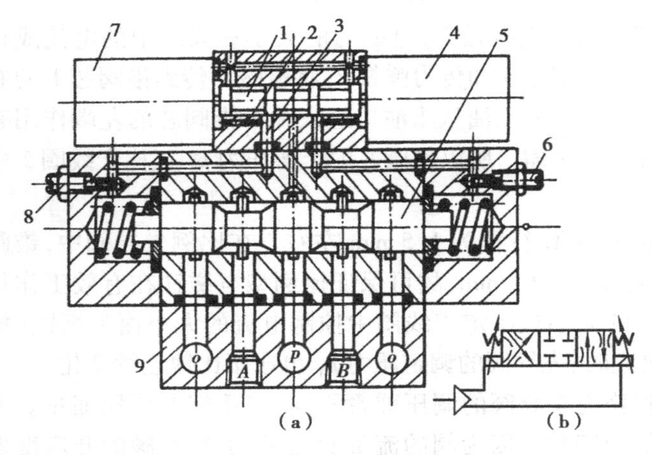

图 4.69 电液比例方向阀
1—减压阀芯;2、3—油道;4、7—比例型电磁铁;
5—液动阀芯;6、8—节流阀;9—连接板

(3)电液比例方向阀

图 4.69 所示为电液比例方向阀,它是由液动换向阀、减压阀和比例型电磁铁 3 部分组成。一般用电液比例减压阀作为先导阀,利用比例减压阀的出口压力来控制液动换向阀的正反开口量,从而控制液压系统的流量大小和液流方向。

当比例型电磁铁 4 的线圈上通有控制电流时,电磁力通过推杆使减压阀芯 1 向左移动。这时压力油 p 经减压阀减为 p_1,从油道 3 进入液动阀 5 的左端,推动阀 5 向右移动,使 A 腔与压力油 p 相通。在油道 3 内设有反馈孔 2,将 p_1 引至减压阀的左端,形成压力反馈。当 p_1 的作用力与电磁力相等时,减压阀处于平衡状态,液动换向阀有一个相对应的开口量。

当输入电信号给比例电磁铁 7 时,液动换向阀向左移动,B 腔与压力油 p 相通,油液换向。

加在比例型电磁铁上的电流越大,阀芯的位移也越大,阀口开启度也越大,流量也就越大。可见通过比例方向阀的油液流量大小和液流方向可以由输入电信号进行连续控制,在改变液流方向的过程中,还改变了流量的大小。

在液动换向阀的两端盖上分别设有节流阀 6 和 8,可以根据需要调节液动换向阀的换向时间。此阀安装在连接板 9 上。

4.4.3 电液比例阀的静特性

电液比例阀的输出量随输入信号在稳态工作时的变化关系称为静特性。比例阀的静特性指标对所有比例阀都存在,但对不同的阀,或对同一个阀要求不同时,静特性指标的数值不同。

(1)磁滞

设阀的被控参量为K,K即指阀的输出压力或阀的输出流量。以K为纵坐标,以控制电流I为横坐标,作出的阀的静特性如图4.70所示。图中曲线1为K值随着I值增加的曲线,曲线2是K值随着I值减小的曲线(由于磁路中存在着磁滞和运动件存在着黏性摩擦,压力或流量随控制电流增加而上升的曲线和压力或流量随控制电流减小而下降的曲线并不重合,但它们大体上接近直线)。对应着同一I值,K值的差为ΔK,对应着某个$I=I_1$时$\Delta K=\Delta K_{max}$,人们把$\Delta K_{max}/K_1$作为衡量磁滞的指标。ΔK_{max}越小越好。

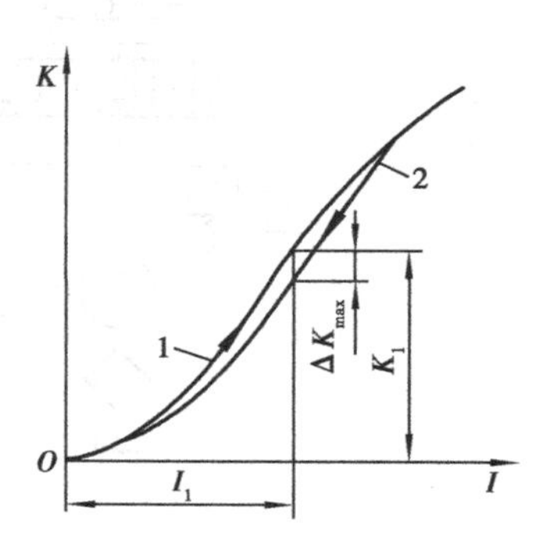

图4.70 比例阀的静特性

(2)线性

线性是指K-I曲线各点斜率的一致性。若各点斜率均相同,曲线成为直线则线性最好。

(3)重复性

沿一个方向(例如总是从零到最大)多次重复输入控制电流I,记录被控制量K的变化量ΔK,用ΔK_{max}和额定K之值的比来衡量重复性的好坏,ΔK值越小越好。

(4)分辨率

能使被控制量K产生一个规定的增量ΔK时,所需控制电流的增量ΔI。用ΔI_{max}和电流额定值的比来衡量分辨率,ΔI_{max}值越小越好。

4.4.4 电液比例阀的应用

(1)用于压力控制

设有一液压系统,工作中需要三级压力,用普通液压阀组成的回路见图4.71(b)所示。为了得到三级压力,压力控制部分需要一个三位四通换向阀和三个远程调压阀。

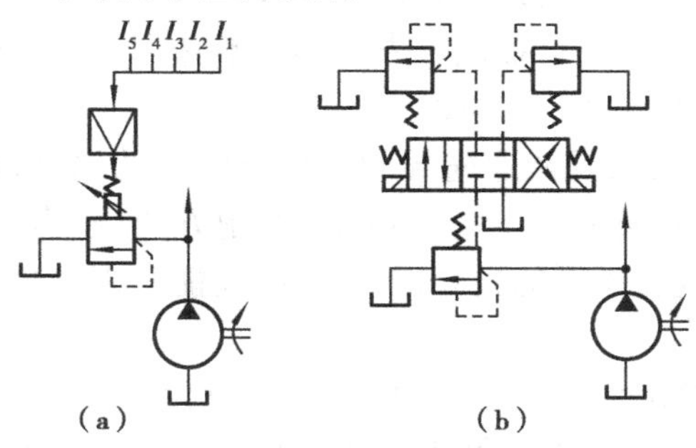

图4.71 电液比例溢流阀的应用

同样功能的回路,利用比例溢流阀可以实现多级压力控制,如图4.71(a)所示。当以不同的信号电流I输入时,即可获得多级压力控制,减少了阀的数量和简化了回路结构。若输入为连续变化的信号时则可实现连续,无级压力调节,这就可以避免压力冲击,因而对系统的性能也有所改善。

(2)用于流量控制

设有一回路,液压缸的速度需要3个速度段。用普通阀组成时如图4.72(a)所示。同样功能的回路若采用比例节流阀,则可简化回路结构,减少阀的数量,且3个速度段从有级切换可变成无级切换,如图4.72(b)所示。

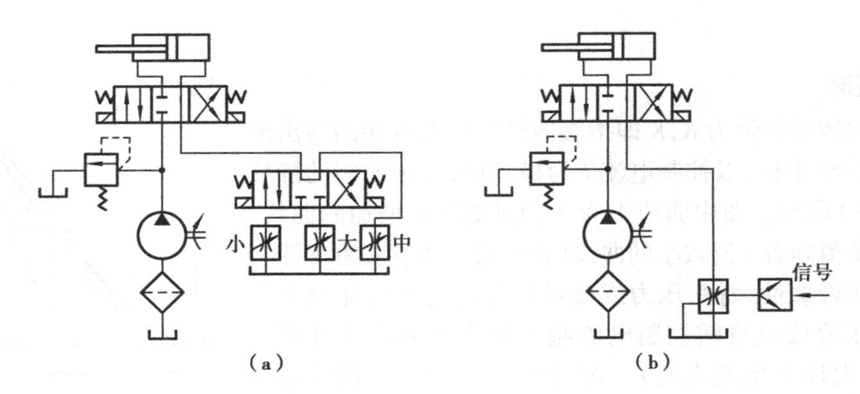

图 4.72　电液比例节流阀的应用

上面所举的两个例子是比例阀用于开环控制的情况。比例阀还可用于闭环控制，此时可将反馈信号加于电控制器，控制比例型电磁铁，可进一步提高控制质量。

4.5　二通插装阀及其应用

二通插装阀又称插装式锥阀或逻辑阀，简称插装阀。它是 20 世纪 70 年代初出现在高压、大流量液压系统中的一种新型开关式阀类。由于其独特的优越性，插装阀在塑料成型机械、压力机械及重型机械等方面得到了广泛的应用。目前，二通插装阀已标准化、系列化。

4.5.1　插装阀的结构和工作原理

二通插装阀是由先导阀、控制盖板和插装组件等组成的，如图 4.73 所示。

先导阀 1 安装在控制盖板 2 上，对插装组件的动作进行控制。先导阀一般选用小通径的普通标准阀（如溢流阀、电磁换向阀等），常用的通径为 $\phi6$ 和 $\phi10$。

控制盖板的作用是在其上安装先导阀和插装组件，是沟通先导阀和插装组件的油路，即控制盖板上设置有对插装组件的启闭起控制作用的通道等。阀的功能（控制方向、压力、流量）不同，控制盖板的结构也不相同。插装组件上配置不同的先导控制盖板，就能实现各种不同的工作机能。

插装组件又称主阀组件或插装单元。它通常由阀芯、阀套、弹簧和密封件等组成，如图 4.74 所示。图中 A、B 为主油路，K 为控制油路。插装组件的主要功能是控制主油路液流的通断。阀芯的结构有滑阀和锥阀两种，多采用锥阀。

阀的功能（控制方向、压力、流量）不同，插装组件的结构也不相同，它由 1 个或几个插装组件的组合实现一种或一种以上的功能。

插装阀的工作原理如图 4.74 所示，压力油分别作用在锥阀的 3 个控制面 A_a、A_b 和 A_k 上。其中 A_a 面总是处在 A 口压力油的作用下，A_b 面总是处在 B 口压力油的作用下，如果忽略锥阀的质量和阻尼的影响，作用在阀芯上的力平衡关系式为：

$$F_s + F_w + p_K A_k - p_b A_b - p_a A_a = 0 \tag{4.12}$$

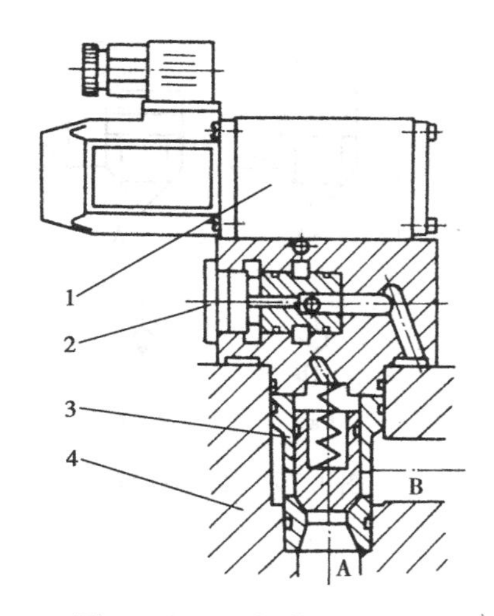

图4.73 二通插装阀的组成
1—先导阀;2—控制盖板;
3—插装组件;4—插装块件

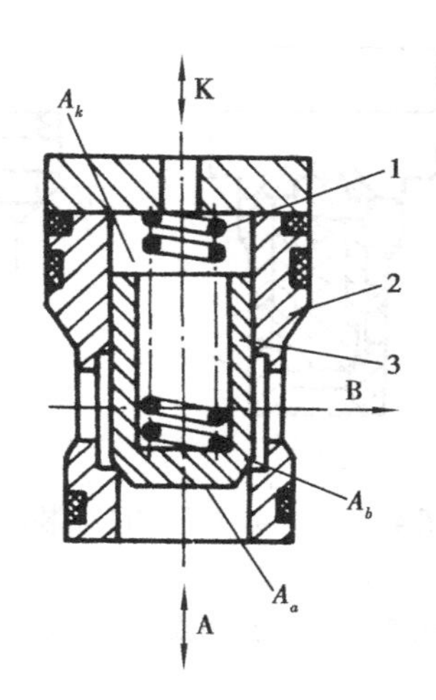

图4.74 插装组件
1—弹簧;2—阀套;3—阀芯

式中 F_s——作用在阀芯上的弹簧力;

F_w——阀口液流产生的稳态液动力;

p_k——控制口 K 的液压力;

p_b——工作油口 B 的液压力;

p_a——工作油口 A 的液压力;

A_a、A_b、A_k——分别为锥阀3个控制面的面积,且 $A_k=A_a+A_b$。

从式(4.12)可以看出,锥阀的启、闭与控制压力 p_k 以及工作压力 p_a 和 p_b 的大小有关,同时还与弹簧力 F_s、液动力 F_w 的大小有关。不计液动力影响,当 $F_s+p_kA_k>p_aA_a+p_bA_b$ 时,锥阀关闭,油口A和B不通,油路被切断;当 $F_s+p_kA_k<p_aA_a+p_bA_b$ 时,锥阀被打开,液流的方向视 p_a 与 p_b 的具体情况而定,当 $p_a>p_b$ 时,液体从A口流向B口,当 $p_b>p_a$ 时,液体从B口流向A口;当 p_k 等于零时(控制口通油箱),p_a、p_b 均可使锥阀打开,液流方向可以从A流向B,也可以从B流向A。因此,人们可以利用控制口的压力 p_k 的大小来控制锥阀的启闭,以及开口的大小,即控制油路的“通”和“断”两种状态,故称二通插装阀。

二通插装阀可用作方向控制阀、压力控制阀和流量控制阀等。

4.5.2 插装方向控制阀

插装方向阀如图4.75所示。图中1是先导阀。插装方向阀的先导阀一般采用二位三通电磁阀、二位四通电磁阀或三位四通电磁阀。控制盖板2中有节流器。3是插装组件。

在下面介绍的各插装阀中,省略控制盖板,仅用图形符号表示。

(1)插装式单向阀

图4.76所示为插装阀用作单向阀的例子。如图4.76(a)所示,当控制油路K与油路A相连,且 $p_a>p_b$ 时,锥阀关闭,油口A与B不通,当 $p_b>p_a$ 时,锥阀开启,液体由B口流向A口。若控制油路K和油路B相通,如图4.76(b)所示。当 $p_a>p_b$ 时,压力油顶开插装组件的阀芯

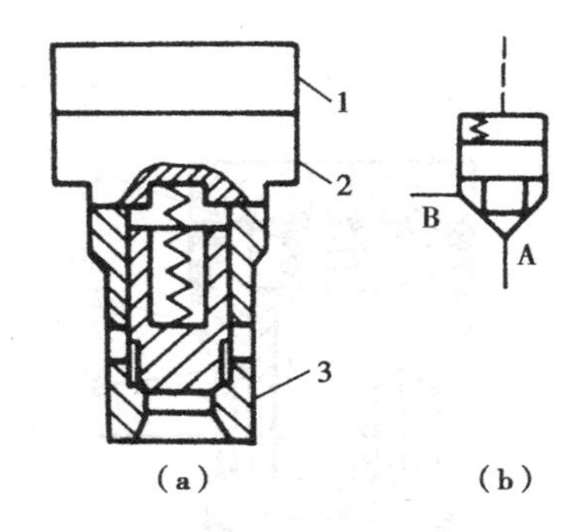

图 4.75　插装方向阀的插装组件
(a)结构原理　(b)符号图
1—先导阀;2—控制盖板;3—插装组件

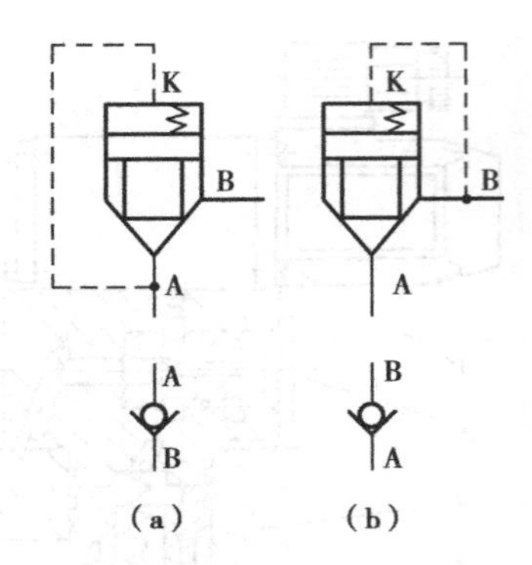

图 4.76　插装式单向阀

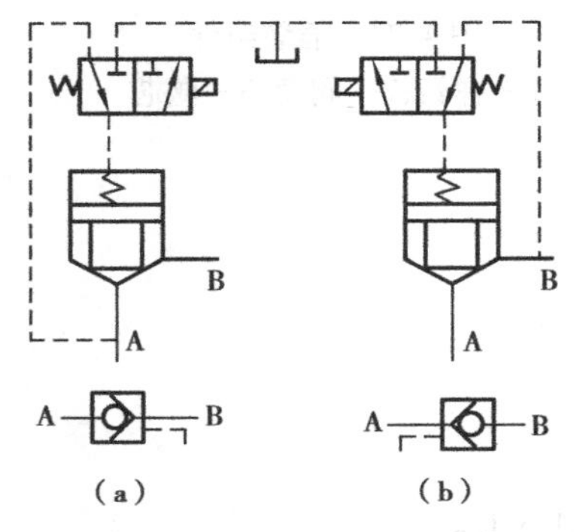

图 4.77　插装式液控单向阀

后自 B 口流出,阀单向导通。当 $p_b>p_a$ 时,锥阀关闭,B 口和 A 口不通,流体不能反向流动。控制油路 K 和油路 B 相通时,B 腔液体不会泄漏至 A 腔,密封性能好。

图中插装阀下面为与之对应的普通液压元件的图形符号。

图 4.77(a)所示为插装式液控单向阀,其控制油来自 A 口。当二位三通电磁换向阀断电时,若 $p_b>p_a$,B 口压力油可流向 A 口;若 $p_a>p_b$,锥阀关闭,A 口压力油不能流向 B 口。当电磁铁通电时,控制腔油液接通油箱,A、B 口压力油可正反向流动。

图 4.77(b)所示的插装式液控单向阀,其控制油来自 B 口。当电磁铁断电时,若 $p_a>p_b$,则锥阀开启,A 口压力油可流向 B 口;若 $p_b>p_a$ 时,锥阀关闭,B 口的压力油不能流向 A 口。当电磁铁通电时,A、B 口压力油可正反向流动。

(2)插装式二位换向阀

用一个二位三通电磁换向阀作先导阀,控制插装组件控制油路的通断,即组成插装式二位二通换向阀,如图 4.78 所示。

在图 4.78(a)中,当电磁铁未通电时,有一定压力的控制油经二位三通先导阀和插装阀的控制口 K 作用于插装阀阀芯的上端面上,阀芯不开启,油口 A 和 B 不通;电磁铁通电后,二位三通先导阀在左位工作,插装阀的控制油口经过先导阀和油箱相通,锥阀开启,油口 A 和 B 相通,这就构成了常闭式二位二通插装阀。

图 4.78(b)是常开式二位二通插装阀。

二位阀的机能是指阀处于原始位置时,阀内各油口的通断状况。若常态下各油口均不相通则称为 O 型机能,如图 4.78(a)所示。若各油口均相通则称为 H 型机能,如图 4.78(b)所示。

(3)插装式三位换向阀

用 4 个插装组件和一个三位四通电磁换向阀或两个二位三通电磁换向阀作先导阀,即可组成插装式三位四通换向阀。图 4.79 所示为用一个 Y 型机能的三位四通电磁阀作先导阀。

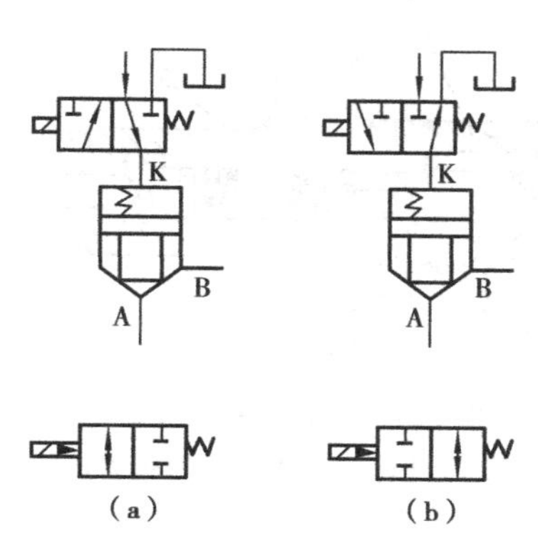

图 4.78 插装二位二通阀回路

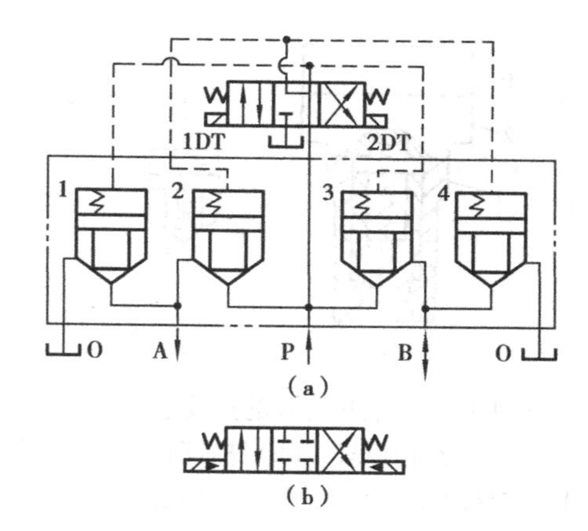

图 4.79 插装三位四通阀回路和与其对应的普通三位四通阀

先导阀在常态下其阀芯处于中间位置,这时压力油 p 经先导阀分别加到插装组件 1、2、3、4 的锥阀芯上端面上,在压力油作用下,4 个锥阀芯均不开启,P、A、B、O4 个油口均不通。

当先导阀左边电磁铁通电时,压力油 p 经先导阀左腔作用在插装组件 1、3 的控制腔,使它们的阀芯关闭。此时,插装组件 2、4 的弹簧腔和油箱相通,它们的阀芯可以开启。这时压力油经插装组件 2 自油口 A 流出到达执行元件工作腔,从执行元件回来的液体流经油口 B 及插装组件 4 回油箱。

同理,当先导阀右边电磁铁通电时,压力油经先导阀右位作用在锥阀芯 2、4 弹簧腔,使它们的阀芯关闭。而锥阀芯 1、3 的弹簧腔和油箱相通,它们的阀芯可以开启。这时,主油路的压力油经锥阀芯 3 从 B 口流出到执行元件工作腔,执行元件的回油经油口 A 和锥阀芯 1 回油箱,实现了油路的换向。

上述插装式三位四通换向阀相当于普通 O 型机能的三位四通电液换向阀。

若改变先导阀的中位机能,也可使插装式换向阀的中位机能发生变化。先导阀个数变化则可使插装式换向阀的工作位置数改变,若采用两个二位四通阀作先导阀,插装式换向阀就可获得 4 个工作位置。

4.5.3 插装式压力控制阀

插装式压力控制阀由插装组件和先导阀(压力阀)组成,其结构原理如图 4.80 所示。1 为先导阀,其结构和普通压力阀所用的先导阀相同,也就是常用的远程调压阀,图形符号也相同。2 是控制盖板,通常与先导阀做成一体。3 是插装组件,插装式压力阀的插装组件和方向阀的插装组件大同小异,只是阀芯上多了一个阻尼孔。

(1)插装式溢流阀

图 4.81 所示为插装式溢流阀的结构图。它是用关闭型的插装组件,插装入插装块体的插装孔中,用一个装有调压锥阀芯、阀座、调压弹簧及调节螺杆组成的控制盖板作为先导控制阀,即组成先导式溢流阀。图 4.82 所示为其图形符号。

压力油从 A 口进入阀内,并通过锥阀阀芯中间的阻尼孔进入 K 腔,作用在调压锥阀芯上与弹簧力相平衡。当进油口 A 的液压力 p_a 小于先导阀的调定压力时,先导阀芯在弹簧力作

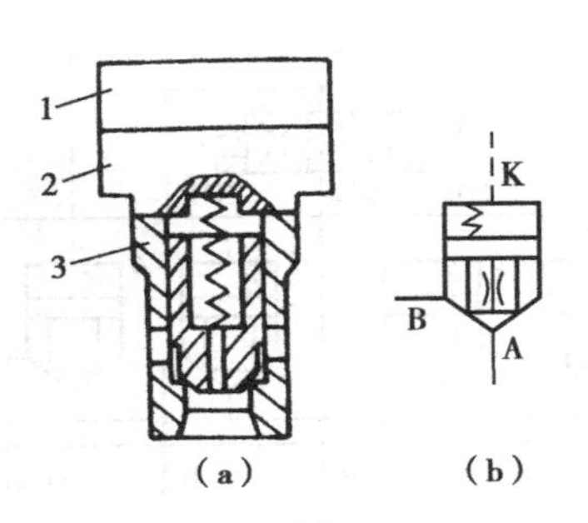

图 4.80　插装压力阀的插装组件
(a)结构原理　(b)符号图
1—先导阀;2—控制盖板;3—插装组件

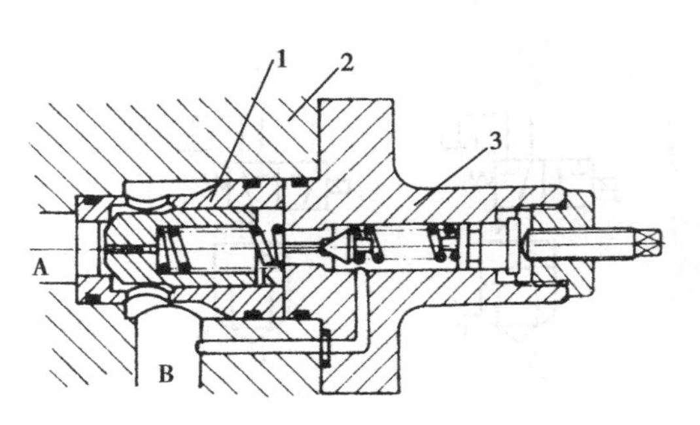

图 4.81　插装式溢流阀
1—插装组件;2—块体;3—控制盖板

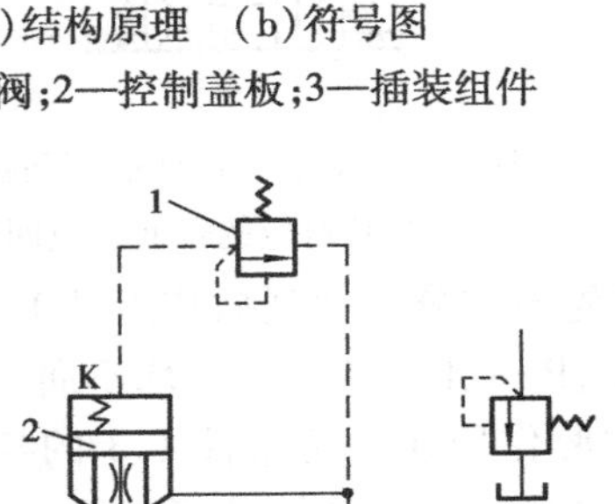

图 4.82　插装溢流阀回路和与其对应的普通溢流阀
1—先导阀;2—压力阀插装组件

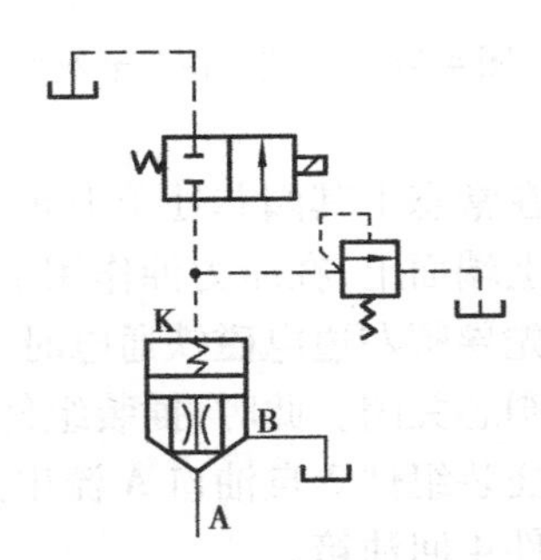

图 4.83　插装式电磁溢流阀

用下关闭阀口,这时插装组件阻尼孔上下游的液压力相等,插装组件的阀口关闭,进油口 A 和出油口 B 不通。

当 p_a 达到先导阀的调定压力时,先导阀开启,从 A 口经先导阀到油箱的控制油路形成通路。由于阻尼孔的作用,阻尼孔上游的压力高于阻尼孔下游(控制腔 K)的压力而形成压力差,在压力差的作用下使锥阀芯打开,油口 A 和 B 相通,压力油经阀开口流回油箱。当阀芯进入稳定工作时,阀芯保持一定开口,使 A 口的压力 p_a 基本上保持不变。

用锥阀组成的先导式溢流阀与普通液压元件的先导式溢流阀相比其结构基本相同,其工作原理是完全一样的。但它不是一个独立的元件,而是分立元件的组合。因此,在组成的系统中,可以有很大的灵活性。

图 4.83 所示为插装式电磁溢流阀。它是在插装式溢流阀的控制口 K 并联一个二位二通电磁阀而组成。当电磁换向阀关闭时,其工作原理与插装式溢流阀相同。在电磁铁通电时,控制油口 K 直接与油箱接通,锥阀开启时液压泵卸荷。

(2)插装式减压阀

插装式减压阀由一个开启型的插装组件插装入插装块体的插装孔内,用带有先导阀的控制盖板即组成减压阀。图 4.84 所示为插装式减压阀的图形符号。它由一个小流量减压阀作先导阀,控制一个带阻尼孔的锥阀,当 B 腔压力小于先导阀的调定压力时,由于 A 腔压力大于 B 腔压力,锥阀阀芯上升,A、B 腔相通。当 B 腔压力达到先导阀的调定值时,先导阀关小,锥阀上腔压力升高,锥阀芯下降使开度减小,起减压作用,并使 B 腔压力稳定在调定值,保持定值输出。

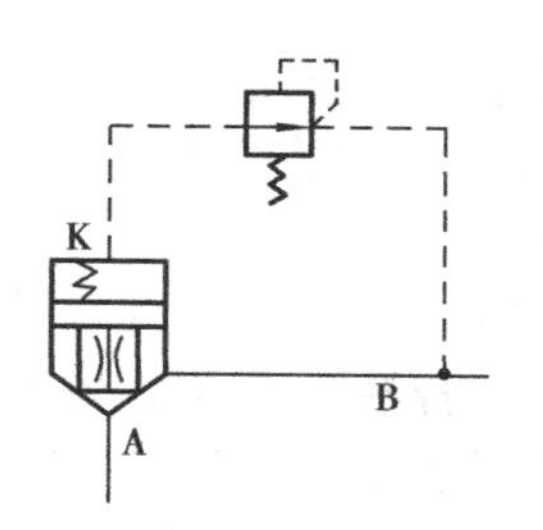

图 4.84 插装式减压阀

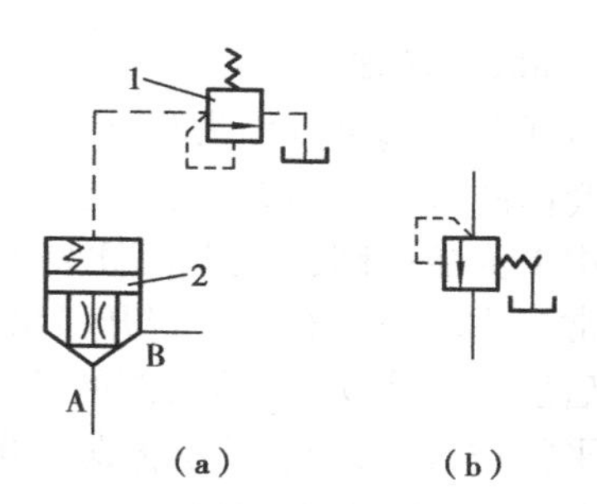

图 4.85 插装顺序阀回路和与其对应的普通顺序阀

(3)插装式顺序阀

图 4.85 所示为插装式顺序阀的图形符号。图中 1 为先导阀,2 为插装组件。当 A 口压力 p_a 小于先导阀的调定压力时,插装压力阀的插装组件的阀芯不开启,油口 A 和 B 不通。当 p_a 达到先导阀的调定值时,锥阀芯上升,油口 A 和 B 接通,从油口 B 排出的液体不回油箱,通向下一级执行元件或其他回路。

4.5.4 插装式流量控制阀

(1)插装式节流阀

插装式节流阀由控制盖板和插装组件组成,如图 4.86 所示,把关闭型锥阀插装入插装块体的插装孔中,用一个带调节螺杆的控制盖板即组成节流阀。

图中 K 为将弹簧腔和阀体外控制油路沟通的液流通道。调节螺杆即可改变控制杆的位移从而调节阀芯的开口量。流量阀中的弹簧和压力阀中的弹簧作用不同,它只在阀芯开启过程中起缓冲作用而不参加阀芯力的平衡,阀芯所受到的全部外力,在阀芯到位后全部由控制杆承受。插装组件的锥阀芯带有锥台形的尾锥,其上还开有三角槽。

插装式节流阀除通过调节阀芯的开启量可得到不同的节流量,还可以控制 K 腔通入压力油或卸荷来控制阀芯的开启和关闭,达到二位二通换向阀的功能,成为方向与节流复合功能的控制元件。

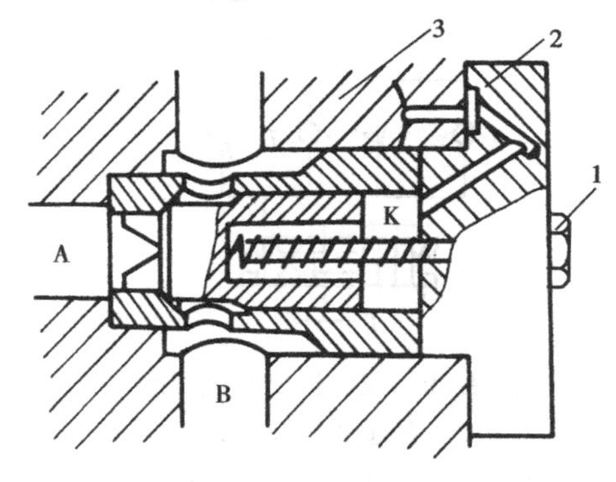

图 4.86 插装式节流阀

1—调节螺杆;2—控制盖板;3—块体

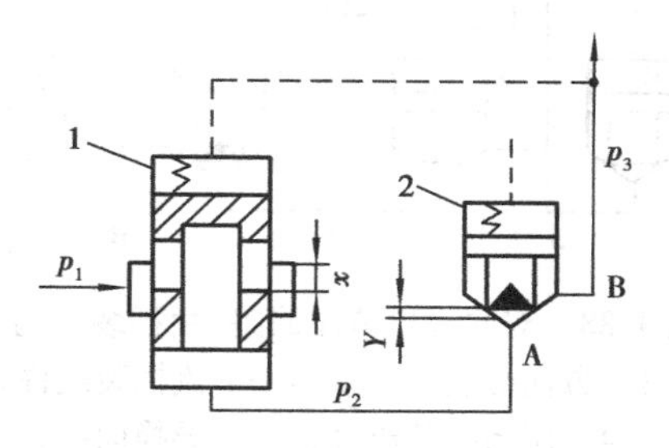

图 4.87 插装调速阀回路

(2)插装式调速阀

插装式节流阀可以作为独立元件使用,也可以和其他插装组件联合使用,例如和具有圆柱形双套筒的减压阀结合,可以形成插装式调速阀,图 4. 87 所示为插装式调速阀的工作原理。图中 1 为减压阀,2 为节流插装组件,二者装在一个阀体内。

正常工作时减压阀有一定开口量 x,节流插装组件有一定开口量 y。压力为 p_1 的液体经减压口后压力降为 p_2,经节流阀的开口后压力降为 p_3 输往系统。若系统压力 p_3 增加,减压阀芯的力平衡被破坏,经过几次振荡后重新稳定,减压口的 x 略有增加,p_1 是恒压,x 增加则减压程度减弱,p_2 压力增加,保持节流口上的压差 p_2-p_3 基本上为恒值,使流过节流口的流量基本稳定。

4.5.5 二通插装阀的应用

在插装阀回路中,主回路由插装阀组成,先导控制回路由小通径普通液压阀组成。一般说来插装阀回路,均有功能相同的普通液压阀回路与之对应。

例如,要求设计的插装阀回路进油、回油均能节流调速,且要求回油路上有背压,则设计出的插装阀回路如图 4. 88 所示。

在图 4. 88 中,进油路 p 的压力为恒压。先导三位四通电磁换向阀的机能为 Y 型,即 p 和 A′、B′均为通路,回油箱的油口 O′不通。

当阀 5 处于中位时,压力油加于插装组件 1、2、3、4 的控制口上,它们的阀芯均不能开启,油口 P、A、B、O 不通,液压缸的活塞被封闭。

当先导阀处于左位时,压力油的一路使插装组件 1、3 关闭,另一路使节流插装组件 2 开启,油液经阀 2 的节流口进入液压缸左腔。缸右腔的油液经压力插装组件 4 后回油箱。因插装组件 4 的开启受先导背压阀 6 的控制,故使回油箱的主油路上产生一定背压。这样,由插装阀组成了带背压的进口节流调速回路。

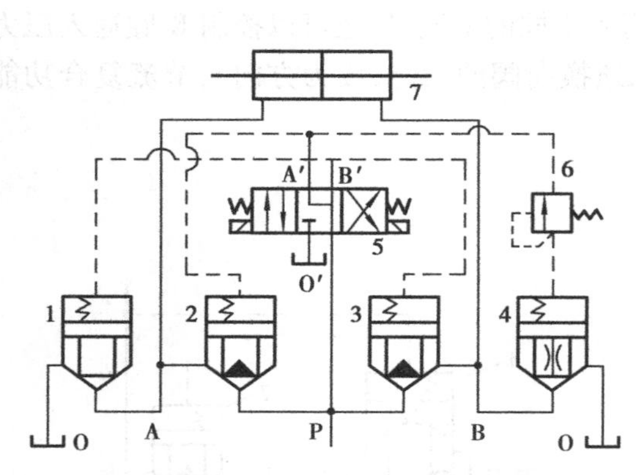

图 4. 88　双向进口节流回路(由插装阀构成)
1—方向插装组件;2、3—节流插装组件;
4—压力插装组件;5—先导换向阀;
6—先导顺序阀;7—液压缸

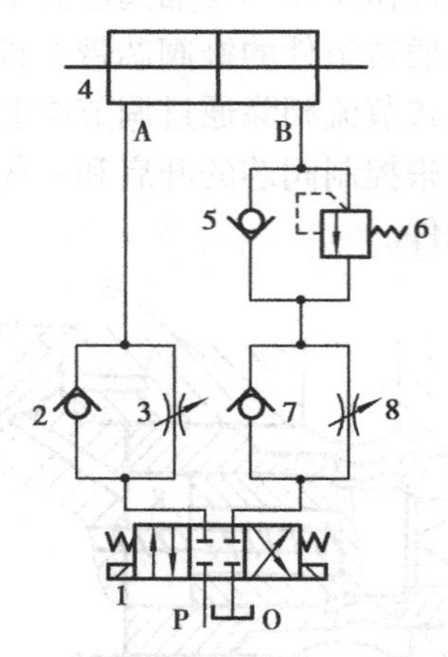

图 4. 89　双向进口节流回路
(由普通液压阀构成)
1—换向阀;2、5、7—单向阀;3、8—节流阀;
4—液压缸;6—背压阀

当先导阀处于右位时，插装组件2、4关闭，压力油经节流插装组件3进入液压缸右腔。缸左腔的油液经插装组件1回油箱。这样，缸的活塞左行时也形成进油节流调速回路，但此时回油路上无背压。

现用普通液压阀组成一个和图4.88功能相同的回路，此回路的原理如图4.89所示。

在图4.89中来自恒压能源的压力油进入三位四通电液换向阀1。阀1处于中位时，油口P、A、B、O均被封闭，液压缸被锁紧。

当阀1在左位工作时，因单向阀2被封闭，油经节流阀3进入缸4，推动缸4的活塞右移。从缸4排出的油，因单向阀5关闭，有一定压力的油使背压阀6开启，因单向阀7的液阻比节流阀8的小，所以油液经阀7、阀1回油箱。

当换向阀处于右位时，压力油经阀8、阀5进入缸右腔。从缸左腔排出的油液经阀2、阀1回油箱。缸的活塞左行时，仍然是进口节流调速。

可见，图4.88和图4.89等效。

一般用普通液压阀组成的回路中，既然有节流阀就可起到背压阀的作用，便不必另加背压阀。

二通插装阀的允许流量是根据阀口阻力小流量大的特点确定的，因此在选用时应使用到允许流量的最大值或稍超出时，才能发挥其阻力小流量大的特点。

4.5.6　二通插装阀的特点及常见故障分析

(1)插装阀的特点

1)能实现一阀多能的控制

一个插装组件配上相应的先导控制机构，可以同时实现换向、调速或调压等多种功能，使一阀多用。尤其在复杂的液压系统中插装阀这一优点更突出，实现同样的功能比用普通阀所用的阀数量要少。例如油路正反向的功能不同时，若用普通阀构成回路就要加上单向阀，如图4.89所示，用插装阀时就可省去这些单向阀，如图4.88所示。

2)液体流动阻力小，通流能力大

插装阀在额定流量时的阀口压降Δp只有$(0.8\sim2)\times10^5$ Pa。在同样的通径下(例如80 mm)，普通液压阀的额定流量为1 200 L/min，而插装阀的额定流量可达2 500 L/min，所以插装阀更适合于大流量的液压系统。

3)结构简单，便于制造和集成化

插装阀的结构要素相同或近似，加工工艺简单，非常便于集成化，可使多个插装阀共处于一个插装块体中。

4)动态性能好，换向速度快

由于插装阀不存在一般滑阀结构那样阀芯运动一段行程后阀口才能打开的搭合密封段，因此锥阀的响应动作迅速，动作灵敏。

5)密封性能好，内泄漏很小

插装阀采用锥面线接触密封，密封性极好，因此新的锥阀内泄漏为零。其泄漏一般发生在先导控制阀上，而先导阀是小通径的，故泄漏很小。

6)工作可靠，对工作介质适应性强

先导阀可使主插装阀实现柔性切换，减小了冲击。插装阀抗污染能力强，阀芯不易堵塞，对高水基液工作介质有良好的适应性。

(2)插装阀常见故障分析

1)调压失灵或完全无压

原因1　锥阀阀芯上阻尼小孔被异物堵塞,致使锥阀控制腔(K腔)未通入控制压力油。

原因2　锥阀阀芯被卡死或导向部位划伤呈全开或半开状态。

原因3　锥阀弹簧断裂或疲劳失效,致使阀芯不能关闭。

若是插装式溢流阀,则电磁铁内脏物将衔铁卡死使控制电磁阀未换向或换向不到位,也会造成插装阀压力调节失灵。

2)压力不足

原因1　锥阀密封磨损或锥阀阀套上密封圈老化造成严重内泄漏。

原因2　先导溢流阀调压弹簧疲劳或断裂失效,因而压力不够。

原因3　先导溢流阀密封圈老化或调压锥阀阀芯及阀座磨损造成严重内泄漏。

锥阀阀芯上密封圈老化致使K腔与B腔之间内泄漏增大,以及锥阀阀芯与阀套导向配合间隙过大造成K腔或B腔之间内泄漏大,或阀芯卡死都会造成系统压力波动或调压失灵。

(3)换向失控或动作异常

先导电磁换向阀故障　电源断路或短路或电源电压过低,因而先导电磁阀未换向;电磁铁衔铁或电磁阀阀芯卡住未换向或换向不到位;异物将换向阀内部通道或阀口堵塞。

锥阀故障　锥阀阀芯被异物卡死完全不换向或换向不到位;锥阀阀芯或阀套上的密封圈老化产生内泄漏;锥阀弹簧疲劳或断裂失效,使换向缓慢,关闭时密封力不够或完全不能换向;锥阀密封口磨损使内泄漏增大。

4.6　阀的集成

一个液压系统是由多个控制阀和其他元件组成的。各个控制阀之间如果用管子进行连接,则使得设备占用的空间大,而且安装、维修都不方便,复杂的液压系统尤其是这样。采用板式阀安装在连接板(控制板)上,可以实现无管连接,但连接板需要专门设计,制造也不方便。为了进一步简化阀类元件的连接工作,国内外对于阀的集成都作了许多研究,并且已经出现了多种集成方法。

所谓阀的集成就是在构造上使多个不同作用的控制阀可以简便地、紧凑地集中在一起,不必采用管路连接,有时还在一个共同的阀体上,把几个作用不同而从基本回路组成上看,又有关联的控制阀集中在一起。这样可以使设备所占空间少,安装、维修容易,减少管接头处产生的泄漏,同时回路需要变更时可以很容易地改变。阀的集成还有另一方面的意义,就是利用基本零件(如锥阀)的不同组合,得到多种不同的控制阀。这使得阀类的制作、安装和回路的组合,变得更加方便。

目前,阀的集成化国内已使用的有以下几种方式:

4.6.1 集成块式

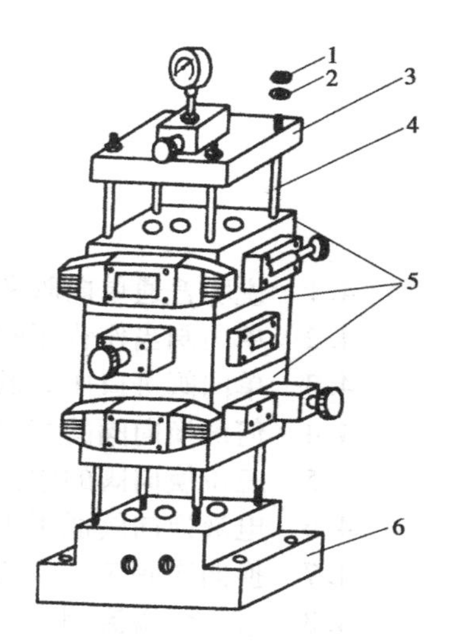

图4.90 集成块
1—螺母;2—垫圈;
3—顶板;4—连接螺栓;
5—集成块;6—底板

这种方式使用一般的板式阀,将板式阀安装在方形的集成块上,在集成块内部构成阀与阀连接的通路,所以集成块就是一个通路体,如图4.90所示。

每一个集成块一般可安装3个阀,装在前面、左面和右面3个侧面上,而与执行元件相连通的油口则一般开在块的后面。集成块内的油液通路有两种:一种是公用主通道,它们是垂直的贯通集成块上下面的,有压力油路P、回油路O及泄油通路L等;一种是连通装在同一集成块上各阀的油路,以及使各阀与有关的主通道相连通的油路,这些通路一般是水平钻制的,具体的通道情况要根据需要而定。现在集成块已设计成标准系列,一集成块可构成一种基本回路。同一系列同规格的标准集成块,其上下贯通的主通道的位置是一致的,因此可根据需要,将若干个集成块用螺栓连接在一起,在块上安装控制阀以组成一个液压系统。如果有必要也可自行设计集成块。

这种集成方式采用通用的板式阀,安装方便,所以应用很广。但因阀与阀的连接要通过集成块,所以不如下述的两种方式紧凑。

4.6.2 叠加阀式

这种集成的方式是将控制阀直接叠加起来组成系统,不经过任何中间连接体,如图4.90所示。

用叠加方式组成的系统,每一叠阀是由主换向阀、基础块和叠加阀组成。在叠加阀和基础块之间一般还设有压力表开关(也是按叠加需要而专门设计的)。主换向阀采用普通的板式阀,组装叠加在每一叠阀的顶部。基础块放在每一叠控制阀的最下面,它开有通往液压泵、油箱、执行元件和压力表的油口。在主换向阀与基础块之间的各控制阀统称为叠加阀。它们是为了叠加组装的需要而专门设计的,与普通的控制阀不同。叠加阀按照功能的不同而有各种不同的形式,如各种压力阀、流量阀、单向阀、二位阀等,它们的结构原理与同形式的普通控制阀基本上是相同的。叠加阀的主要特点是阀体上具有组成液压系统所需的共用通路,其连接尺寸与所相配套的主换向阀一致,因此阀体同时起到通道体的作用。

由叠加组成的每一叠阀可以分别控制一个执行元件。若干叠阀通过各自的基础块连接起来可组成一集中的液压系统。各基础块的连接方式又可分为水平连接与垂直连接。

叠加阀集成方式的优点是紧凑、灵活,便于组成从简单到复杂的各种系统,系统的泄漏和压力损失也较小,但组成系统时需要使用专用的叠加阀。

复习思考题

4.1　说明普通单向阀和液控单向阀的原理和区别,它们有哪些用途?

4.2　单向阀当作背压阀用时,需采取什么措施?

4.3　单向阀进口压力低于出口压力(单向阀芯后有背压)会出现什么结果?

4.4　何谓换向阀的“位”和“通”?并举例说明。

4.5　三位换向阀的中位机能是什么意义?试分析 O、M、P、H、Y 型机能的特点。

4.6　电液换向阀适用于什么场合?它的先导阀中位机能为 O 型行吗?为什么?

4.7　换向阀阀芯的外圆柱面上常开有若干个环形槽,起什么作用?

4.8　直动式溢流阀为何不适用于作高压大流量的溢流阀?

4.9　若油液的杂质将先导式溢流阀主阀芯上的阻尼小孔堵死,系统会出现什么情况?如果分析认为是由于孔的直径太小而造成的,将小孔扩成一个大孔,结果怎样?

4.10　试举例说明溢流阀在系统中的不同用处:①溢流恒压;②安全限压,防止过载;③远程调压;④造成背压;⑤使系统卸荷。

4.11　若把先导式溢流阀的远程控制口当成外泄漏口而接至油箱,会出现什么现象?

4.12　如题图 4.12 所示,当节流阀完全关闭时,液压泵的出口压力各为多少?

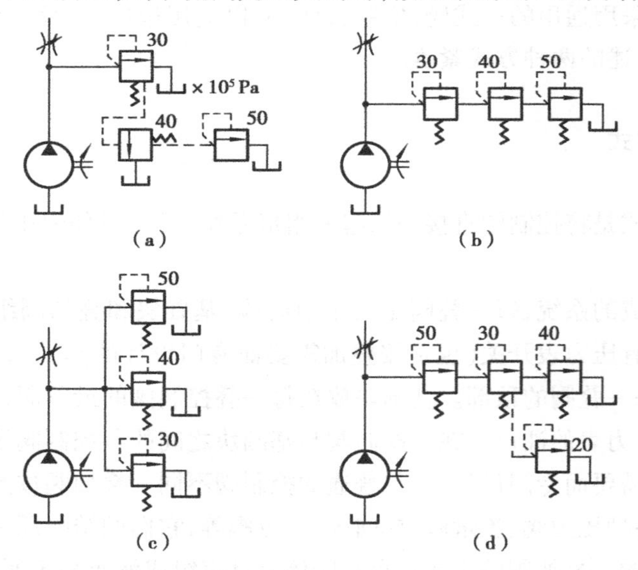

题图 4.12

4.13　为什么减压阀的调压弹簧腔要接油箱?如果把这个油口堵死,将会怎样?若将减压阀的进出口反接,会出现什么情况?

4.14　根据减压阀的工作原理,填写阀的出口压力值于题表 4.14。

题表 4.14 定值减压阀进、出口压力关系表

序 号	阀的进口压力	调定减压压力	阀的出口压力
①	20×10^5 Pa	60×10^5 Pa	
②	40×10^5 Pa	60×10^5 Pa	
③	60×10^5 Pa	60×10^5 Pa	
④	80×10^5 Pa	60×10^5 Pa	
⑤	100×10^5 Pa	60×10^5 Pa	
⑥	100×10^5 Pa	80×10^5 Pa	
⑦	100×10^5 Pa	70×10^5 Pa	

4.15 顺序阀有哪几种控制方式和泄油方式？

4.16 如题图 4.16(a)、(b)所示，将两个减压阀串联，问出口压力为多少？图(c)是两个内控顺序阀串联，问 A、B 间的压力差 p_{AB} 是多少？

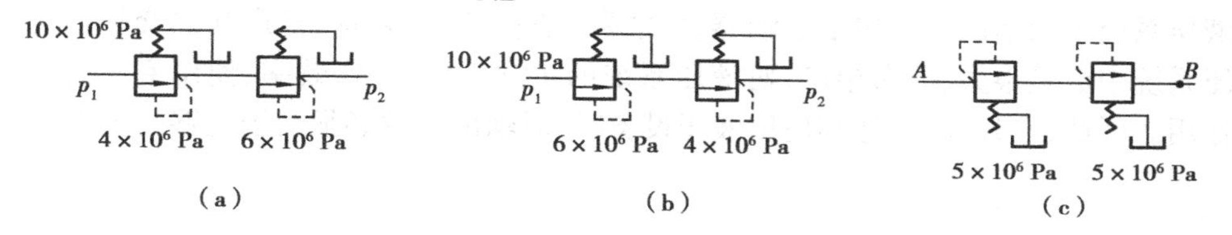

题图 4.16

4.17 现有两只阀，由于铭牌不清，在不拆开阀的情况下，根据它们的特点如何判断哪个阀是先导式溢流阀，哪个阀是先导式减压阀？

4.18 影响节流阀流量稳定性的因素是什么？为何通常将节流口做成薄壁小孔？

4.19 有一液压回路用下面的文字描述，试根据文字说明用符号画出该回路的原理图。

定量泵的流量为 q_s，出口压力为 p_s。泵排出的油液一路经溢流阀 3 回油箱，另一路经节流阀 4 进入液压缸 1 无杆腔。缸 1 是单活塞杆液压缸，无杆腔的压力为 p_1，面积为 A_1，有杆腔的压力为 $p_2=0$，面积为 A_2。缸 1 的负载为 F_1，运动速度为 v_1。从泵排出的第三路油液经减压阀 5 进入缸 2 的无杆腔。缸 2 是单活塞杆缸，无杆腔中的压力为 p_3，活塞面积为 A_3，有杆腔中的压力为 p_4，有效面积为 A_4。缸 2 的负载为 F_2，缸 2 的运动速度为 v_2。从缸 2 排出的油液经过一个单向阀式的背压阀 6 回油箱。

4.20 有一回路如题 4.19 所述。$F_1=\infty$，$F_2=0$，阀 6 的压差为零。阀 3 的调定压力为 6.3 MPa，阀 5 的调定压力为 2.5 MPa，求 p_1 和 p_3。

4.21 单向阀、低压溢流阀和节流阀均可作背压阀用，试比较各自的特点。

4.22 题图 4.22 所示为插装阀组成的两组方向控制阀，试分析其功能相当于什么换向阀，并用标准的图形符号画出。

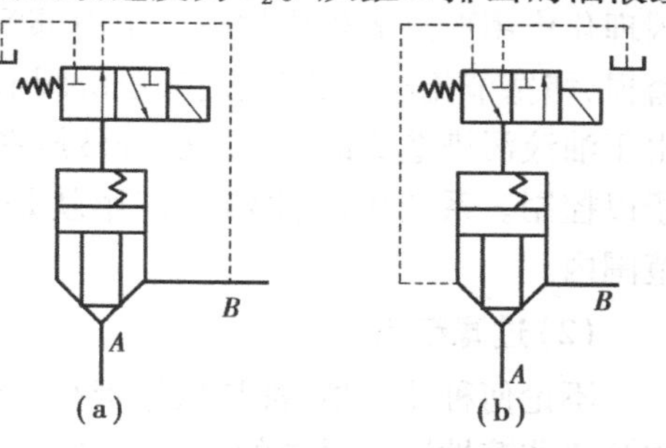

题图 4.22

第5章 液压辅助元件

液压系统中的辅助元件包括滤油器、蓄能器、油箱、密封装置、管道和热交换器等。它们在液压系统中数量很大，分布很广，对液压系统的正常工作、工作效率、使用寿命起着十分重要的作用。因此，在设计、制造和使用液压设备时，对辅助元件必须给予足够的重视。

5.1 滤油器

5.1.1 滤油器的作用与过滤精度

(1)滤油器的作用

液压系统的油液中常存在着各种污染物。系统装配时，残留在元件和管道中的切屑、锈垢、橡胶颗粒、漆片、棉丝等属于外部污染物，而系统运行过程中零件磨损的脱落物以及油液因理化作用形成的生成物则属于内部污染物。混在油液中的各种污染物会加速液压元件的磨损，堵塞节流小孔，甚至使液压滑阀卡死。有统计资料表明，液压系统的故障有75%以上是由于油液污染造成的。为了保证液压系统正常工作，必须对系统中污染物的颗粒大小及数量予以控制。系统中滤油器的作用就是滤去油液中的杂质颗粒，使其污染程度控制在允许范围内。

(2)过滤精度

不论何种滤油器，都是依靠带有一定尺寸滤孔的滤芯来过滤污染物的。过滤就是从油液中分离非溶性固体微粒的过程。滤油器的过滤精度，通常用能被过滤掉的杂质颗粒的公称尺寸大小来表示。一般要求过滤精度小于运动副间隙的一半。此外，压力越高，对过滤精度要求也越高，其推荐值见表5.1。

表5.1　过滤精度推荐值表

系统类别	润滑系统	传动系统			伺服系统
压力/MPa	0~2.5	≤14	14<p≤21	>21	21
过滤精度/μm	100	25~50	25	10	5

5.1.2　滤油器的类型

滤油器的种类较多,按过滤方式分为以下3种:

①表面型滤油器,其滤网采用金属编织物。

②深度型滤油器,滤芯用毛毡、粉末冶金等材料制成。

③中间型滤油器,滤芯用酚醛树脂处理过的滤纸等材料制成。

下面介绍几种常见滤油器的结构:

(1)网式滤油器

网式滤油器如图5.1所示。图5.1(b)为其结构,它由上盖、下盖、一层或几层铜丝网以及四周开有若干大孔的金属或塑料筒形(或方形)骨架等组成。这种滤油器的过滤精度与铜丝网的网孔大小和层数有关,精度范围为80~400 μm,压力损失$(2\sim4)\times10^3$ Pa。图示结构实际上只是一个滤芯,当用于液压泵吸油口时,可直接插入油箱(图5.1);当用于压力管道时,则需增加外壳。网式滤油器的特点是结构简单,通油性能好,压力损失小,容易清洗,但过滤精度不高。主要用于液压泵吸油口。

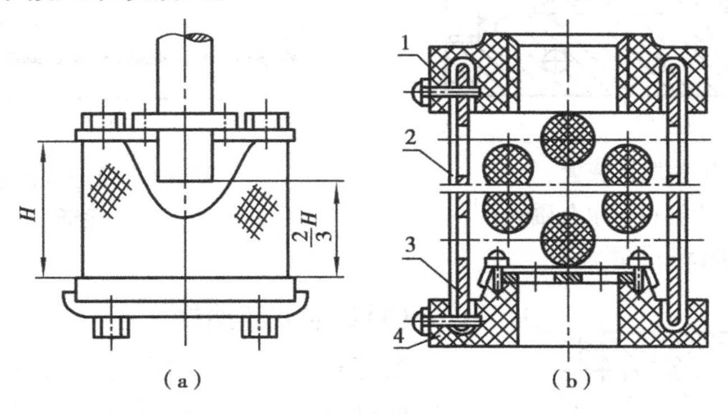

图5.1　网式滤油器

1—上盖;2—铜丝网;3—骨架;4—下盖

(2)线隙式滤油器

线隙式滤油器结构如图5.2所示。图5.2(b)是滤芯,图5.2(a)是一完整的滤油器。其滤芯采用绕在骨架上的铜丝(或铝丝)来代替铜丝网。过滤精度取决于铜丝间的间隙,故称之为线隙式滤油器。常用线隙式滤油器的过滤精度为100~200 μm,压力降与网式滤油器相似。精密的可达20 μm,但相应的压力损失也略大。它常用于液压系统的压力管道以及某些内燃机的燃油过滤系统。

图5.2(a)中装有发讯装置,当滤油器堵塞,压力降增加时,它将发出信号以便及时清洗

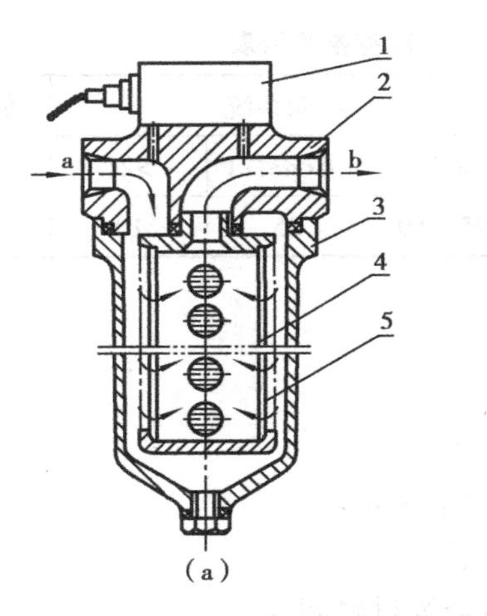

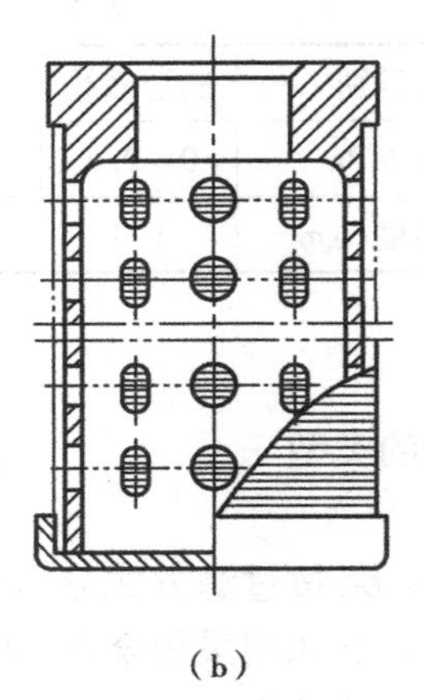

图 5.2　线隙式滤油器

1—发讯装置;2—端盖;3—壳体;4—骨架;5—铜丝

或更换滤芯。发讯装置原理见图 5.3。p_1 为滤芯上游压力,p_2 为滤芯下游压力,作用在活塞上的压力差与弹簧力平衡,压差变大时,活塞带动永久磁铁右移,干簧管受磁铁作用吸合,接通报警电路,提醒操作人员及时维修。

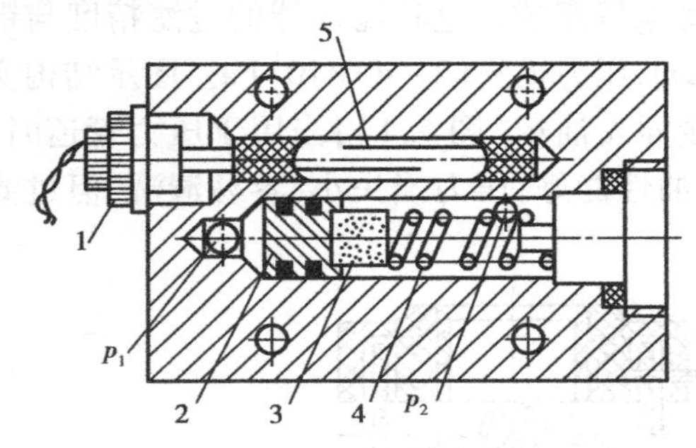

图 5.3　压差发讯装置

1—接线柱;2—活塞;3—永久磁铁;4—弹簧;5—干簧管

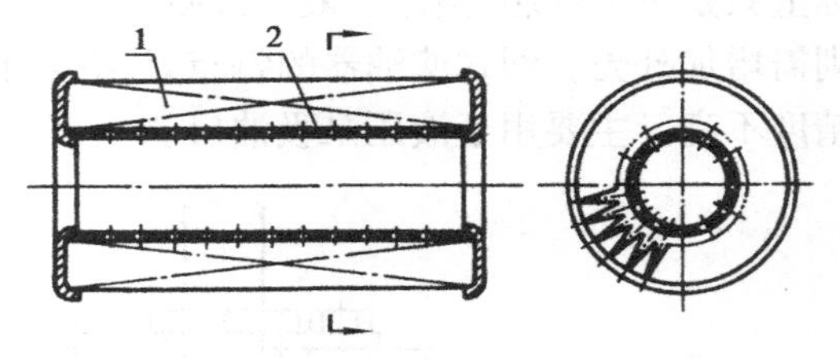

图 5.4　纸芯式滤油器的纸芯

1—滤纸;2—骨架

(3)纸芯式滤油器

纸芯式滤油器以处理过的滤纸作为过滤材料。为了增加过滤面积,滤芯上的纸呈波纹状(图 5.4)。纸芯的过滤精度为 5 ~ 30 μm,压力降为$(1 \sim 4)\times10^4$ Pa。纸芯式滤油器性能可靠,是液压系统中广泛采用的一种滤油器。但纸芯强度较低,且堵塞后无法清洗,必须经常更换纸芯。

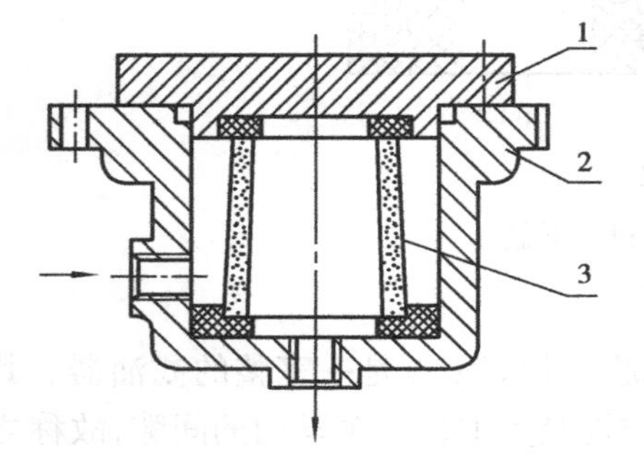

图 5.5　烧结式滤油器

1—端盖;2—壳体;3—滤芯

(4)烧结式滤油器

烧结式滤油器结构如图 5.5 所示。滤芯是用颗粒状青铜粉压制并烧结而成,属于深度型滤油器。过滤精度与铜颗粒间的微孔大小有关,一般在 10 ~ 100 μm。压力损失较大,达$(0.9 \sim 2)\times10^5$ Pa。烧结式滤油器滤芯强度较高,耐高温,性能稳定,抗腐蚀性好,过滤精度高,是一种常用的精密滤芯。但其颗粒容易脱落,堵塞后不易清洗,近年来已逐渐被纸芯式滤油器代替。

5.1.3 滤油器的选用与安装

(1)滤油器的选用

选用滤油器时应考虑以下几个问题:

①过滤精度应满足预定要求。

②能在较长时间内保持足够的通流能力。

③滤芯具有足够的强度,不因液压的作用而损坏。

④滤芯抗腐蚀性能好,能在规定的温度下持久地工作。

⑤滤芯清洗或更换简便。

(2)滤油器的安装

滤油器在液压系统中的可能安装位置如图5.6所示。

1)滤油器安装在液压泵吸油口(图5.6中滤油器1)

位于液压泵吸油口的滤油器用以避免较大颗粒的杂质进入液压泵,从而起到保护泵的作用。要求这种滤油器有很大的通油能力(大于液压泵流量的两倍)和较小的压力损失(不超过0.1×10^5 Pa),否则将使液压泵吸油不畅,产生空穴现象和强烈噪声。一般采用过滤精度较低的网式滤油器。

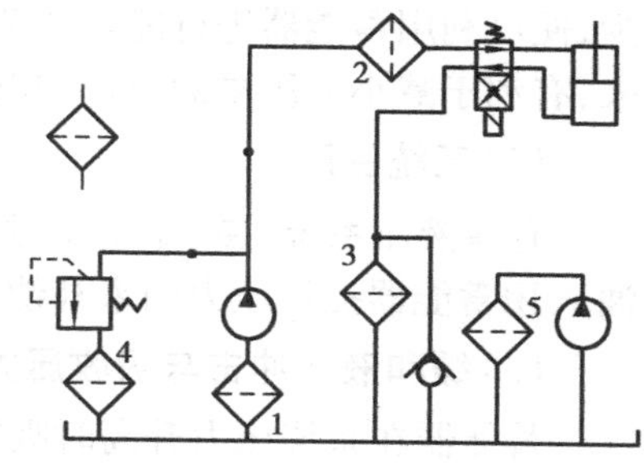

图5.6 滤油器安装位置

2)滤油器安装在液压泵压油口(图5.6中滤油器2)

位于液压泵压油口的过滤器用以保护除液压泵以外的其他液压元件。由于它在高压下工作,要求滤油器外壳有足够的耐压性能。一般它装在压力管路中溢流阀的下游或者与一安全阀并联,以防止滤油器堵塞时液压泵过载。

3)滤油器安装在回油管路(图5.6中滤油器3)

位于回油管路上的滤油器使油液在流回油箱前先经过过滤,使系统中的油液得到净化,或者说使污染程度得到控制。此种滤油器壳体的耐压性能可较低。

4)滤油器安装在旁油路上(图5.6中滤油器4)

如图所示,将滤油器接在溢流阀的回油路上,并有一安全阀与之并联。其作用也是使系统中的油液不断净化,使油液的污染程度得到控制。由于滤油器只通过泵的部分流量,滤油器可较小。如果滤油器的通油能力与情况(2)、(3)相同,则其流速降低,可取得更好的过滤效果。

5)独立的过滤系统(图5.6中滤油器5)

这是将滤油器和泵组成一个独立于液压系统之外的过滤回路。它的作用与将滤油器安装在旁油路上相似,也是不断净化系统中的油液。不过在独立的过滤系统中,通过滤油器的流量是稳定不变的,这更有利于控制系统中油液的污染程度。它需要增加设备(泵),适用于大型机械的液压系统。

5.2 蓄能器

5.2.1 蓄能器的用途

蓄能器是一种能把液压能储存在耐压容器里，待需要时又将其释放出来的能量储存装置。它的用途主要有以下几个方面：

(1)蓄存能量

有些液压系统，在一个工作循环中，只有某一阶段需要大量的压力油，而其他阶段需要较少，便可利用蓄能器进行能量调节。把压力油储存在蓄能器中，当需要大量压力油时释放出来，有利于减小液压泵的容量和电机功率，提高设备性能。

(2)系统保压

有些液压系统，要求液压缸到达某一位置时保持一定的压力，这时可使泵卸荷(停止供油)，用蓄能器提供压力油来补偿系统中的泄漏并保持一定压力，以节约能耗和降低温升。

(3)缓和液压冲击与吸收压力脉动

蓄能器在系统压力升高时吸收能量，压力降低时释放能量，故可使液压冲击和压力脉动的峰值减小。若用于减小液压冲击，应安装在产生液压冲击最近的部分；若用于吸收系统压力脉动，一般安装在液压泵的出口。

5.2.2 蓄能器的类型

按储存能量的方式不同，蓄能器主要分为重锤式、弹簧式和气液式 3 种。常用的是气液式，它又分为活塞式、气囊式和隔膜式 3 种。下面主要介绍活塞式和气囊式两种。

(1)活塞式蓄能器

活塞式蓄能器的结构如图 5.7 所示。它利用活塞使气体与油液隔离，活塞上部充压缩空气，下部通压力油。该蓄能器结构简单，使用寿命长。但缸壁及活塞外圆需精加工，使成本提高。另外，活塞上的摩擦力会影响蓄能器动作的灵敏性，且有微量的气液混合。这种蓄能器常用于中、高压系统。

(2)气囊式蓄能器

气囊式蓄能器的结构如图 5.8 所示。它的外壳为两端成球形的圆柱体，内有耐油橡胶制成的气囊将气、液分开，气囊固定在壳体的上部，由充气阀给气囊内充气。为保护气囊不被挤出油口，设置了菌形阀。该蓄能器使气、液完全隔开，重量轻，惯性小，反应灵敏，是目前应用最广泛的一种蓄能器。但它容量不大，气囊和壳体制造要求较高。

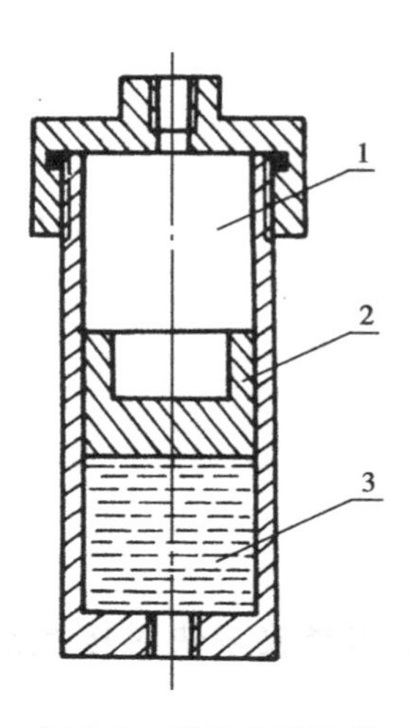

图5.7　活塞式蓄能器

1—气体；2—活塞；3—液压油

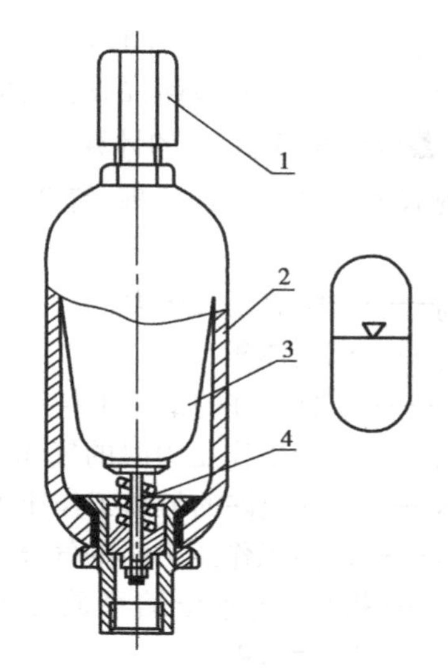

图5.8　气囊式蓄能器

1—充气阀；2—壳体；3—气囊；4—菌形阀

5.2.3　蓄能器的容量计算

容量是蓄能器的重要参数，是选择蓄能器的主要依据。不同类型或不同功用的蓄能器其计算方法也有所不同。下面以气囊式蓄能器短期大量供压力油为例介绍计算方法。

(1)液压泵流量的计算

画出在一个工作循环内各阶段所需的流量图，如图5.9所示。液压泵的流量 q 可按下式计算：

$$q=\frac{\sum_{i=1}^{n}q_i\Delta t_i}{T} \tag{5.1}$$

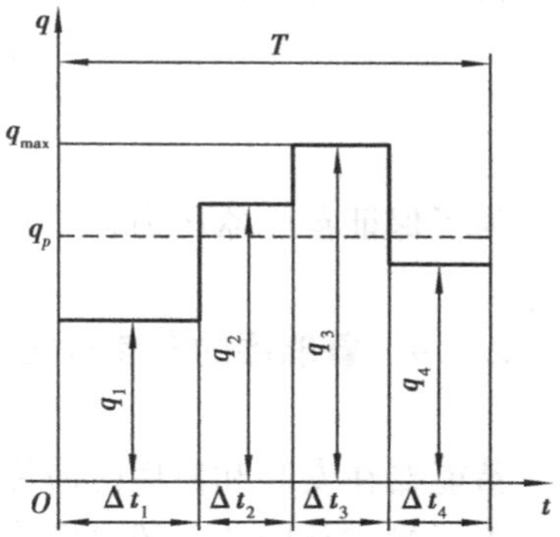

图5.9　流量时间循环图

式中　q_i——第 i 阶段所需流量；

Δt_i——第 i 阶段持续的时间；

T——一个循环的总时间，$T=\sum_{i=1}^{n}\Delta t_i$；

n——一个循环的阶段数。

(2)蓄能器工作容积 V_w 的计算

这里的 V_w 是蓄能器所能储存(或释放)油液的最大容积。在工作循环中，当所需流量大于泵流量时，蓄能器释放压力油；当所需流量小于泵流量时，蓄能器储存压力油。在各个工作阶段，蓄能器释放(或储存)的油量为：

$$\Delta V_i=(q-q_i)\Delta t_i \tag{5.2}$$

ΔV_i 为负值时表示释放压力油；ΔV_i 为正值时则表示储存压力油。显然，V_w 至少应等于 ΔV_i 中的最大值(绝对值)。如果在工作过程中，蓄能器交替进行储存和释放油液，一般满足上述要求就已够了；如果在工作循环中，蓄能器连续释放（或储存）油液，则蓄能器的工作容积 V_w 应等于连续释放（或储存）的油液体积。

(3)蓄能器总容积 V_0 的计算

气囊式蓄能器的工作原理，符合气体定律，即

$$p_0 V_0^n = p_1 V_1^n = p_2 V_2^n \tag{5.3}$$

式中 p_0——工作前充气压力；

V_0——充气体积；

p_1——系统允许的最低工作压力；

V_1——最低工作压力时的气体容积；

p_2——系统允许的最高工作压力；

V_2——最高工作压力时的气体容积；

n——指数，气体压缩释放缓慢时按等温过程 $n=1$；压缩和释放较快时按绝热过程 $n=1.4$。

蓄能器的工作容积为：

$$V_w = V_1 - V_2 \tag{5.4}$$

将式(5.3)代入式(5.4)，整理得：

$$V_w = V_0 p_0^{\frac{1}{n}}\left[\left(\frac{1}{p_1}\right)^{\frac{1}{n}} - \left(\frac{1}{p_2}\right)^{\frac{1}{n}}\right] \tag{5.5}$$

蓄能器的总容积为：

$$V_0 = V_w \frac{1}{p_0^{\frac{1}{n}}\left[\left(\frac{1}{p_1}\right)^{\frac{1}{n}} - \left(\frac{1}{p_2}\right)^{\frac{1}{n}}\right]} \tag{5.6}$$

为了保证蓄能器压力在 p_1 时仍能够补偿系统泄漏，一般取 $p_0=0.8\sim0.85p_1$。

5.2.4 蓄能器的安装与使用

蓄能器在安装和使用时应注意以下几点：

①气囊式蓄能器一般需垂直安装，油口向下。

②蓄能器必须用支承板和支架可靠固定。

③气囊式蓄能器用于短期大量供油时，最高压力一般不要超过最低压力的3倍，否则迅速压缩时气体升温很高，会导致气囊严重变形。

④蓄能器与管路系统之间应安装截止阀，以便于充气、维修。它与液压泵之间应安装单向阀，防止蓄能器中油液在泵不工作时向泵倒流。

⑤所充气体应是氮气等惰性气体，绝不能使用空气、氧气、氢气等气体。

5.3 油 箱

5.3.1 油箱的作用及安装方式

油箱用来储存油液,以保证供给液压系统充分的工作油液,同时还具有散热、沉淀油液中固体杂质、逸出渗入油液中的空气等作用。

油箱按液面是否与大气相通,分为开式油箱和闭式油箱。开式油箱的液面与大气相通,在液压系统中广泛应用;闭式油箱液面与大气隔离,有隔离式和充气式,用于水下设备或气压不稳定的高空设备中。

油箱按布置方式分为总体式和分离式。总体式是利用机械设备的机体空腔作为油箱,结构紧凑,体积小,但维修不便,油液发热,液压系统振动影响设备精度;分离式油箱则与主机分离并与泵等组成一个独立的供油单元(泵站),广泛用于精密机床等设备上。

5.3.2 油箱的结构设计及容量计算

(1)油箱的结构

油箱的结构简图如图5.10所示。它由箱体、箱盖、吸油管、回油管、隔板、油位指示器等组成。

油箱设计时应注意的问题是:

①应考虑清洗、换油方便。油箱顶部或侧面要有注油孔,底面应有倾斜度,泄油口开在最低处。

②油箱应有足够的容量。在液压系统工作时,液面应保持一定高度,以防止液压泵吸空。为保证当系统中的油液全部流回油箱时不致溢出,油箱液面不应超过油箱高度的80%。

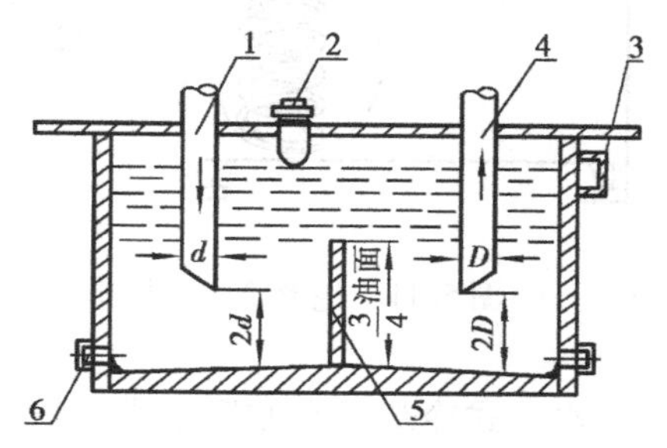

图5.10 油箱结构示意图
1—回油管;2—注油口;3—液位指示器;4—吸油管;5—隔板;6—泄油口

③吸油管与回油管的距离应尽量远,最好用隔板隔开,以增加油液循环的距离,使油液有充分时间沉淀污物,逸出气泡和冷却。下隔板的高度,一般取油面高度的3/4。

④吸油管距箱底的距离不能小于管径的2倍,距箱边的距离不应小于管径的3倍,以便吸油通畅。回油管的管口必须浸入最低油面,以免回油飞溅将空气带入油中。回油管口距箱底的距离也应大于管径的2倍,管端切成45°角,切口面向箱壁。

⑤油箱一般用2.5~4 mm的钢板焊成,尺寸大的油箱要加焊角铁和筋板,以增加刚性。油箱上若固定电动机、液压元件时,箱盖应适当加厚。

⑥要防止油液渗漏和污染。油箱盖以及油管进出口处要加密封装置。注油口应安装滤

网。通气口需装空气过滤器。

⑦油箱应便于安装、吊运和维修。

目前国内已生产通用的供油单元(油泵站)供用户选用,一般不再需要专门设计、制造油箱。

(2)油箱的容量

油箱的容量主要根据散热的需要来确定,通常可用下式估算油箱的有效容积:

$$V = \xi q_b \tag{5.7}$$

式中 ξ——经验系数,低压系统 $\xi=2\sim4$,中压系统 $\xi=5\sim7$,高压系统 $\xi=10\sim12$;

q_b——液压泵额定流量,L/min。

油箱总容积为有效容积的1.25倍。

5.3.3 油箱的冷却和加热装置

液压系统在工作时存在能量损失,这些能量损失几乎全部变成热量使油温升高,影响液压系统的正常工作。液压系统常用油液的工作温度以40~60 ℃为宜,最高不大于60 ℃,最低不小于15 ℃。为控制油液的温度,油箱常配有冷却器和加热器。

(1)冷却器

冷却器有风冷式、水冷式和冷冻式3种,一般液压系统中主要采用前两种。

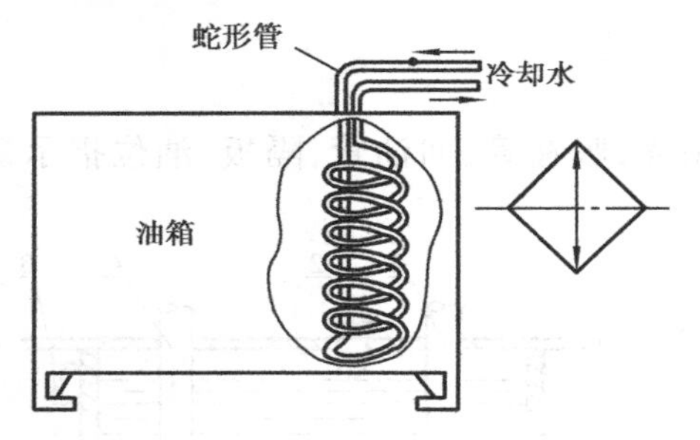

图5.11 蛇形管式冷却器

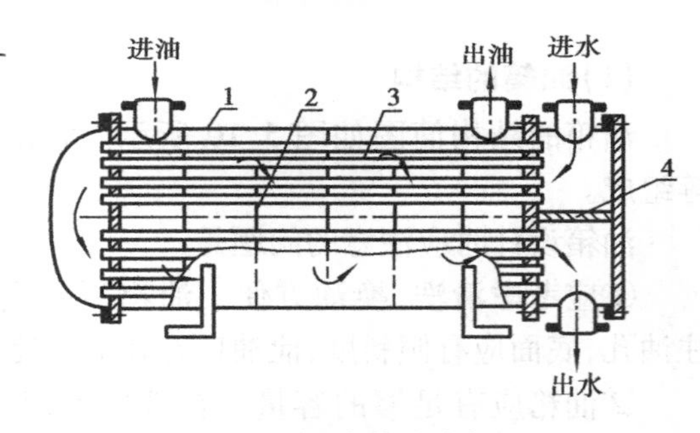

图5.12 多管式冷却器

1—外壳;2—挡板;3—铜管;4—隔板

水冷式冷却器有蛇形管式、多管式和翅片式等。蛇形管式冷却器(图5.11)直接装在油箱内。冷却水从蛇形管内通过,把油液的热量带走。这种冷却器结构简单,但冷却效率低,耗水量大。多管式冷却器(图5.12),是一种强制对流式冷却器。水在水管中流动,而油液在水管周围流动。这种冷却器散热效率较高,但体积大,质量大。图5.13为翅片式冷却器。

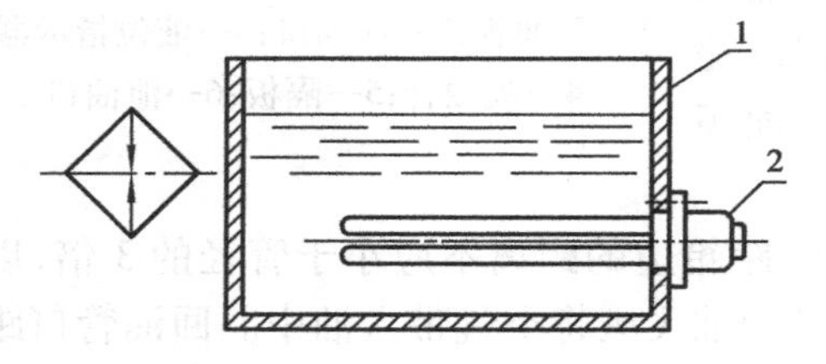

图5.13 电加热器的安装

1—油箱;2—电加热器

冷却器一般安装在回油路中,以避免承受高压。

(2)加热器

加热器有电加热、蒸汽加热和热水加热等形式。电加热器结构简单,易于自动控制温度,所以液压系统中油液的加热一般采用电加热器。其结构如图5.13所示。由于直接和电加热器接触的油液温度可能很高,会加速油液老化,所以大功率的电加热器应慎用。

5.4 其他辅件

5.4.1 管道

液压系统中使用的管道分为硬管和软管两类。硬管有无缝钢管、铜管等,软管则有橡胶管和尼龙管等。一般应优先选用硬管,只有在连接具有相对运动的液压元件时,或有时为了安装方便才采用软管。

液压系统使用的油管通常采用下式计算其内径:

$$d = 2\sqrt{\frac{q}{\pi v}} \tag{5.8}$$

式中 q——通过管道的油液流量;

v——管道中油液的流速,可参考表1.12数值选择。

液压系统使用的油管壁厚按下式计算:

$$\delta = \frac{pdn}{2\sigma_b} \tag{5.9}$$

式中 p——管内工作压力;

n——安全系数,钢管 $p<7$ MPa,$n=8$,7 MPa$<p<17.5$ MPa,$n=6$,$p>17.5$ MPa,$n=4$;

σ_b——管道材料的抗拉强度。

最后根据计算所得油管的内径和壁厚,对照标准选用相近的规格。

在配置液压系统管道时应注意以下几点:

①尽量缩短管路,避免过多地交叉迂回。

②硬管弯曲部分应保持圆滑,防止皱褶。金属管弯曲半径 R 可参考下列数值:钢管热弯 $R\geqslant 3D$(D 为管子外径);钢管冷弯 $R\geqslant 6D$;铜管冷弯 $R\geqslant 2D$($D\leqslant 15$ mm),$R\geqslant 2.5D$($D=15\sim 22$ mm 和 $R\geqslant 3D$($D>22$ mm)。

③金属管连接时要留有胀缩余地。图5.14列举了一些配置实例。

④连接软管时要防止软管受拉或受扭。管接头附近的软管应避免立即弯曲。如图5.15所示。带多层编织钢丝橡胶软管的弯曲半径 R 约为外径的9倍,弯曲位置应距接头 $6D$ 以上。软管交叉时应避免接触摩擦,为此可设置管夹子,如图5.16所示。

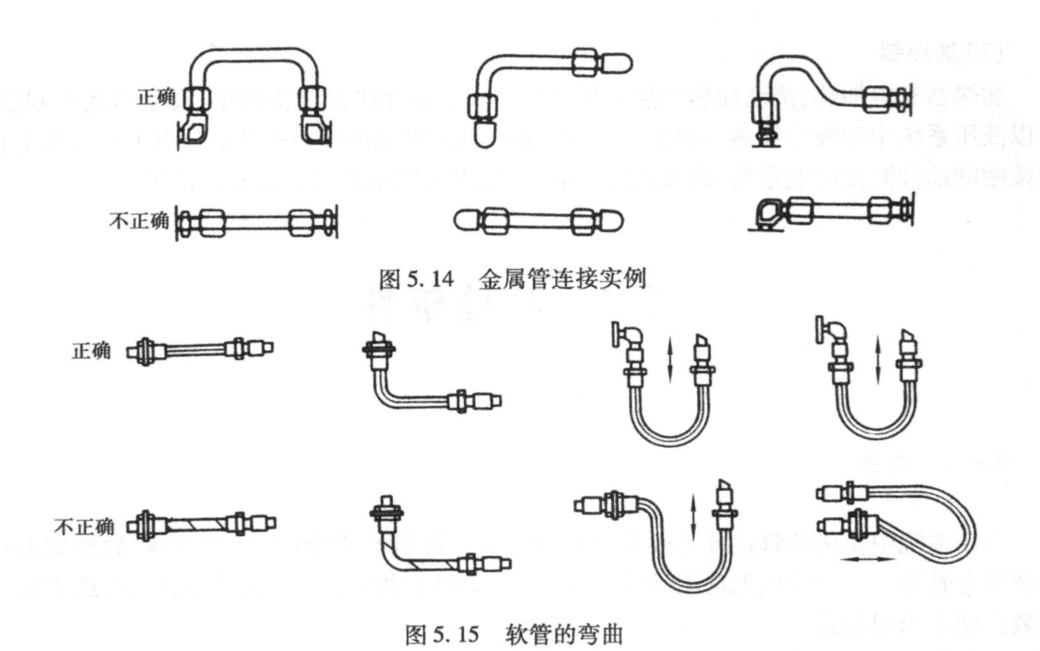

图 5.14　金属管连接实例

图 5.15　软管的弯曲

5.4.2　管接头

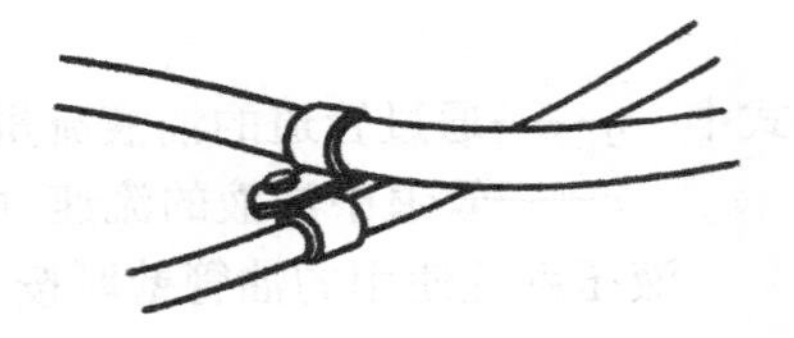

图 5.16　软管夹子

管接头是连接液压元件与油管或油管之间可拆装的连接件。要求连接可靠,拆装方便,密封性好。管接头的种类很多,按管接头的通路数可分为直通、弯头、三通和四通等;而按管接头和油管的连接方式,可分为扩口式、焊接式、卡套式等。常用的管接头类型及其特点见表 5.2。

表 5.2　常用的管接头及特点

类　型	结构图	特　点
扩口式管接头		利用管子端部扩口进行密封,不需其他密封件。适用于薄壁管件和压力较低的场合
焊接式管接头		把接头与钢管焊接在一起,端面用 O 形密封圈密封。对管子尺寸、精度要求不高。工作压力可达 31.5 MPa
卡套式管接头		利用卡套的变形卡住管子并进行密封。轴向尺寸控制不严格,易于安装。工作压力可达 31.5 PMa,但对管子外径及卡套制作精度要求较高

续表

类　型	结构图	特　点
球形管接头	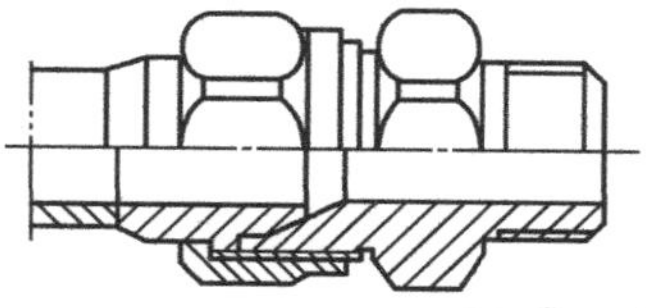	利用球面进行密封，不需要其他密封件，但对球面和锥面加工精度有一定要求
扣压式管接头（软管）	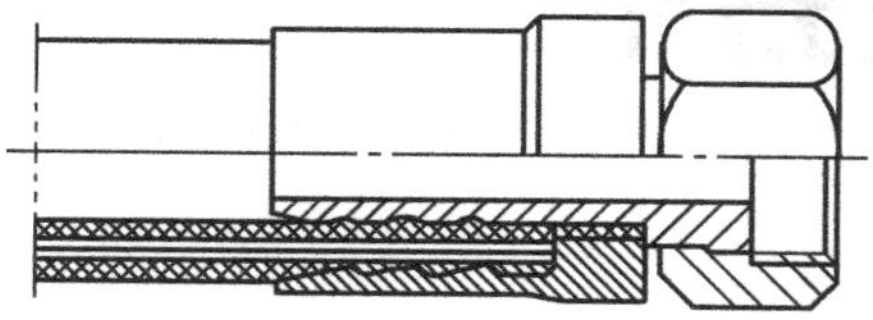	管接头由接头外套和接头芯组成，软管装好后再用模具扣压，使软管得到一定的压缩量。此种结构具有较好的抗拔脱和密封性能
可拆式管接头（软管）	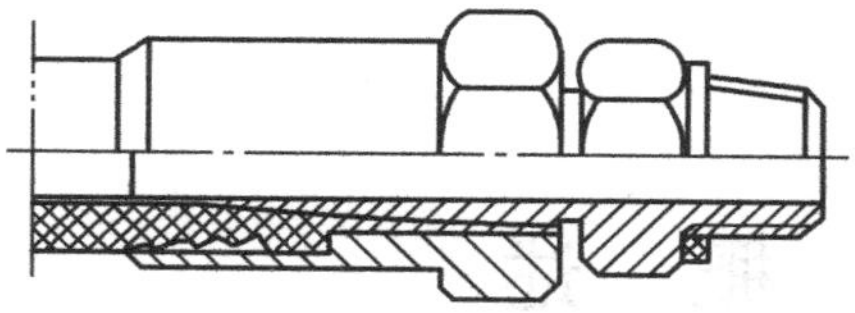	在外套和接头芯上做成六角形，便于经常拆装软管。适于维修和小批量生产。这种结构装配比较费力，只用于小管径连接
伸缩管接头	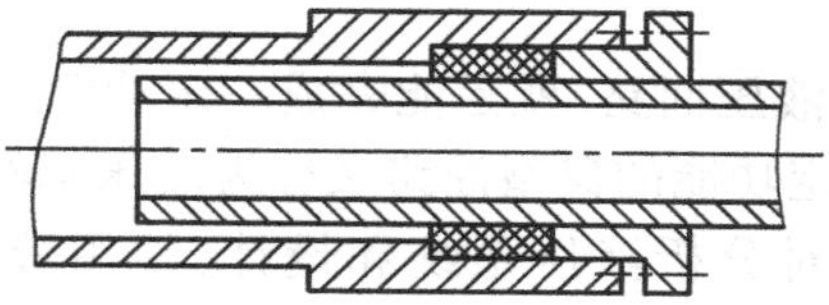	接头由内管和外管组成，内管可在外管内自由滑动，并用密封圈密封。内管外径必须进行精密加工。适于连接两元件有相对直线运动时的管道
快速管接头	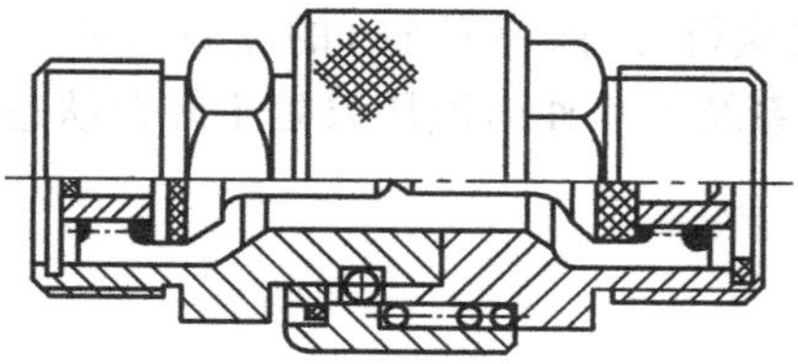	管子拆开后可自行密封，管道内的油液不会流失，因此适于经常拆卸的场合。结构比较复杂，局部阻力损失较大

复习思考题

5.1　滤油器有何作用？对它的一般要求是什么？

5.2　滤油器有哪些安装位置？

5.3　简述蓄能器的作用。

5.4　油箱设计时应考虑哪些问题？

5.5　油管的种类有哪些？各有什么特点？如何选用？

5.6　某液压泵向系统供油，工作压力为6.3 MPa，流量为40 L/min，试选定油管种类与尺寸。

第6章 液压基本回路及分析

6.1 概　述

液压系统是由液压回路组成的。所谓液压回路,就是能完成一定功能的液压元件的集合。而由一些液压元件组成的实现某种特定功能的典型油路又称为液压基本回路。熟悉和掌握液压基本回路的原理、组成和性能,对分析液压系统和设计、使用液压系统是十分重要的。

图6.1即是一简单的液压系统,能完成执行元件(液压缸)的左右运动,且当向右运动到底后由压力继电器PD控制能自动返回,当系统不工作时液压泵处于卸荷状态。

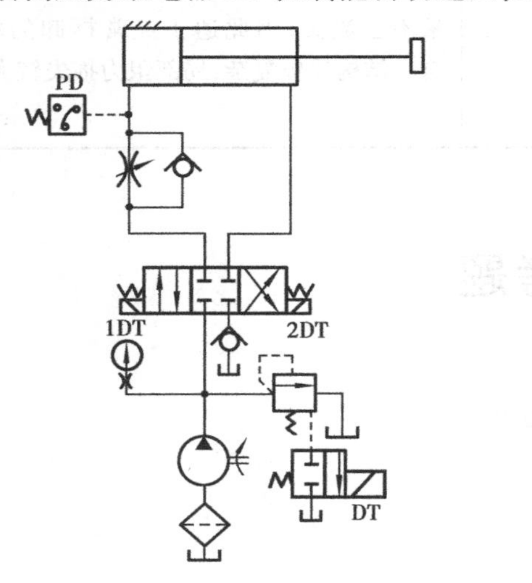

图6.1　开式液压系统

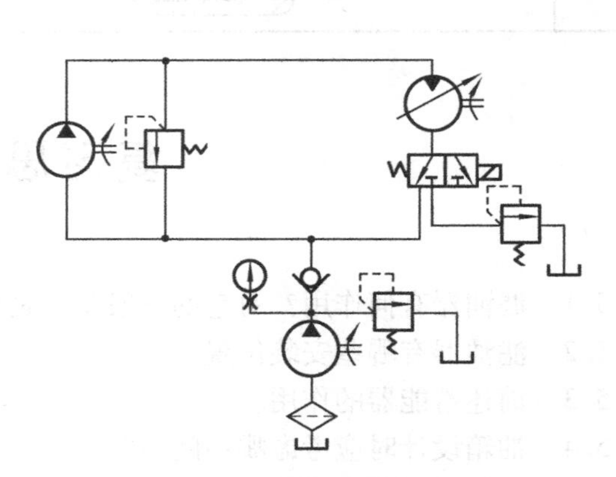

图6.2　闭式液压系统

该液压系统由以下基本回路组成,即调速回路、背压回路、换向回路、调压回路、卸荷回路和自动返回控制。

就油路循环形式而言，液压系统分为开式系统和闭式系统两种。图6.1就是开式系统，在此系统中，液压泵将具有一定压力的压力油送往执行元件，执行元件排出的液压油直接回油箱，这种液压系统的主油路经油箱进行循环的系统称为开式系统。图6.2为闭式液压系统，此系统中，液压泵的排油口直接与执行元件（液压马达）的进油口相连，执行元件的排油口直接与液压泵的进油口相连。这种液压系统的主油路不通过油箱进行循环的系统称为闭式系统。

开式系统结构简单，油液能得到较好的冷却，但油箱尺寸大，空气和脏物易进入回路中，节流调速系统多采用这种形式。闭式系统油箱尺寸小，结构紧凑，但油液的冷却条件差，需采取专门的冷却系统，结构较复杂，容积调速系统多采用这种形式。

6.2　速度控制回路及分析

速度控制回路主要是控制液压系统中执行元件的速度和变换，它包括调速回路、快速回路和速度换接回路等。速度控制回路是液压系统的核心，其他回路往往都围绕着速度调节来进行选配，因而其工作性能和质量对整个系统起着决定性的作用。

6.2.1　调速回路

调速回路需要解决的问题是：用何种回路结构、何种方式和何种办法才能改变执行元件的运动速度，其工作性能如何？具体来讲调速回路应满足以下的基本要求：

①能在规定的调速范围内调节执行元件的速度。

②当负载变化时，调好的速度不变化或者在规定的范围内变化。

③功率损失要小。

④具有驱动执行元件的力（或力矩）。

调节液压系统执行元件速度的方法主要有节流调速、容积调速和容积节流调速。还可以数台液压泵并联，根据需要用一台或几台液压泵向执行元件输送压力油的方法，实现分级调速。

（1）节流调速回路

用改变流量控制元件开口度来调节和控制流入或流出执行元件的流量，达到调节其运动速度的方法称为节流调速。节流调速按流量控制元件安装位置的不同，分成进油节流调速、出油节流调速、旁路节流调速和复合节流调速等4种基本节流调速形式。

1）进油节流调速回路

进油节流调速回路如图6.3所示。它是将节流元件置于执行元件（此处多为液压缸）与液压泵之间的节流调速回路。回路中溢流阀和液压泵构成恒压源，液压泵的出口压力为p_b。换向阀在左位工作时，液压泵排出的油经换向阀和节流阀到液压缸左腔，活塞带动负载右移。改变节流阀的开口度，就控制了进入液压缸的流量，从而改变了液压缸活塞右移的速度。

①进油节流调速回路的速度负载特性：所谓速度负载特性即液压缸活塞的运动速度v与

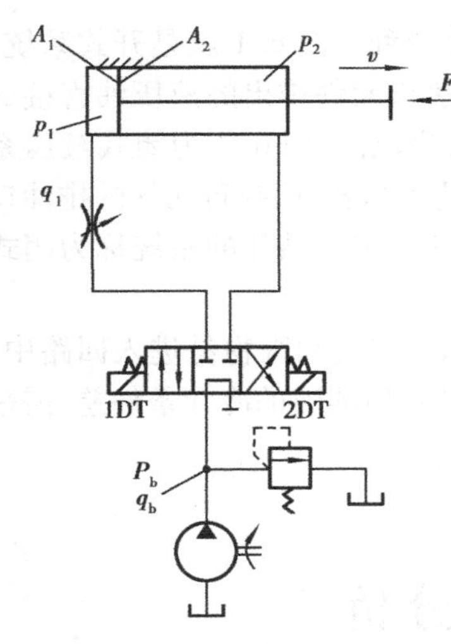

图 6.3　进油节流调速

负载 F 之间的关系。

若 $p_2=0$,则节流阀前后压差 Δp_T 为：

$$\Delta p_T = p_b - p_1 = p_b - \frac{F}{A_1} \tag{6.1}$$

经过节流阀的流量 q_1 为：

$$q_1 = CA_T\Delta p^{\varphi} = CA_T\left(p_b - \frac{F}{A_1}\right)^{\varphi} \tag{6.2}$$

式中　C——流量系数；

A_T——节流阀通流截面积；

A_1——液压缸无杆腔的有效面积；

p_b——液压泵的出口压力,又称为节流阀上游压力；

p_1——液压缸无杆腔内的压力,又称为节流阀下游压力；

φ——节流阀指数；

Δp_T——节流阀前后压差。

将 C 视为常数,则液压缸速度 v 为：

$$v = \frac{q_1}{A_1} = \frac{CA_T}{A_1}(p_b - p_1)^{\varphi} \tag{6.3}$$

若 $p_2\neq 0$,由液压缸活塞的力平衡式 $p_1A_1=p_2A_2+F$ 有：

$$p_1 = \frac{F + p_2A_2}{A_1} \tag{6.4}$$

将式(6.4)代入式(6.3)有：

$$v = \frac{CA_T}{A_1}\left(p_b - \frac{F + p_2A_2}{A_1}\right)^{\varphi} \tag{6.5}$$

若 $p_2=0$,则式(6.5)可写成：

$$v=\frac{CA_T}{A_1}\left(p_b-\frac{F}{A_1}\right)^{\varphi}=\frac{CA_T}{A_1^{\varphi+1}}(p_bA_1-F)^{\varphi} \tag{6.6}$$

式中　A_2——液压缸有杆腔的有效面积；

p_2——液压缸有杆腔内的压力；

F——负载。

式(6.6)就是进油节流调速回路的速度负载特性。若以 F 为横坐标,以 v 为纵坐标,将式(6.6)绘成图,则得一组如图 6.4 所示的速度负载特性曲线。

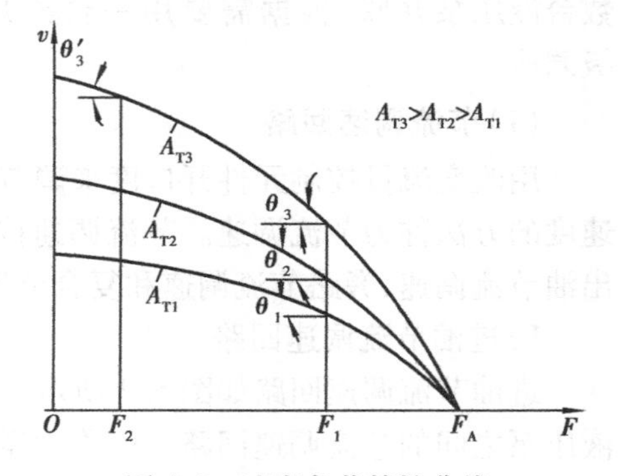

图 6.4　速度负载特性曲线

讨论：

a.视 C 和 φ 为常数。若 A_T 和 p_b 调定时,液压缸活塞运动速度 v 随负载的变化而变化。当负载 F 增加到 F_A 使 $F_A/A_1=p_b$ 时,速度 v 等于零,活塞停止运动。反之,当负载减小甚至为零时,速度就突然增加,活塞出现突然前冲现象。

b. 当负载恒定，p_b 调定时，速度只与节流阀通流截面积成正比。

速度随负载变化的程度可用速度刚度 K_v 这个指标评定。速度刚度的定义是：速度负载曲线上某点切线斜率的负倒数，即

$$K_v = -\frac{\partial F}{\partial v} = -\frac{1}{\tan\theta} \tag{6.7}$$

它表示负载变化时，回路阻抗速度变化的能力，速度刚度越大，说明回路在该处速度受负载波动的影响越小，即该处的速度稳定性越好。因 F 与 v 的变化总是相反的，故式子前面冠以"-"号。

由式(6.6)可求出进油节流调速回路的速度刚度 K_v，即

$$K_v = -\frac{\partial F}{\partial V} = \frac{A_1^{\varphi+1}}{\varphi C A_T} \cdot \frac{1}{(p_b A_T - F)^{\varphi-1}} = \frac{p_b - \frac{F}{A_1}}{\varphi v} \tag{6.8}$$

速度刚度的几何意义就是速度负载曲线上某点的 θ 角。θ 角越小，说明曲线越平缓，刚度就越大。

②进油节流调速的功率特性：为讨论简便起见，这里不考虑液压泵、液压缸和管路上的损失。

定量液压泵输出功率 $P_b = p_b q_b$，在 p_b 一定时是个常数。液压缸的有效功率 $P_1 = p_1 q_1 = p_1 A_1 v$。由此得回路的功率损失 ΔP 为：

$$\Delta P = P_b - P_1 = P_b \Delta q + \Delta P_T q_1 \tag{6.9}$$

式(6.9)说明回路功率损失由两部分组成，即溢流阀损失 $\Delta P_1 = p_b \Delta q$ 和节流损失 $\Delta P_2 = \Delta p_T q_1$，而且都转变成热量，使液压系统温度升高，影响系统的稳定。

若作用在液压缸上的负载是恒定的，工作压力 p_1 便是一个定值，根据 p_1 调好 p_b 后，节流阀前后的压差 Δp_T 便为定值。调节节流阀通流截面积 A_T 来调节液压缸的工作速度，其与功率的关系如图6.5所示。定量液压泵的驱动功率 P_b 为一常量，液压缸的有效功率 P_1 和节流损失 ΔP_2 随 q（或 v）的增大而呈线性地增大，溢流损失 ΔP_1 则线性地减小，当速度 v 达到最大值时，ΔP_1 为最小。

若作用在液压缸的负载是变化的，p_b 就应根据 p_1 的最大值来调节。p_b 和 A_T 调好后，p_1 就随负载 F 的变化而变化，而流量 q_1 则随 F 的增大而呈抛物线下降。液压缸的有效功率为：

$$P_1 = p_1 q_1 = p_1 C A_T (p_b - p_1)^{\varphi} \tag{6.10}$$

对薄壁孔口，$\varphi=0.5$，则有

$$P_1 = p_1 C A_T (p_b - p_1)^{\frac{1}{2}} = C A_T p_b^{\frac{3}{2}} \left(\frac{p_1}{p_b}\right) \left(1 - \frac{p_1}{p_b}\right)^{\frac{1}{2}} \tag{6.11}$$

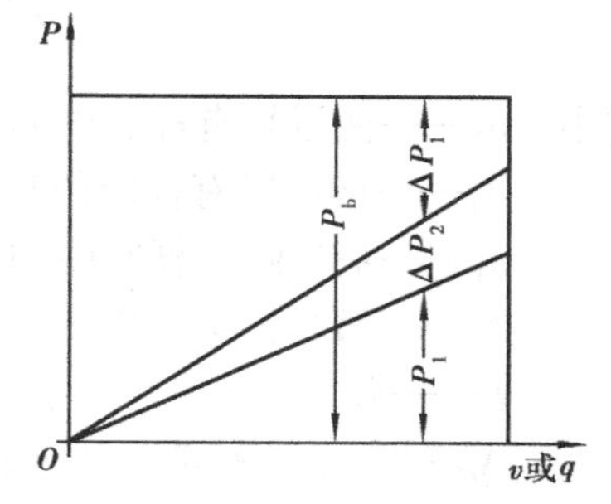

图6.5　恒定负载的功率-速度曲线

式(6.11)说明，有效功率 P_1 随工作压力 p_1 或 p_1/p_b 的变化而变化，其变化关系如图6.6所示，曲线1为液压缸的有效功率曲线，曲线2为负载特性曲线，曲线3为液压泵的功率曲线

（定量液压泵输入功率为常量）。

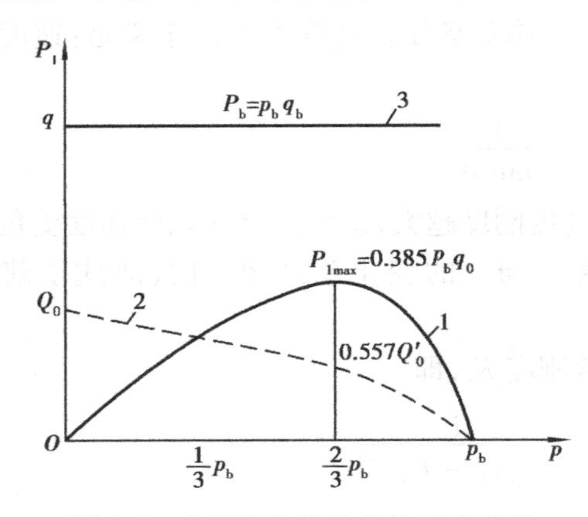

图 6.6　非恒定负载的功率-速度曲线
1—液压缸的有功功率;2—负载特性曲线;
3—液压泵的功率曲线

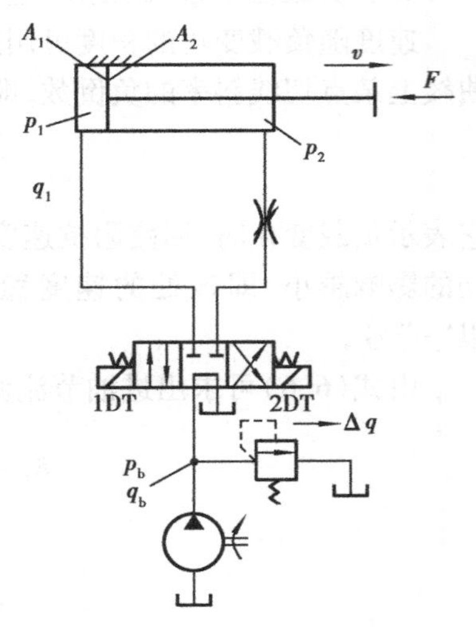

图 6.7　出油节流调速

③进油节流调速的效率:不考虑液压泵、液压缸和管路的功率损失时,进油节流调速的效率可表示为:

$$\eta = \frac{p_1 q_1}{p_b q_b} \tag{6.12}$$

2)出油节流调速回路

出油节流调速回路如图 6.7 所示。此种回路是将节流元件置于执行元件(此处为液压缸)和油箱之间的节流调速回路。调节节流阀的开口度就调节了液压缸的回油流量,从而控制了进入液压缸的流量 q_1,也就调节了液压缸活塞运动的速度。

若不计管路和换向阀等处的压力损失,则 $p_1=p_b$ 且基本上为定值。由液压缸活塞力平衡方程式 $p_1A_1=F+p_2A_2$ 得:

$$p_2 = \frac{p_1}{A_2}A_1 - \frac{F}{A_2} \tag{6.13}$$

由于节流阀出口压力 $p_3=0$,所以 $\Delta p_T=p_2$,由此可得液压缸活塞运动速度 v 为:

$$v = \frac{q_2}{A_2} = \frac{CA_T p_2^{\varphi}}{A_2} = \frac{CA_T}{A_2^{\varphi+1}} = (p_b A_1 - F)^{\varphi} \tag{6.14}$$

式中　p_2——液压缸有杆腔内的压力;
A_2——液压缸有杆腔的有效面积;
p_1——液压缸无杆腔内的压力;
A_1——液压缸无杆腔的有效面积;
F——负载;
Δp_T——节流阀前后压差;
φ——节流阀指数;
C——流量系数;
A_T——节流阀有效通流截面积;
q_2——通过节流阀的流量。

由式(6.14)可见,出油节流调速回路的速度负载特性公式与进油节流调速回路的速度负载特性公式完全一样。同样,速度刚度表达式,功率特性也与进油节流调速回路一样,故此处不再赘述。

需要说明的是,以上表达式的相同是在进出油节流调速回路的 φ、C、F、v、p_b 和液压缸结构尺寸 A_1 和 A_2 都相同的假定条件下得出来的。又由于进油节流调速回路的节流阀安装在液压缸无杆腔一侧,而出油节流调速回路的节流阀安装在有杆腔一侧,所以节流阀的通流截面积 A_T 和节流阀的前后压差 Δp_T 是不相同的。

3)进油节流调速回路与出油节流调速回路其他性能的比较

①出油节流调速回路能承受负值负载。进油节流调速回路若不加背压则不能承受负值负载,但这样做要提高泵的供油压力,增加功率消耗。

②出油节流调速回路可改善系统温升,因回油经油箱冷却后进系统。进油节流调速回路则是经节流阀的热油进系统。

③进油节流调速回路不能用于负载突然为零的场合。例如液压缸承压面积比 $A_1/A_2=2$,当负载为零时,$p_2=\frac{A_1}{A_2}p_1=2p_1$。这样易损坏液压元件(如管路、密封等)。

④在相同速度要求下,出油节流调速回路中节流阀的通流截面积要调得比进油节流调速回路小,也就是说,出油节流调速回路可以获得更低的速度。且由于回油路上始终存在背压,可有效地防止空气从回油路吸入,因而低速时不易爬行,高速运动时不易颤振,即出油调速回路运动平稳性好。

⑤进油节流调速回路前腔压力可以用来控制其他程序。出油节流调速回路前腔压力无变化,后腔压力虽可利用,但控制电路的结构较复杂。

⑥第二次启动的瞬间,出油节流调速回路会发生前冲现象;而进油节流调速可以通过调节节流元件加以克服,但若快速启动,液压缸活塞会产生脉动现象。

4)旁路节流调速回路

如图6.8所示,这种节流调速回路是将节流元件安装在与执行元件并联的支油路上。定量液压泵输出恒定的流量 q_b,其中一部分流量 q_1 进入液压缸,另一部分流量 Δq 经节流阀流回油箱。此回路就是由改变 Δq,从而改变 q_1 达到调节液压缸活塞运动速度的。回路中溢流阀调定压力必须大于克服最大负载所需的压力,即溢流阀在此处作安全阀用。

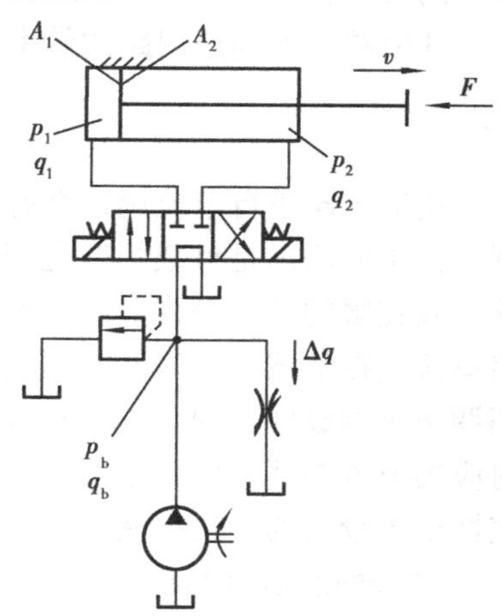

图6.8 旁路节流调速

①旁路节流调速回路的速度-负载特性 若不计管路和换向阀等处的损失,按照前面叙述的方法,可得出这种调速回路的液压缸活塞运动速度和速度刚度。

$$v=\frac{q_b-CA_Tp_1^{\varphi}}{A_1}=\frac{q_b-CA_T\left(\frac{F}{A_1}\right)^{\varphi}}{A_1} \tag{6.15}$$

$$K_v=-\frac{\partial F}{\partial v}=\frac{A_1F}{\varphi(q_b-vA_1)} \tag{6.16}$$

将式(6.15)按不同的节流阀通流截面积 A_T 作图,就得出一组旁路节流调速回路的速度-负载特性曲线,如图6.9所示。由图可看出:

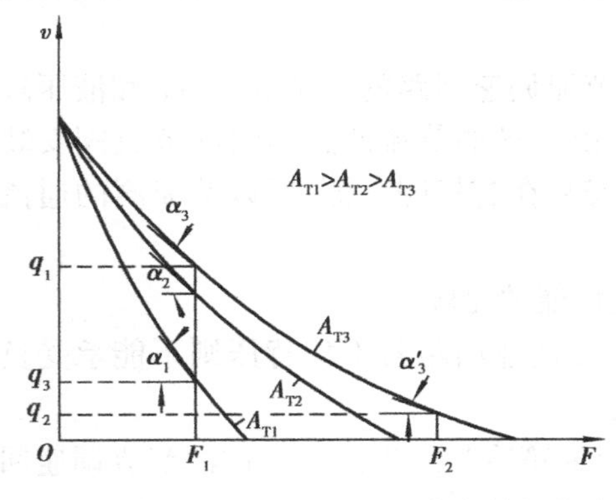

图6.9　旁路节流调速的速度-负载特性曲线

a. 当 A_T 不变时,负载越大,则速度刚度越大(q_2 处的 K_v 高于 q_1 处的 K_v)。

b. 当 F 不变,速度越大则速度刚度 K_v 越大(q_1 处的速度刚度高于 q_2、q_3 处的速度刚度)。

c. 减小 φ 和 q_b,增大 A_1 可提高速度刚度。

由图6.9还可以看出,回路的最大承载能力随节流阀通流截面积 A_T 的增加而减小。当 $F_{max}=\left(\dfrac{q_b}{CA_T}\right)^{\frac{1}{\varphi}}A_1$ 时,泵的全部流量经节流阀流回油箱,液压缸的速度为零,继续增大 A_T 已不起调速作用。即这种调速回路在低速时承载能力低,调速范围也小。

②旁路节流调速回路的功率特性　液压泵的驱动功率为 $P_b=p_bq_b=p_1q_1$,而通过节流阀产生的功率损失为:

$$\Delta P=\Delta q_T p_1=CA_T p_1^{\varphi+1} \tag{6.17}$$

故液压缸的有效功率为:

$$P_1=p_1q_1=p_1(q_b-CA_T p_1^{\varphi}) \tag{6.18}$$

由式(6.17)和式(6.18)可看出,旁路节流调速回路只有节流损失,而无溢流损失,因而功率损失比前两种调速回路小,效率高。这种调整回路一般用于功率较大且对速度稳定性要求不高的场合。

③旁路节流调速回路的效率　旁路节流调速回路的效率 η 为:

$$\eta=\frac{p_1q_1}{p_bq_b}=\frac{p_1q_1}{p_1q_b}=\frac{q_1}{q_b} \tag{6.19}$$

用节流阀进行节流调速都有一个共同的缺点,就是回路的负载特性较差,速度稳定性不好。其主要原因是负载的变化引起节流阀压差的变化,从而使进入执行元件的流量发生变化。其克服的措施是将前面4种节流调速回路中的节流阀用调速阀代替即可。由于调速阀出口流量在负载变化时基本保持不变,因而速度负载特性大为改善,速度稳定性大为提高。用调速阀构成的进油、出油、复合和旁路节流调速回路的工作原理和调速特性等,同它们各自对应的节流阀调速回路基本一样。用调速阀构成的节流调速回路常用于负载变化大,速度稳定性要求较高的小功率液压系统中。

(2)容积调速回路

用改变液压泵或执行元件(液压马达和液压缸)工作容积的方法来改变执行元件的速度的油路称容积调速回路。

容积调速回路通常有3种基本形式,一是变量液压泵和定量执行元件(主要是指定量液压马达,以下同)组成的调速回路,二是定量液压泵和变量执行元件组成的调速回路,三是变量液压泵和变量执行元件组成的调速回路。

1）变量液压泵-定量液压马达调速回路

图6.10是变量液压泵和定量液压马达构成的调速回路原理图。液压泵4将具有一定压力的压力油直接供给液压马达6，溢流阀5用于限制最高压力。液压泵1为辅助泵，其流量为主液压泵4的流量的10%～15%，压力为0.5～0.7 MPa，用溢流阀3控制。

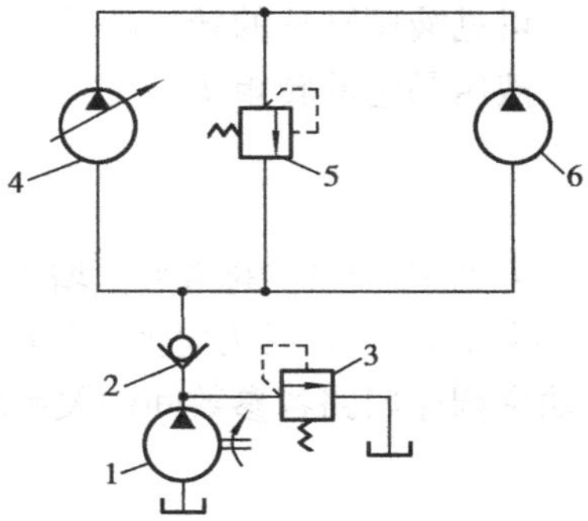

图6.10　变量液压泵-定量液压马达调速回路

为讨论方便，以下均不考虑回路效率。这种调速回路中各参数之间的关系分别为：

进入液压马达的流量 $q_m = q_b = n_b V_b$；　(6.20)

液压马达的转速 $n_m = q_m / V_m = \dfrac{n_b V_b}{V_m}$；　(6.21)

液压泵的驱动功率 $P_b = n_b V_b p_b$；　(6.22)

液压马达的转矩 $T_m = \Delta p_m V_m / 2\pi$。　(6.23)

Δp_m 为液压马达进出油口压力差。若出油口压力视为零，则液压马达的转矩 T_m 为：

$$T_m = \frac{p_m V_m}{2\pi} \tag{6.24}$$

若负载恒定，回路工作压力不变，则 Δp 恒定，液压马达的排量恒定，故液压马达的转矩是恒定的，因此称这种调速回路为恒转矩调速。恒转矩调速回路有较大的调速范围，一般可达40。

液压泵的驱动功率随排量 V_b 的增大而增大。

以上参数若用图线表示，即如图6.11所示的调速特性图。

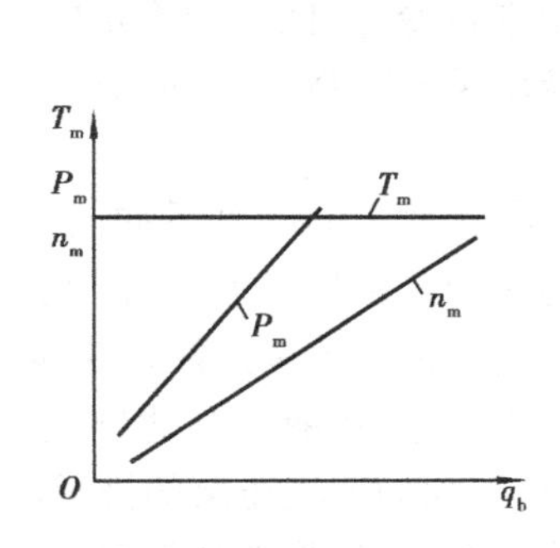

图6.11　调速特性

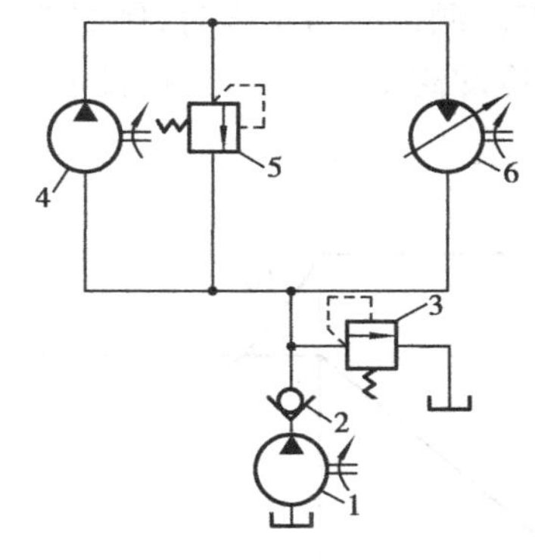

图6.12　定量液压泵-变量液压马达调速回路

2）定量液压泵-变量液压马达调速回路

图6.12为定量液压泵和变量液压马达构成的调速回路原理图。

定量液压泵输出的流量不变（排量不变），其最大压力由溢流阀5限制。变量液压马达其排量可调。定量液压泵1为辅助泵，溢流阀3限制其出口压力。

各参数间的关系为：

液压马达的转速 n_m

$$n_m = \frac{q_m}{V_m} = \frac{n_b V_b}{V_m} \tag{6.25}$$

可见液压马达的转速随其排量 V_m 的增大而减小,随 V_m 的减小而增大。

液压马达的转矩 T_m

$$T_m = \frac{\Delta p_m V_m}{2\pi} \tag{6.26}$$

可见 T_m 随 V_m 的增大而增大,随 q_m 的减小而减小。

由于 p_b 调好后为定值,又 q_b 为定值,所以功率恒定,故称这种调速回路为恒功率调速。恒功率调速回路各参数间的关系若用图线表示,即如图 6.13 所示的调速特性图。

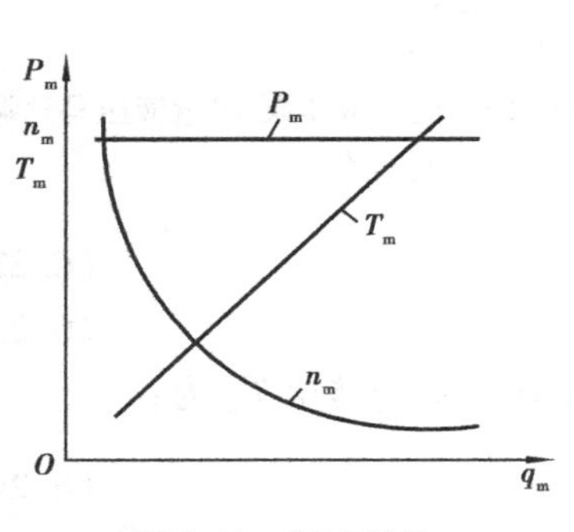

图 6.13 调速特性

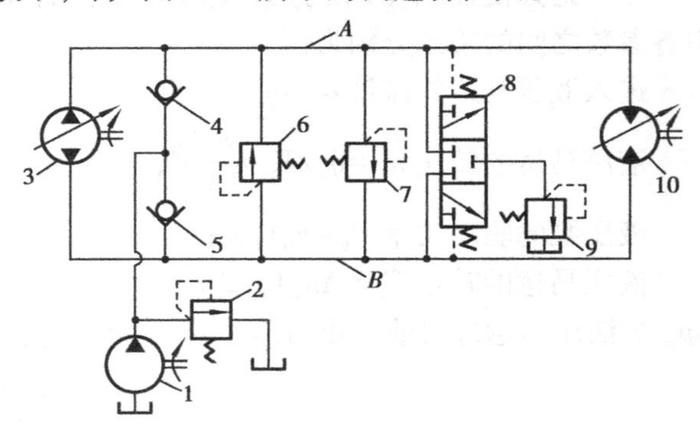

图 6.14 变量液压泵-变量液压马达调速回路

3)变量液压泵-变量液压马达调速回路

这种调速回路的原理如图 6.14 所示。

双向变量液压泵 3 供给主油路压力油,1 为补油液压泵。溢流阀 6 和 7 分别控制油路 A 和 B 的最高压力,同时防止液压马达反向回转。8 为冷却阀,回油的一部分通过它和 9 回油箱进行冷却。调速回路工作时,例如液压泵向 A 管路供油时,液压马达带动负载朝一个方向转动,同时冷却阀 8 上位工作,回油的一部分经阀 8 和 9 回油箱进行冷却,回路中不足的油量由液压泵补充。若液压泵向管路 B 供油,分析方法与上类似。

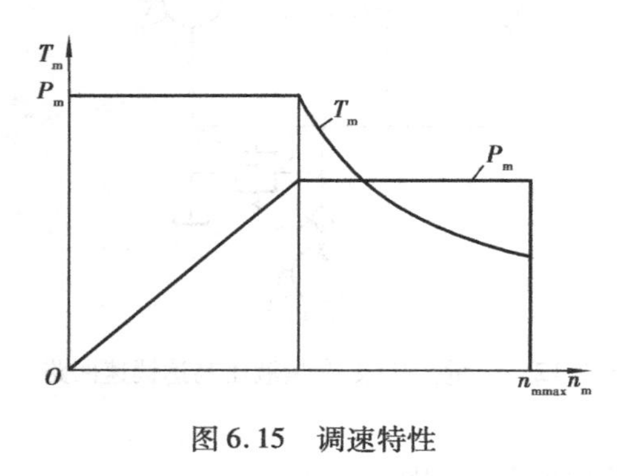

图 6.15 调速特性

这种调速回路各参数之间的关系如前所述,只是液压泵和液压马达的排量均可调节,因此可根据需要实现恒转矩调速和恒功率调速两种功能。

若要实现恒转矩调速,将液压马达排量调至最大且固定,然后由小到大调节液压泵的排量即可。

若要实现恒功率调速,先将液压泵排量调至最大且固定,然后由小到大调液压马达的排量即可。

图 6.15 为该回路的调速特性图。

(3)容积节流调速回路

这类调速回路采用变量液压泵供油,用节流阀或调速阀改变进入液压缸的流量,以实现工作速度的调节,并使供油量与需油量相适应。常见的有限压式变量叶片泵和调速阀构成的容积节流调速回路和由稳流式变量叶片泵和节流阀构成的容积节流调速回路。

1)限压式变量叶片泵和调速阀构成的调速回路

图 6.16 为限压式变量叶片泵和调速阀构成的调速回路原理图。该回路的工作情况如

下：

限压式变量叶片泵1输出的压力油经调速2进入液压缸4工作腔，推动活塞克服负载 F 运动，回油经背压阀5回油箱。当调速阀通流截面积调定后，流量即确定不变，液压缸活塞速度也就被确定，限压式变量叶片泵输出流量亦自动进行调节与之相适应。

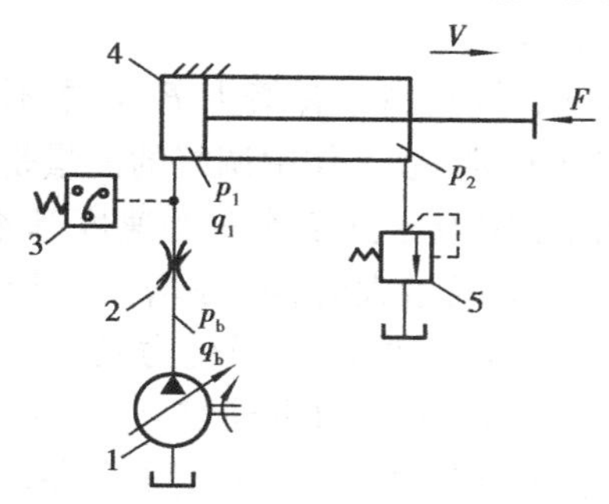

图6.16 限压式变量叶片泵—调速阀调速回路

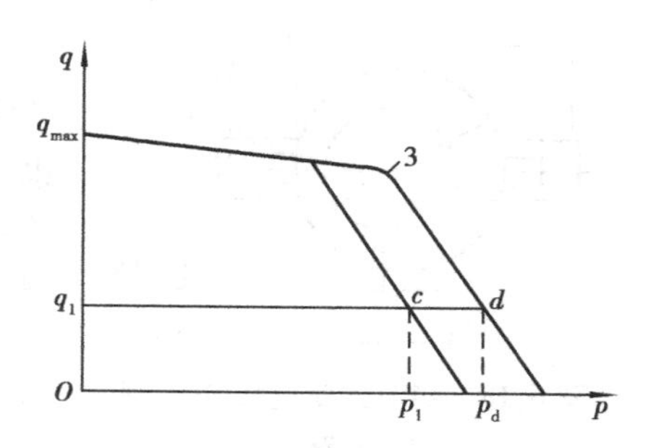

图6.17 特性曲线

若由调速阀调定的某一通流截面积 A_T 下的流量为 q_1，调速阀压力流量特性曲线与限压式变量叶片泵的压力流量特性曲线相交于 C 点（见图6.17），此时表明泵的流量和压力为 q_1 和 p_1。如果泵的输出流 q_b 大于 q_1，泵的出口压力 p_b 必然升高，泵自动将流量降下来使 $q_b \approx q_1$；如果泵出口流量 q_b 小于 q_1，泵的压力一定高于 p_1，泵因流量 q_b 小于通过调速阀调定的流量，会自动地使压力降低到 p_1，流量增加到 q_1。

这种调速回路在工作中没有溢流损失，但仍有节流损失，它表现在保证调速阀正常工作的压差上。另外，背压的存在也造成功率损失。因此，在不考虑液压泵、缸和管路的损失时，其效率为：

$$\eta = \frac{\left(p_1 - p_2 \frac{A_2}{A_1}\right) q_1}{p_b q_b} = \frac{p_1 - p_2 \frac{A_2}{A_1}}{p_b} \tag{6.27}$$

当不考虑背压时，其效率为：

$$\eta = \frac{p_1}{p_b} \tag{6.28}$$

必须指出，这种调速回路不能用于负载变化大，且在一工作循环中大部分时间处于小负载的场合。

2）稳流式变量泵和节流阀构成的调速回路

图6.18为这种调速回路的结构。当二位二通电磁阀DT得电时，图中A、B、C三点压力是相等的。液压泵的定子在弹簧力作用下处于最左位置，定子与转子偏心距最大，液压泵的供油量亦最大。

当二位二通电磁阀DT失电，压力油经节流阀进入液压缸无杆腔，液压泵出口的压力和流量为 p_b 和 q_b。当 q_b 大于节流阀调定通过的流量 q_1 时，使得 p_b 上升，两控制柱塞上的液压合力作用在定子上，压缩弹簧，定子向右移动，减小泵的偏心距 e，直至液压泵的供油量 q_b 与 q_1 相适应为止。此时液压泵的定子在几个力作用下保持平衡，其关系如下：

$$p_b(A_1 + A_2) = p_1 A + F_s$$

$$\Delta p_T = p_b - p_1 = \frac{F_s}{A} \tag{6.29}$$

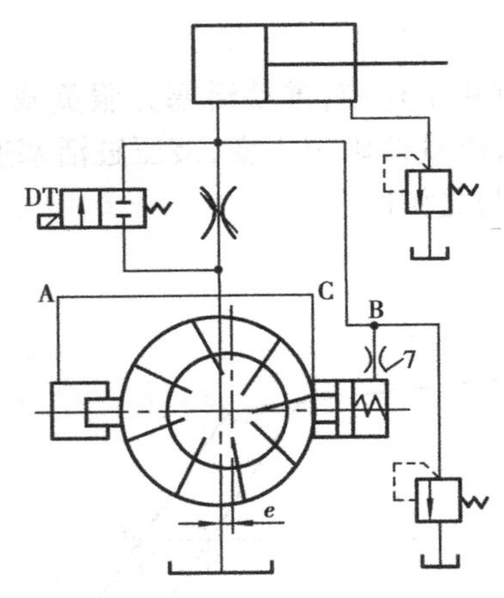

图6.18 稳流式变量泵-节流阀调速回路

式中 p_b——液压泵出口压力；

p_1——液压缸进口压力；

A——控制活塞有效面积，$A=A_1+A_2$；

F_s——弹簧力；

Δp_T——节流阀前后压差。

由式(6.29)可以看出，由于弹簧力 F_s 基本不变，所以节流阀压差 Δp_T 基本恒定，故工作中调好的流量是稳定的，也就是说，在这种回路中液压缸工作时的速度基本上不受负载的影响。例如当负载增大时，p_1 亦增大，引起泵的泄漏增加，泵的供油量减少，但同时定子受力发生变化，迫使定子左移，加大偏心距 e，使泵的供油量 q_b 与 q_1 相适应。当负载减小时，定子受力发生变化后使定子右移，减小偏心距 e，直至泵的供油量 q_b 与 q_1 相适应为止。

当泵的供油量 q_b 发生变化，例如 q_b 大于节流阀调定通过的流量 q_1 时，则 p_b 上升，定子受力发生变化，定子向右移动，减少偏心距 e，直至泵的供油量 q_b 与 q_1 相适应为止。

图中7为阻尼小孔，用以防止液压泵定子移动过快而发生振荡。

这种调速回路没有溢流损失，效率较高。其效率为：

$$\eta=\frac{p_1q_1}{p_bq_b}=\frac{p_1}{p_1+\Delta p_T} \tag{6.30}$$

6.2.2 速度控制回路

(1)快速运动回路

在定量泵液压系统中，快速运动回路是指液压系统在轻载或空载时，使执行元件高出工作时的运动速度的油路。其目的是使系统的功率得到合理的利用，提高生产率。

1)差动联接回路

如图6.19所示，差动联接是将压力油同时联接在单杆活塞液压缸的两腔，它是利用减小液压缸承压面积来实现快速运动的，即当1DT和3DT得电，液压泵供给的压力油同时进入液压缸两腔，由于 $A_1>A_2$，回油腔的油又进入工作腔(无杆腔)，使活塞快速向右运动。若液压缸承压面积比为2(即 $A_1=2A_2$)，则液压缸活塞快速前进的速度和活塞后退速度相等。当然在实施差动联接时，液压缸产生的推力也相应地减小。

2)双泵供油的快速回路

双泵供油的快速回路如图6.20所示。液压泵1为大流量泵，液压泵2为小流量泵。当液压缸活塞带动负载为轻载或空行程时，两泵同时向系统供油。当系统进入工作行程时，由于系统压力升高，溢流阀3全开，使液压泵1处于卸荷状态，此时系统由液压泵2单独供油。溢流阀3的调整压力较液压缸活塞快速运动时所需压力略高，溢流阀5的调整压力较系统工作行程所需压力高。

3)用蓄能器的快速回路

图6.21为用蓄能器的快速回路原理图。当系统不工作时，液压泵输出的压力油经单向

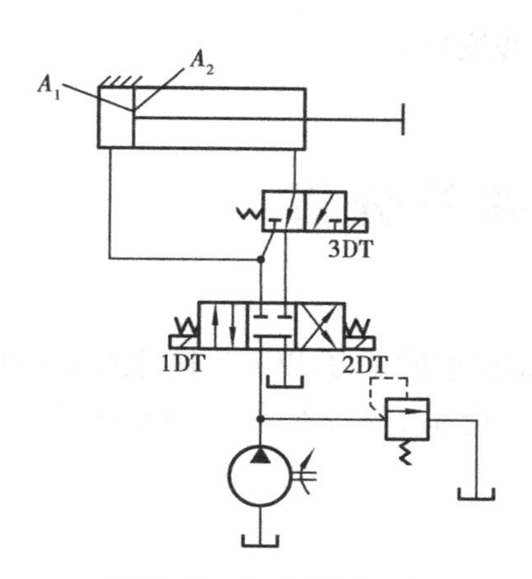

图6.19　差动联接回路

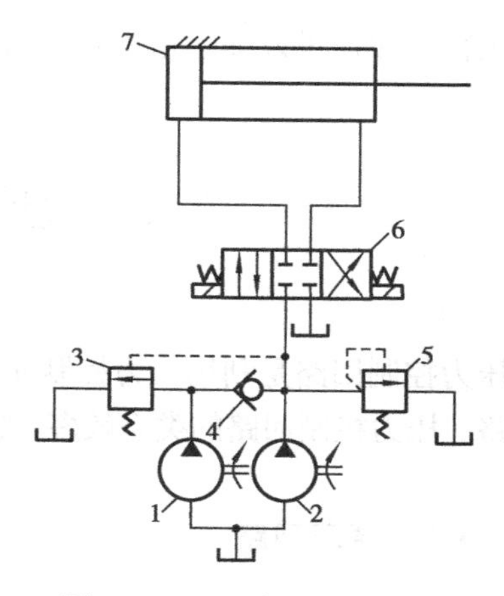

图6.20　双泵供油快速回路

阀3向蓄能器5充液，这时蓄能器储存能量。当蓄能器压力达到规定值时，带电接点压力表动作使4DT得电，液压泵卸荷。当系统工作时，液压泵停止卸荷，与蓄能器同时向系统供给压力油，使液压缸活塞以高于工作行程时的速度运动。而在工作行程时(3DT得电)，只有液压泵1向系统供油，液压缸活塞恢复到工作行程时的速度。

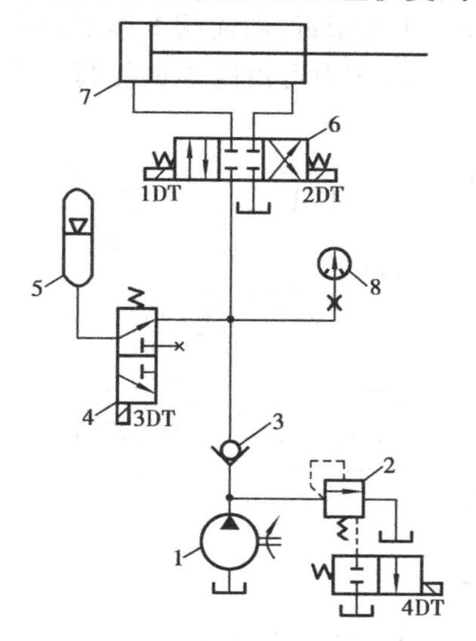

图6.21　用蓄能器的快速回路

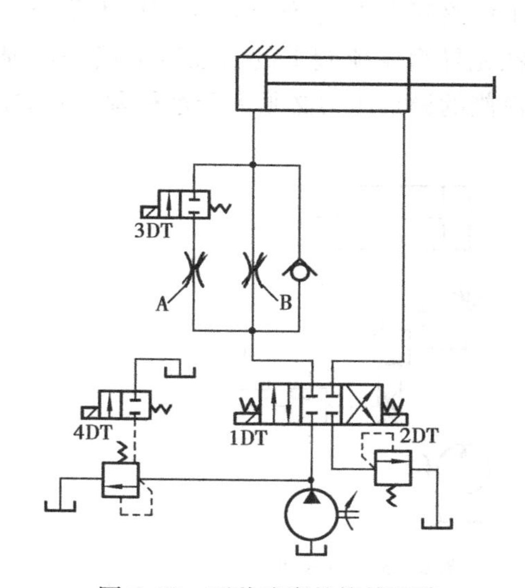

图6.22　两种速度的换接回路

(2)速度换接回路

速度换接回路是实现工作机械在一个工作循环中有几种速度要求的油路，且由一种速度换成另一种速度时要平稳。

如图6.22所示，两个调速阀并联在液压缸进油路上，液压缸活塞向右为工作行程。当1DT、3DT得电，4DT失电时，由调速阀A确定液压缸活塞一种速度；当1DT得电，3DT、4DT失电时，由调速阀B确定另一种速度。显然调速阀A的开口度应比调速阀B的开口度大才能实现。

这种油路在实现第一种速度时液压缸活塞有前冲现象，实现第二种速度时较平稳。如果二位二通电磁阀选成常闭式的，则可实现使两种速度时均平稳。

执行元件还可以通过电液比例阀来实现速度的无级变换。

6.3 压力控制回路及分析

压力控制回路是利用压力控制元件控制系统或局部油液的压力,以满足执行元件工作需要的油路。压力控制回路的类型较多,现仅以调压、减压、平衡和锁紧等回路进行介绍和分析。

6.3.1 调压回路

调压回路是调节和控制系统或局部的压力,以满足系统的压力恒定或在一定范围内变化或实现几种压力的需求。

(1)基本调压回路

图6.23为最基本的调压回路。当改变节流阀2的开口来调节液压缸的活塞速度时,溢流阀1始终开启溢流,使系统工作压力稳定在溢流阀1调定压力附近,溢流阀1作定压阀用。如果在先导型溢流阀1的遥控口上接一远程调压阀3,则系统压力可由阀3远程调节控制。主溢流阀的调定压力必须大于远程调压阀的调定压力。

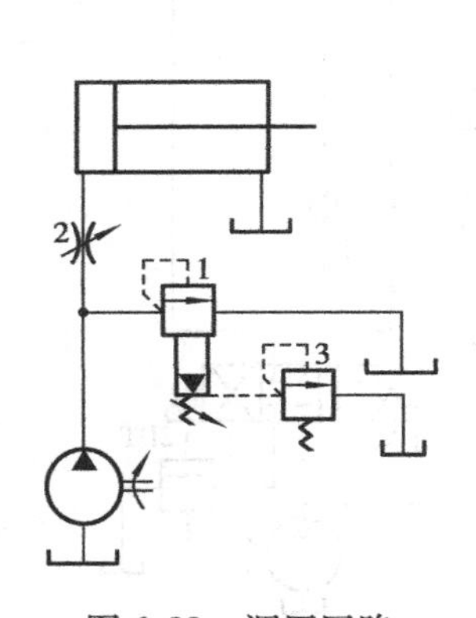

图6.23 调压回路

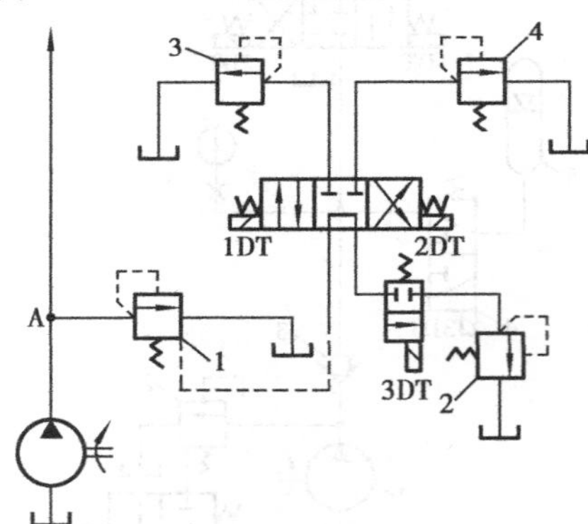

图6.24 多级调压回路

(2)多级调压回路

如图6.24所示,液压泵出口A处可通过电磁换向阀和4个溢流阀的控制实现4种不同的压力。例如在图示状态时,由溢流阀1可确定一种压力,若3DT得电,可由溢流阀2确定另一种压力。当1DT得电或4DT得电时,又可由溢流阀3或4分别调定一种压力。

以上由溢流阀调定的压力互不干扰,但必须满足溢流阀1调定的压力较其他均高的条件。

6.3.2 减压回路

减压回路是使系统中某一部分油路具有较低的稳定压力，以满足工作要求的油路。最常见的减压回路是在所需低压的支路上串接定值减压阀，如图6.25所示，回路中的单向阀3用于当主油路压力低于减压阀2的调定值时，防止液压缸4的压力受其干扰，起短时保压作用。

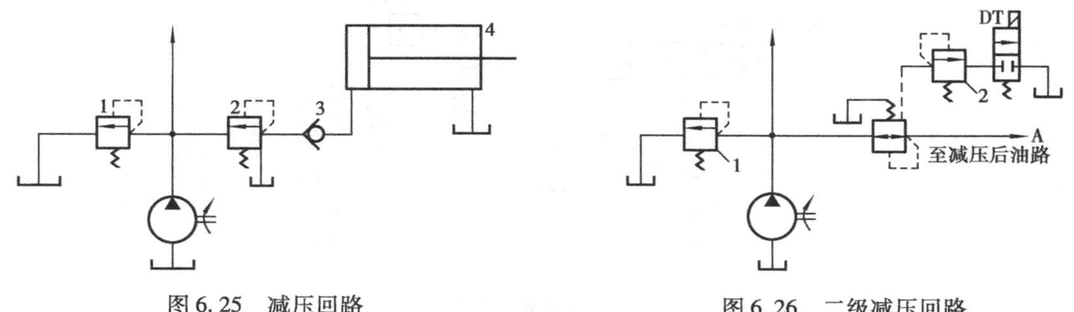

图6.25 减压回路　　图6.26 二级减压回路

如图6.26所示为二级减压回路原理图。通过减压阀、溢流阀和二位二通电磁阀的控制，可在出口A处获得两种减压后的压力。如图示状态时，由减压阀确定一种压力。当DT得电，又获得一种由减压阀、溢流阀2确定的压力（此处的溢流阀相当于减压阀的锥阀）。图中溢流阀1，减压阀和溢流阀2的调整压力的关系为：$p_{1y}>p_J>p_{2y}$。

6.3.3 平衡和锁紧回路

为了防止立式液压缸缸体或活塞或垂直运动的工作部件由于自重下落或超速下落而设置的油路称为平衡回路。

(1)用顺序阀的平衡回路

图6.27(a)为用单向顺序阀的平衡回路原理图。将顺序阀的调整压力调得略大于重物和液压缸活塞对液压缸有杆腔形成的压力，就可使重物停留在任意位置而不下落。但由于阀本身的泄漏，被平衡的重物仍会缓慢地下降，因此这种回路适于被平衡的质量不太大且停留的时间不很长的场合。如果改成如图6.27(b)的形式，顺序阀的卸油口被堵死，则阀关闭严密，就达到了被平衡物停留时间较长的目的。若需被平衡物下降，只需使二位二通电磁阀3DT得电，卸油口接油箱即可。

(2)用平衡阀的平衡回路

图6.28(a)是用远控平衡阀构成的平衡回路。调整平衡阀的开启压力，使其略大于立式液压缸活塞和工作部件自重形成的下腔背压力，即可平衡液压缸活塞和重物。这种回路在活塞向下运动时，因回油腔有一背压存在故运动平稳。又平衡阀的开启是进入液压缸上腔的压力油，此时背压消失，故系统效率较高。由于平衡阀本身的泄漏，它仅适用于被平衡物质量不很大且被平衡时间不很长的场合。

如果将此回路中的远控平衡阀改为直控平衡阀，有何弊病请读者分析。

图6.28(b)是用远控平衡阀实现的双向平衡回路。因液压缸活塞所带动的负载在运动

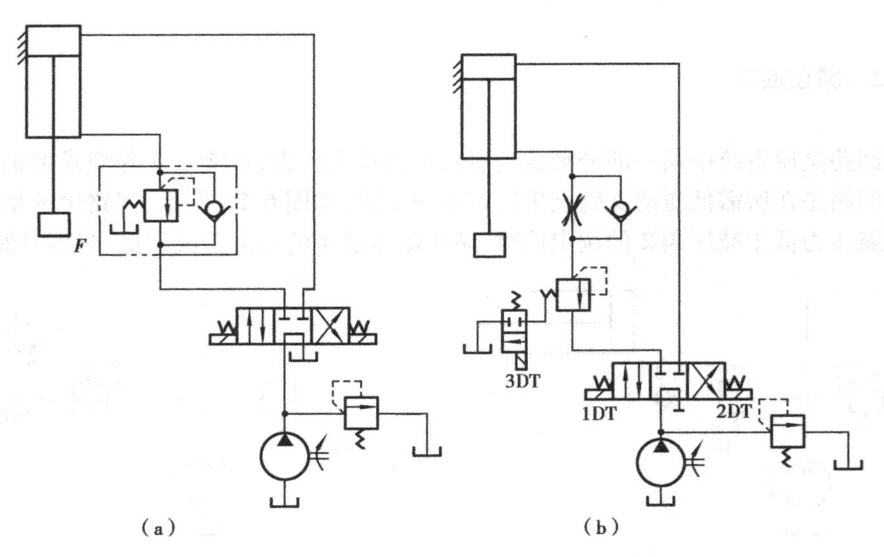

图 6.27　用顺序阀的平衡回路

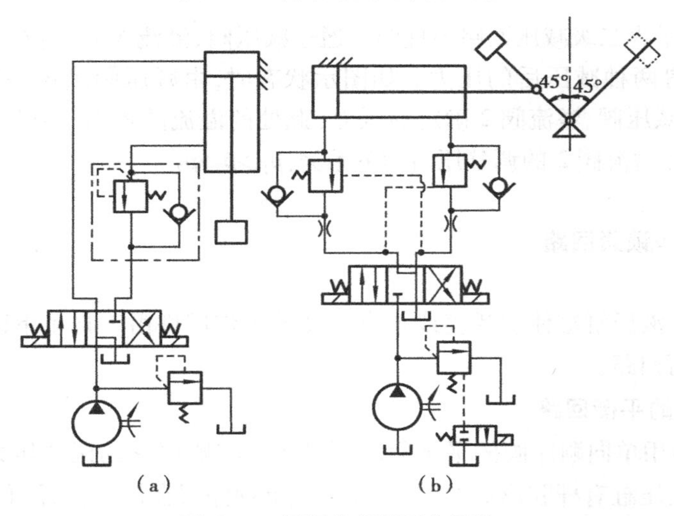

图 6.28　用平衡阀的平衡回路

过程中性质发生变化，为使变化的负载运动平稳，在液压缸两腔均设置一个远控平衡阀，构成双向平衡回路。

(3)用液控单向阀的平衡回路

如图 6.29 所示，当换向阀在左位工作时，压力油进入液压缸上腔，同时将液控单向阀打开，活塞及所带重物下降。当换向阀处于中位时，液控单向阀立即关闭。由于阀是锥面密封，泄漏量很小，故其闭锁性能好，重物停留时间较长。回路中接入节流阀，以防止活塞及所带重物加速下降而产生失控。

(4)用液控单向阀的双向锁紧回路

用液控单向阀的双向锁紧回路如图 6.30 所示。回路功能是保证液压缸活塞在行程范围内可准确停留于任意位置。回路工作原理是：当 1DT 得电，2DT、3DT 处于失电状态时，液压油顶开左边液控单向阀，同时打开右边液控单向阀，液压缸活塞向右运动。当 1DT 失电，换向

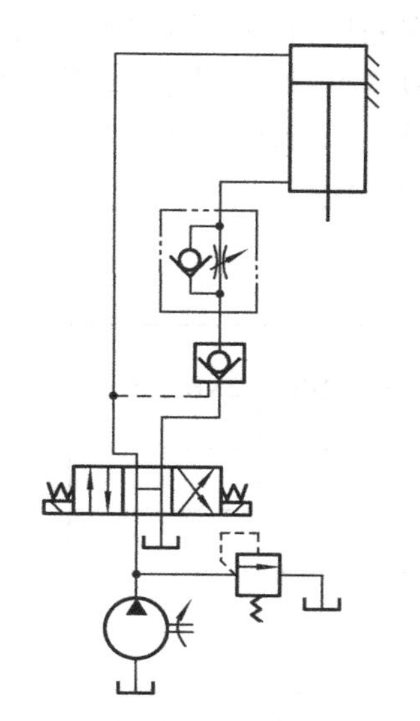

图6.29 用液控单向阀的平衡回路

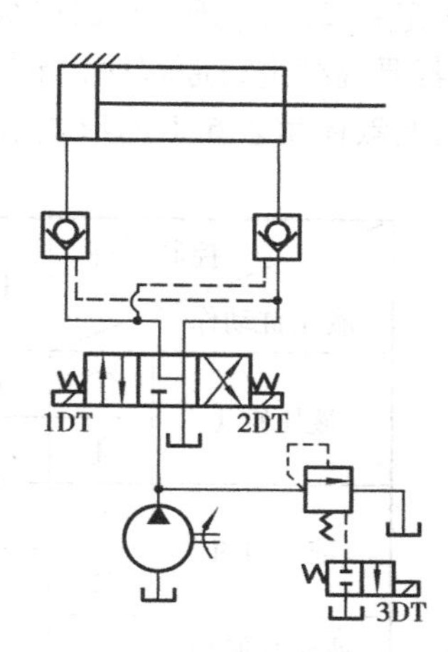

图6.30 用液控单向阀的双向锁紧回路

阀处中位时，液压缸活塞可准确停留于任意位置。若2DT得电，1DT和3DT失电，液压缸活塞向左运动，同样可准确停留于任意位置。回路能准确停留于任意位置且可保持较长时间，主要是利用了元件锥面密封的特点。

6.3.4 多缸控制回路

采用一个液压泵驱动多个液压缸（或液压马达），可节省液压元件，合理利用功率以及减小设备质量，但在流量、压力分配、运动协调等方面可能出现一些特殊的问题。下面对几种回路进行介绍和分析。

(1)用压力继电器和行程开关的顺序动作回路

图6.31所示为用压力继电器和行程开关共同作用完成如图两液压缸活塞的顺序动作。回路工作原理是：

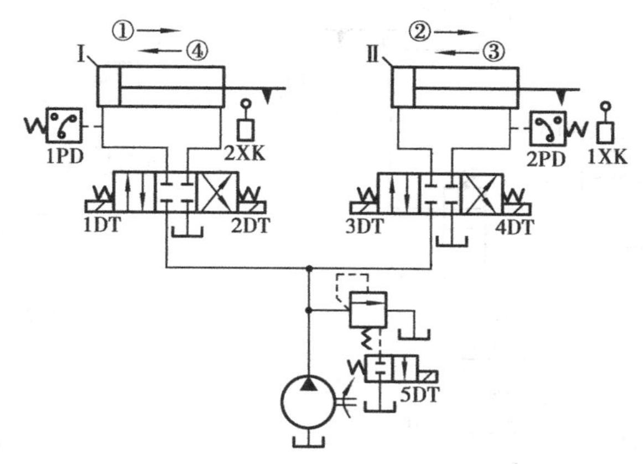

图6.31 用压力继电器和行程开关的顺序回路

系统处于工作状态，当1DT得电，其他均失电，完成动作①；①动作完后，I液压缸左腔压力升高,1PD 动作,使 1DT 失电 3DT 得电,实现②动作;②动作完后,行程开关 1XK 动作,使 3DT 失电 4DT 得电,实现③动作;③动作完后 2PD 动作,使 4DT 失电 2DT 得电,实现④动作;④动作完后,2XK 动作,使 2DT 失电 5DT 得电,液压泵卸荷。即一个顺序工作循环后液压泵卸荷,若要继续进行原程序,当④动作完后使 2DT 失电 1DT 得电即可。

以上叙述用表 6.1 的形式来代替就显得更清晰。

表 6.1

液压缸动作 \ 控制元件		1DT	2DT	3DT	4DT	1PD	1XK	2PD	2XK	5DT
液压缸 I	①	+				+				
	④		+						+	
液压缸 Ⅱ	②			+			+			
	③				+			+		
液压泵卸荷										+

注:表中"+"表示元件得电或动作,无符号处表示失电或处于常态。

(2)用行程阀和行程开关的顺序动作回路

如图 6.32 所示,两液压缸活塞运动的顺序动作如箭头所示。回路用一个行程阀和两个行程开关来控制两个液压缸活塞的顺序动作,其工作原理如下:图示位置时,液压泵供给的液压油使两液压缸活塞均处左位。当 1DT 得电,其他处常态位时,实现动作①;当液压缸 I 活塞上的撞块压下行程阀上的滚轮时,压力油进入液压缸 Ⅱ 的左腔,实现顺序动作②;②动作完成后行程开关 1XK 动作,使 1DT 失电 2DT 得电,液压油进入液压缸 I 右腔,实现动作③;动作③完成后,2XK 动作,2DT 失电,液压油进入液压缸 Ⅱ 右腔,实现动作④。至此一个顺序循环动作完成。若顺序循环动作完成后要反复循环,或者顺序动作完后要使液压泵卸荷,则在系统中再设置一行程开关或压力继电器即可。

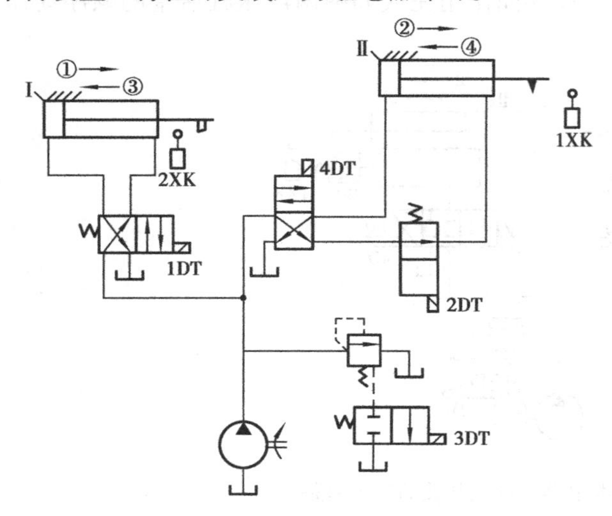

图 6.32　用行程阀的顺序回路

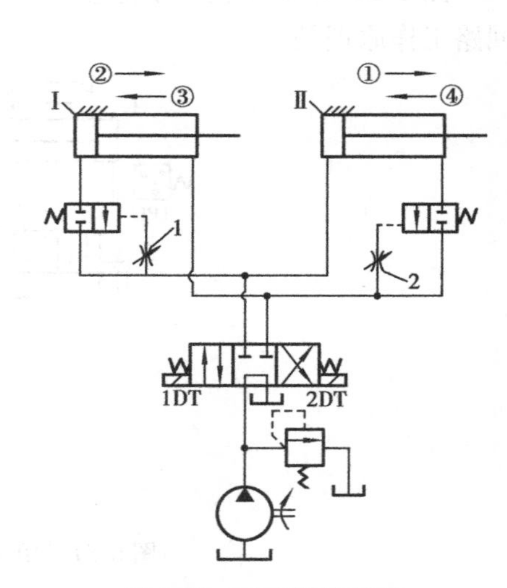

图 6.33　时间顺序回路

(3)用节流阀实现时间顺序动作回路

图6.33是用两个节流阀控制两个二位二通液控换向阀实现两液压缸活塞的顺序动作原理图。回路的原理如下:当1DT得电时,液压泵供给的压力油由于节流阀1的原因先进入液压缸Ⅱ的左腔,实现①动作,延迟一定时间后才实现②动作。当1DT失电2DT得电时,回路工作情况与上述类似。

6.3.5　同步回路

在多个执行元件(多个液压马达或多个液压缸)的液压系统中,保证两个或多个执行元件在运动中的位移相同或以相同的速度运动的油路称为同步回路。实现同步回路的方式较多,现仅举几例。

(1)采用调速阀控制的双向速度同步回路

如图6.34所示,利用8个单向阀和两个调速阀构成桥式联接,使液压缸Ⅰ和Ⅱ的活塞在两个方向的运动均能实现同步,其工作原理如下。

若两液压缸的几何尺寸完全相同,当1DT得电时,液压油经液控单向阀、单向阀、调速阀后进入两液压缸的无杆腔,只要调节两调速阀便可实现两活塞的同步运动。当1DT失电2DT得电时,液压油直接进入两液压缸有杆腔,回油经单向阀和调速阀后回油箱,可实现同步返回。

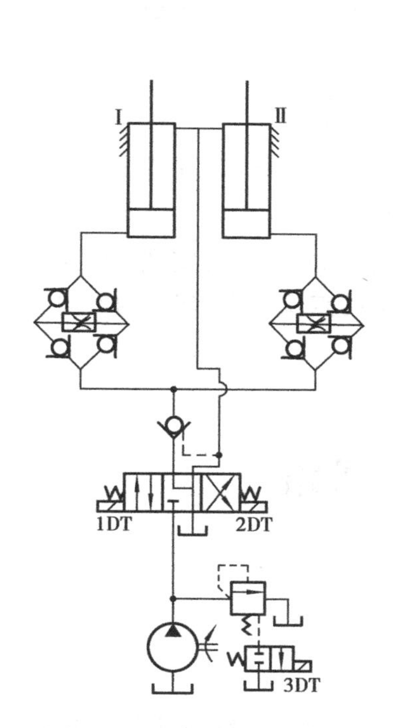

图6.34　双向速度同步回路

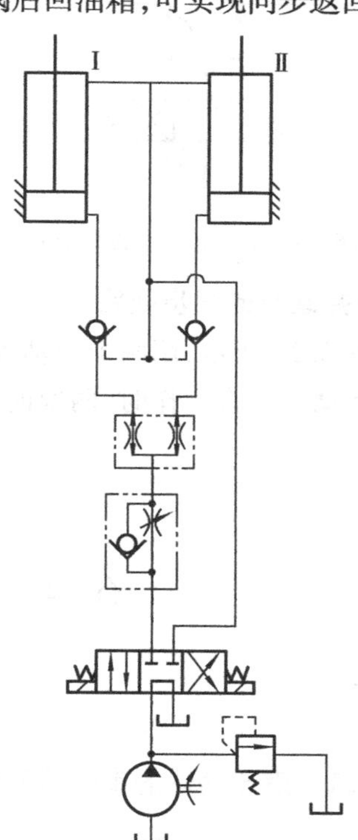

图6.35　用分流集流阀的速度同步回路

(2)用分流集流阀的同步回路

如图6.35所示,两液压缸活塞上行时,分流集流阀起等量分流作用,而当活塞下行时,分流集流阀起集流作用。分流集流阀能实现速度同步,当两液压缸活塞位置有误差时,可通过阀内节流孔窜油,使各活塞均能达到行程终点,故没有累积误差。

回路中,单向节流阀是在活塞下行时造成一定背压,控制下降速度,缓和冲击。液控单向阀是防活塞中途停止时,因两缸负载不同而通过分流集流阀内部节流孔窜油。换向阀的位置应在分流集流阀之前,以避免换向时油口不能同时切换和内泄漏不等的影响。

(3)并联液压马达的同步回路

如图 6.36 所示,用两个同轴等排量液压马达作配油环节,输出相同流量的油来实现两液压缸的同步运动。由单向阀和溢流阀组成的交叉溢流补油回路,可以在行程终点消除误差。此同步回路的同步精度较采用流量阀的同步精度高,但系统造价较高。

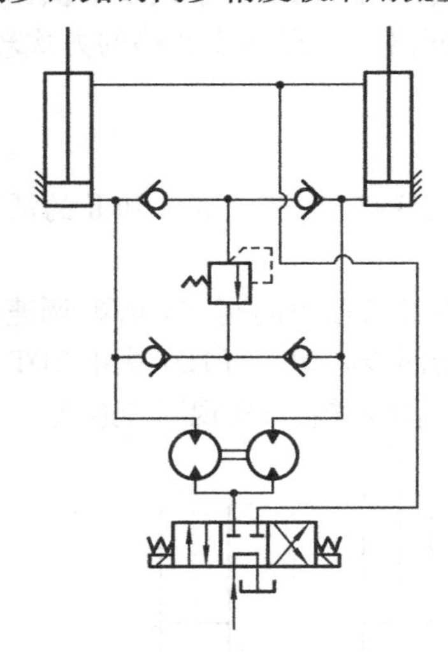

图 6.36　并联液压马达的同步回路

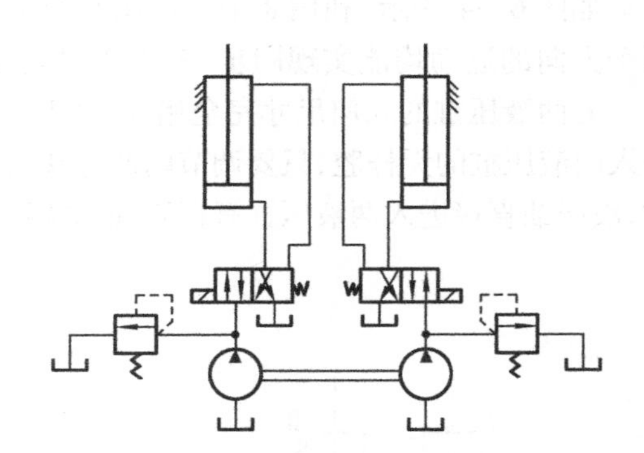

图 6.37　并联泵的同步回路

(4)并联泵的同步回路

如图 6.37 所示,用两个同轴等排量液压泵分别向两液压缸供油,也可实现两液压缸活塞的同步运动。正常工作时,两换向阀同时动作。在需要消除终点位置误差时,两换向阀可单独动作。

6.4　液压马达控制回路

6.4.1　液压马达的串并联回路

在用液压马达驱动的行走机械中,往往需要设置两档速度:在平地行驶时为高速,在上坡时需增加输出扭矩,转速降低。为此采用将两液压马达串联或并联,以达此目的,其回路如图 6.38 所示。

两液压马达主轴刚性连接在一起,1DT 得电和手动换向阀右位工作时,两液压马达实现串联。当1DT得电其他如图式状态时，两液压马达实现并联。

两液压马达串联时为高速，并联时为低速，但扭矩相应增加。无论是串联或是并联，回路的输出功率不变。

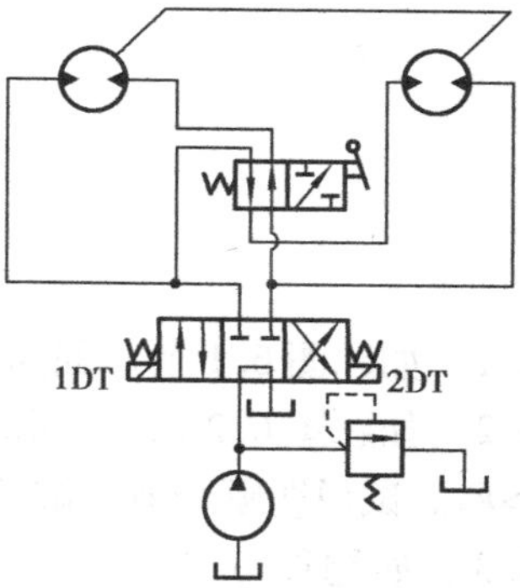

图6.38　液压马达的串并联回路

6.4.2　液压马达的制动回路

(1)用溢流阀的单向制动回路

如图6.39所示，将溢流阀和二位二通电磁阀并联在单向变量液压马达的排油口上，二位二通电磁阀常态时，液压马达正常运转，当二位二通电磁阀DT得电时，液压马达排油口出现由溢流阀3形成的背压，达到制动目的。

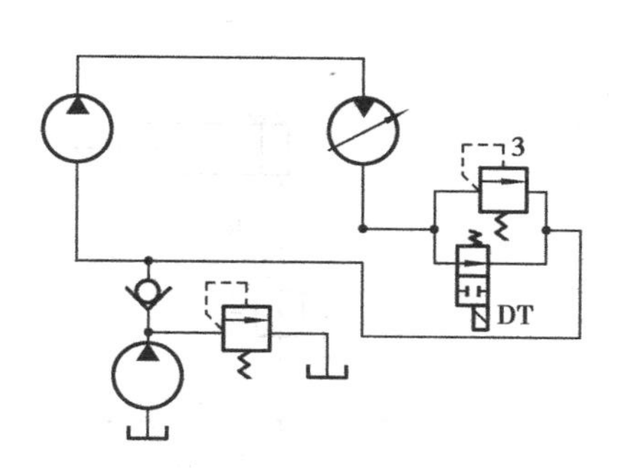

图6.39　液压马达的单向制动回路

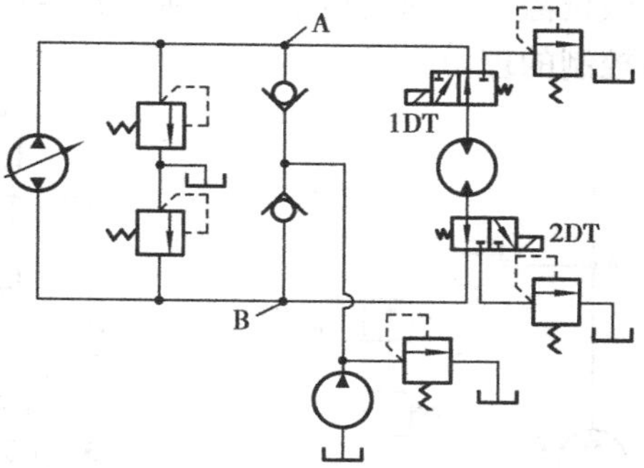

图6.40　液压马达的双向制动回路

(2)用溢流阀的双向制动回路

如图6.40所示，在双向定量液压马达排油口接上二位三通电磁阀和溢流阀。当在图示状态时，若A为高压油路，液压马达回油经二位三通电磁阀回到液压泵吸油口，即正常运行状态。当需要制动时，使2DT得电，液压马达排油口接入溢流阀，用溢流阀的调整压力造成液压马达回油口的背压，使液压马达及所带负载停转。若B为高压油路时其工作原理同上。

在开式系统中，常用节流阀或溢流阀接在液压马达的排油口上，以实现减速或制动。

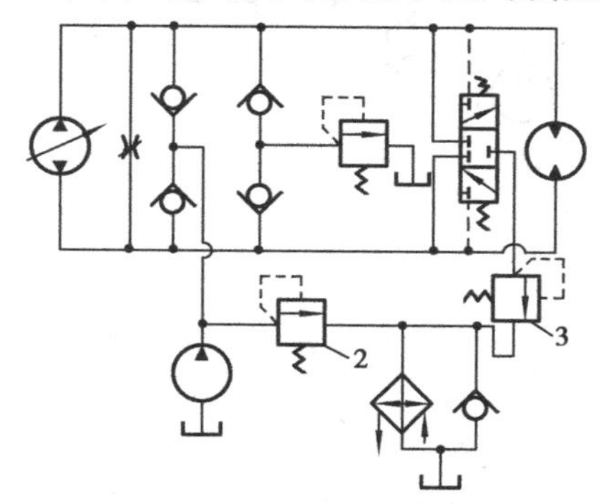

图6.41　闭式系统的强制冷却回路

(3)容积调速闭式系统强制冷却回路

如图6.41所示，强制冷却是采用补油液压泵进行的，其工作情况如下。将补油液压泵出口溢流阀2的调整压力调到较溢流阀3高0.1~0.2 MPa，主油路中液压马达排出的热油经液控三位三通阀、溢流阀3和冷却器返回油箱，对整个系统进行强制冷却。

回路中，补油液压泵的压力一般调在1~1.2 MPa，补油液压泵的流量一般为主油液压泵的30%~40%。节流阀的作用是使液压马达处于浮动状态，便于对工作机械调整。

复习思考题

6.1　如题图 6.1 所示回路，试与图 6.41 的调压回路比较有何不同，谁更好？

6.2　如题图 6.2 所示，两液压缸的几何尺寸完全一样，两液压缸的负载分别为 F_1 和 F_2 且 $F_1>F_2$。试说明哪个液压缸活塞先动，为什么？

6.3　如题图 6.3，在图示减压回路中，溢流阀调整压力为 10 MPa，减压阀调整压力为 3 MPa，试分析：液压缸活塞运动期间和活塞碰到“死挡铁”后，管路 A 和管路 B 中的压力值。

6.4　如题图 6.4 所示的（a）、（b）和（c）所示 3 种调压回路，是否都能进行 3 种压力控制？假设溢流阀的调整压力分别为 $p_{1y}=6$ MPa，$p_{2y}=4$ MPa，$p_{3y}=1$ MPa。说明各能实现几种压力控制的理由。

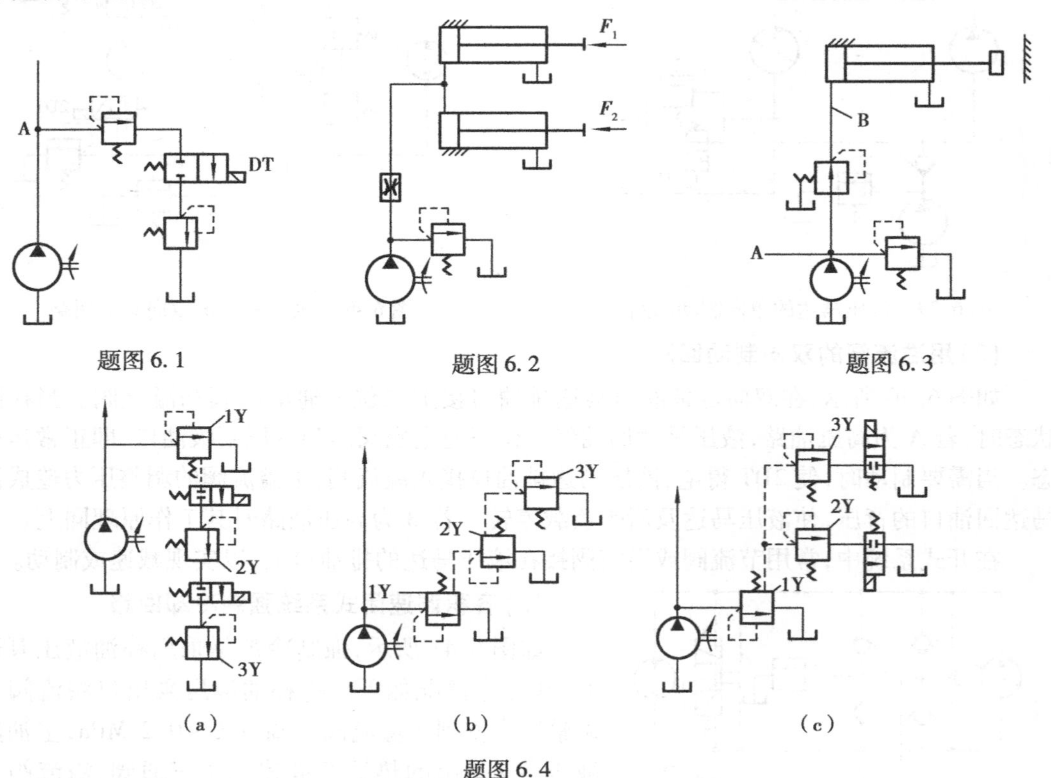

题图 6.1　题图 6.2　题图 6.3

（a）　（b）　（c）

题图 6.4

6.5　如题图 6.5 所示，液压回路中液压缸活塞向右运动时有 3 种速度，试说明如何实现？两个调速阀中哪一个开口度大？

6.6　如题图 6.6 所示为进油节流调速系统原理图，其功能有：①液压缸活塞向右运动有 3 种速度；②活塞带动负载运动较平稳；③活塞运动到底后靠 PD 能自动返回。请结合所述功能和液压系统原理图分析其错误，并改为正确的系统原理图（允许加两个元件）。

6.7　如题图 6.7 所示为给某机械配置的液压系统原理图。系统负载为 30 t，液压缸活塞

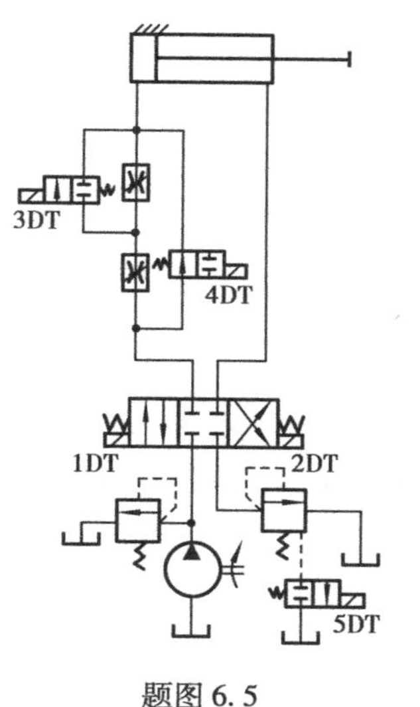

题图 6.5

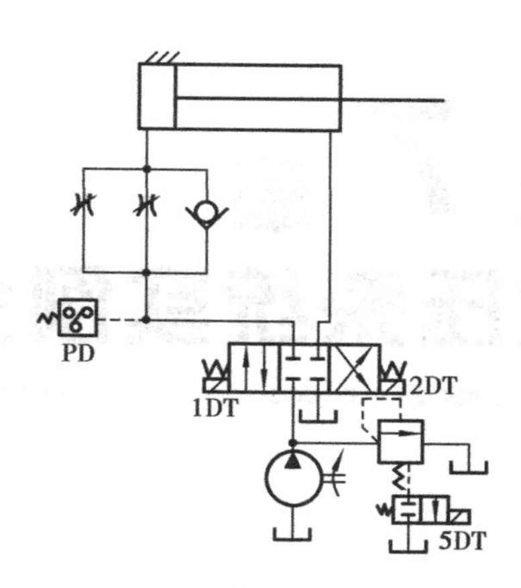

题图 6.6

面积为 30 cm^2,液压缸活塞速度为 3 m/min,采用进油节流调速,油箱容量为 300 L,液压泵的额定流量为 95 L/min,额定压力为 10 MPa,所有油管直径均为 14 mm。试分析该系统设计中的错误,说明原因并改正。

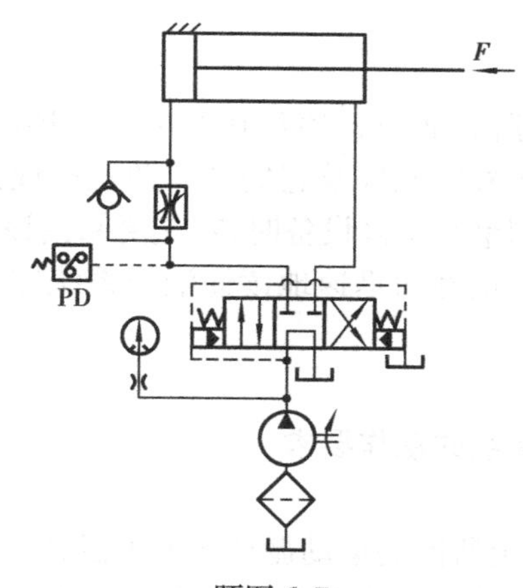

题图 6.7

6.8 利用下面给出的元件和参数设计一速度换接回路(或系统),使液压缸活塞在一个运动方向上有 3 种速度。

主要参数:系统压力为 9 MPa,系统流量(含泄漏)为 90 L/min。

液压元件:定量液压泵 1 个,溢流阀 1 个,二位二通电磁阀 1 个,液压缸 1 个。其他元件自选。

6.9 根据下面的要求设计一个液压系统并画出其原理图。①系统压力为 9 MPa,系统流量为 75 L/min;②液压缸活塞所带负载向右为工作行程,在行程范围内有两种速度;③活塞完成工作行程后能自动返回;④活塞所带负载是变化的,但要求活塞运动要平稳,且运动速度不随负载变化而变化;⑤系统不工作时液压泵要卸荷;⑥系统过载时要有保护措施。

第7章 液压系统实例分析

7.1 怎样阅读液压系统图

液压系统图表示了系统内所有液压元件及其连接、控制情况，表示了执行元件所要实现动作的工作原理。在此图中，各液压元件及它们之间的连接或控制方式，均按规定的职能符号或结构符号画出。在使用、调整及检修设备时，首先要阅读该设备的液压系统图，以求较透彻地了解它的工作原理。因此，正确而迅速地读懂液压系统图是十分重要的，通常可按以下步骤进行：

7.1.1 了解或估计液压系统的动作要求

根据系统图的名称以及图上所附的运动循环图或电磁铁动作顺序表，可以初步估计该系统应该实现的运动循环，应具有的特性或应满足的动作要求。例如阅读一张液压吊车的液压系统图，可根据吊车的工作特点，估计这个系统应能实现吊臂伸缩、吊臂变幅、起升、吊臂回转、支腿伸缩等动作要求。当然，开始的估计有时不一定完全准确，但它往往能为进一步分析找出一些头绪，对读图会有所帮助。

有时，得到的只是一张系统图，没有什么说明，并且对应用这个系统的液压设备又比较生疏。这时，就难以对系统的动作或性能立刻作出估计，只能通过对系统的仔细分析来了解它的工作原理。

7.1.2 读懂图中所有液压元件的符号及其连接关系，了解其工作原理和功用

一个液压系统的工作原理是以组成该系统的各个元件的性能和功用为基础的，因此，应首先对系统中的各元件加以分析，了解它们的工作原理和功用。

在查阅和分析元件时,应首先找出液压泵,然后是执行元件,其次是各种控制阀件及变量机构,再次是辅助装置。一个液压系统要实现各种复杂的动作要求或工作循环,主要是靠控制阀件和变量机构的作用,因此,它们是阅读和分析一个液压系统的重点,而且往往也是难点所在。要特别注意各种阀件(尤其是换向阀、顺序阀、溢流阀等)和变量机构的工作原理,控制方式以及和各种发令元件(如挡板、行程开关、压力继电器等)的联系。

7.1.3 分析实现执行元件各种动作的方式,并画出油流路线

这一步最为重要。前两步都是为这一步作准备的,只有通过这一步才能明确了解系统的工作原理,了解各元件具体所起的作用,并可判明图示系统有无错误。

为便于分析工作原理,用简单方法画出油流路线,在分析前最好将系统中的各元件及各条油路分别编号表示。这对油路复杂、动作较多的系统分析是很有必要的。

液压系统各个执行元件的各种动作都是靠液压泵提供压力油实现的,因此,在分析系统的油路时,要从液压泵开始,并要将每一个液压泵的各条输油路的来龙去脉弄清楚。其中要着重分析清楚驱动执行元件的油路——主油路和控制油路。画主油路时,要按每个执行元件来画:从液压泵开始到执行元件,再回到油箱(对闭式系统则回到液压泵吸入口),成一循环。

液压系统有各种工作状态。在分析油流路线时,可先按图面所表示的状态进行分析,然后再分析其他工作状态。在分析每一种工作状态时,首先要确定换向阀和其他一些控制操纵元件(如先导阀等)的通路状态或控制油路的通过情况,然后再分别分析各个主油路,要特别注意系统从一个工作状态转换到另一个工作状态是哪些发令元件发出信号,使哪些换向阀或其他控制操纵元件动作改变其通路状态而实现的。对于一个工作循环,应在一个动作的油路分析后,接着做下一个动作的油路分析,直至全部动作的油路分析依次做完为止。

在全面读懂系统图的基础上,应对整个系统有哪些特点进行归纳,以加深对系统的了解。

7.2 液压系统实例

7.2.1 YT4543 型动力滑台液压系统

(1)概述

由液压缸驱动的动力滑台称为液压动力滑台。YT4543 型动力滑台是组合机床上用以实现进给运动的通用部件。图 7.1 是 YT4543 型动力滑台液压系统原理图。该液压系统中的油箱、液压泵以及其他液压元件可以独立放置,也可利用床身作油箱,将液压元件安装在床身上,但液压缸安装在行走部件拖板上。根据加工要求,滑台上装有各种用途的主轴头,以完成钻、扩、铰、镗、铣、刮端面、倒角和攻丝等多种工序。该液压系统用限压式变量叶片泵供油,用电液阀换向,用行程阀实现快进速度和工进速度的切换,用电磁阀实现两种工进速度的切换,用调速阀使进给速度稳定。动力滑台液压系统,在电气和机械装置的配合下,可以根据不同的加工要求,实现多种自动工作循环,如图 7.2 所示。

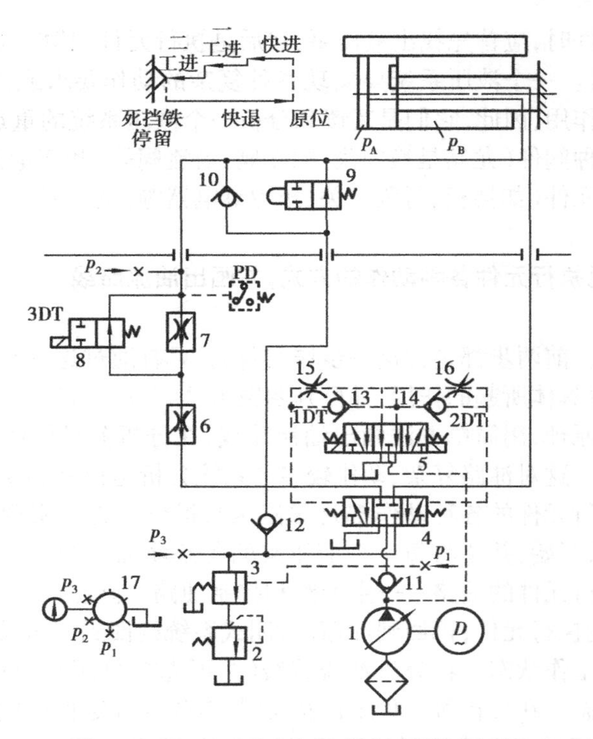

图 7.1　YT4543 型动力滑台液压系统原理图

1—限压式变量泵;2—背压阀;3—顺序阀;4—液动换向阀;5—电磁换向阀(先导阀);6、7—调速阀;
8—二位二通电磁阀;9—二位二通行程阀;10、11、12、13、14—单向阀;
15、16—节流阀;17—压力表开关;p_1、p_2、p_3—压力表接点

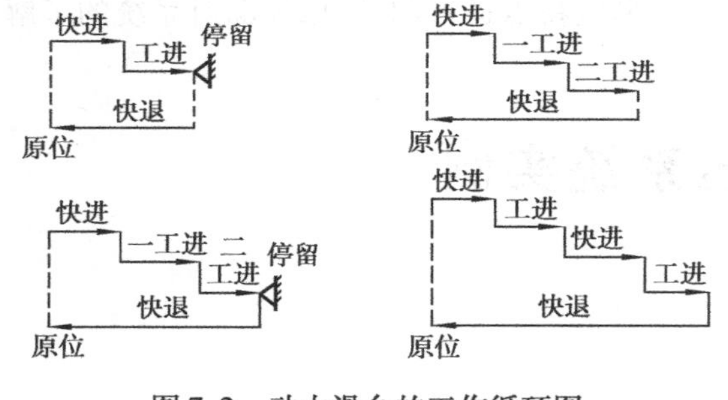

图 7.2　动力滑台的工作循环图

YT4543 型动力滑台的工作台面尺寸为 450 mm×800 mm,进给速度范围为 6.6 ~ 660 mm/min,最大快进速度为 7.3 m/min,最大进给力为 45 kN。

(2) **YT4543 型动力滑台液压系统工作原理**

下面以二次工进带死挡铁停留的自动工作循环为例,说明系统的工作原理。自动工作循环简图如图 7.1 左上方所示。

1)快进

按下启动按钮,电磁阀 1DT 通电吸合,控制油路进油路线为:泵 1→电磁先导阀 5 左位→单向阀 13→液动阀 4 的左端油腔,液动阀芯向右移动;控制油路回油路线为:液动阀 4 的右端油腔→节流阀 16→阀 5 左位→回油箱。主油路进油路线为:泵 1→单向阀 11→液动阀 4 左位→行程阀 9(常态位)→液压缸左腔(无杆腔);回油路线为:液压缸右腔→阀 4 左位→单向阀 12→阀 9→液压缸左腔。由于动力滑台空载,系统压力低,顺序阀 3 关闭,液压缸成差动连接,且变量泵 1 有最大的输出流量,滑台向左快进(活塞杆固定,滑台随缸体向左运动)。

2)第一工进

快进到一定位置,滑台上的行程挡块压下行程阀 9,使原来通过行程阀 9 进入液压缸无杆腔的油路切断。此时阀 8 电磁铁仍处于断电状态,调速阀 6 接入系统进油路,系统压力升高。

压力的升高一方面使顺序阀3打开,另一方面使限压式变量泵的流量减小,直到与经过调速阀6后的流量相同为止。这时进入液压缸无杆腔的流量由调速阀6的开口大小决定。液压缸有杆腔的油液则通过液动阀4后经顺序阀3和背压阀2回油箱(两侧的压力差使单向阀12关阀)。液压缸以第一种工进速度向左运动。

3)第二工进

当滑台以第一工进速度行进到一定位置时,挡块压下行程开关,使电磁铁3DT通电,经阀8的通路被切断。此时油液需经调速阀6与7才能进入液压缸无杆腔。由于阀7的开口比阀6小,滑台的速度减小,速度大小由调速阀7的开口决定。液压缸以第二种工进速度向左运动。

4)死挡铁停留

当滑台以第二工进速度行进到碰上死挡铁后,滑台停止运动。液压缸无杆腔压力升高,压力继电器PD发出信号给时间继电器,使滑台在死挡铁上停留一定时间后再开始下一动作。滑台在死挡铁上停留,主要是为了满足加工端面或台肩孔的需要,使其轴向尺寸精度和表面粗糙度达到一定要求。当滑台在死挡铁上停留时,泵的供油压力升高,流量减小,直到限压式变量泵的流量减小到仅能满足补偿泵和系统的泄漏量为止。这时系统处于需要保压的流量卸荷状态。

5)快退

当滑台在死挡铁上停留一定时间(由时间继电器调整)后,时间继电器发出滑台快退信号。此时电磁铁1DT断电,2DT通电,阀5和阀4处于右位。主油路进油路线为:泵1→阀11→液动阀4右位→液压缸右腔;回油路线为:液压缸左腔→单向阀10→阀4右位→油箱。由于此时为空载,系统压力很低,泵1输出流量最大,滑台向右快退。

6)原位停止

当滑台快退到原位时,挡块压下原位行程开关,使电磁铁1DT、2DT和3DT都断电,阀5和阀4处于中位,滑台停止运动,泵1通过阀4中位卸荷(注意,这时系统处于压力卸荷状态)。

表7.1是该系统电磁铁、行程阀和压力继电器PD的动作顺序表。

表7.1　滑台液压系统动作顺序表

动作＼元件	1DT	2DT	3DT	PD	行程阀9
快进(差动)	+	−	−	−	导通
一工进	+	−	−	−	切断
二工进	+	−	+	−	切断
死挡铁停留	+	−	+	+	切断
快退	−	+	+	−	切断→导通
原位停止	−	−	−	−	导通

(3)YT4543型动力滑台液压系统性能特点

YT4543型动力滑台液压系统包括以下一些基本回路:由限压式变量泵和进油路调速阀组成的容积节流调速回路;差动连接快速运动回路;电液阀换向回路;由行程阀、电磁阀和顺序阀等联合控制的速度切换回路;中位为 M 型机能的三位五通电液换向阀式卸荷回路。

该液压系统的性能就由这些基本回路所决定,具有以下几个特点:

①采用了由限压式变量泵和调速阀组成的容积节流调速回路,它既满足系统要求调速范围大,低速稳定性好的要求,又提高了系统的效率。进给时,在回油路上增加一个背压阀,这样做,一方面是为了改善速度稳定性(避免空气渗入系统,提高传动刚度),另一方面是为了使滑台能承受一定数量和运动方向一致的切削力。

②采用限压式变量泵和差动连接两个措施实现快进,这样既能得到较高的快进速度,又不至于使系统效率过低。动力滑台快进和快退速度均为最大进给速度的 10 倍,如果采用定量泵的差动连接快速运动回路,泵流量虽可减小一半,但快进和工进所需的流量仍然相差甚大,工进时流量损失大,能耗高。而采用限压式变量泵供油时,泵的流量自动变化,即在快速行程时输出最大流量,工进时只输出与液压缸需要相适应的流量,死挡铁停留时只输出补偿系统泄漏所需要的流量。系统无溢流损失,效率高。

③采用行程阀和顺序阀使快进转换为工进,动作平稳可靠,转换的位置精度比较高。至于两种工进速度间的切换,由于工进速度低,转换过程中调速阀 7 的动作滞后和滑台惯性等对切换位置的影响均很小,为此,采用安装方便、灵活的电磁阀。

④采用中位为 M 型机能的三位五通电液换向阀换向回路可提高滑台的换向平稳性。可在滑台原位停止时使泵的供油压力为零,这种卸荷状态功率消耗最小。五通阀使前进和后退分别由两条油路回油,这样进给时有一定背压,而后退时就没有背压。

⑤在组合机床液压系统(尤其进给系统)中,不宜采用软管,因为软管在压力油的作用下膨胀,使动力滑台在速度切换时易产生“前冲”及“后坐”现象。为避免使用软管连接,进出液压缸的油液都从固定不动的活塞杆内通过。

上述液压系统,随着液压技术的进步可作改进,如电液换向阀也可用大流量电磁换向阀或比例方向阀替代等。

7.2.2 SZ-250A 型注射机液压系统

(1)概述

塑料注射成型机能将颗粒状的塑料加热熔化成流动状态,以快速高压注入模腔,并保压一定时间,经冷却后成型为塑料制品。注射机主要由合模系统、注塑系统、液压控制系统、电气控制系统、安全保护系统、加热冷却系统、润滑系统、监测系统及供料系统等组成。

1)合模系统

合模系统的作用是固定模具,使动模板作闭模、锁模和开模运动。4 根拉杆和螺母把前、后模板联成整体框架。后模板上固定合模液压缸,动模板装在前、后模板之间,注塑模动模装在动模板上,定模装在前模板上。合模液压缸驱动动模,以拉杆为导向柱作闭模。模具闭合后,液压缸产生额定合模力锁紧模具。动模板后侧装有顶出装置。

2)注射系统

注射系统主要由注射座、塑化装置、注射装置等组成。注射座在液压缸驱动下整体沿机身前后移动,使注射喷嘴与模具接触或脱离。在注射座上固定塑化装置、注射装置、料斗等。

3）塑化装置

塑化是把固体高分子物料在料筒中加热、压实、混合，成为温度均化、黏度均化、密度均化、组分均化的熔融流态。螺杆式注塑机是在加热的料筒中旋转螺杆，依靠摩擦、剪切作用使物料塑化。

4）注射装置

注射装置由注射液压缸及喷嘴组成。液压缸产生注射推力，推动螺杆向塑化熔体施压，由喷嘴射入模腔，并在此压力下保压，使模腔中的熔体冷却、补缩、增密。

（2）注塑机液压控制系统必须满足的要求

①液压控制系统必须严格按控制程序工作。液压系统与电气系统、自动仪表系统按注塑工艺要求组成完善的工作程序和循环周期。各液压元件必须按规定程序操纵执行元件完成规定动作。

②在每一个循环周期中，液压系统应按各工序要求调节压力和流量，以满足在执行每一程序时执行元件对压力、速度的具体要求。

③注塑机液压系统的输出功率是定值，但执行每一个程序时所需实际功率不同。注射时所需功率最大，其次是保压、塑化和启闭模。注射功率超过平均功率很多，但该程序所需时间很短，因此系统必须具有瞬时超载功能。

④合模机构必须对人身和模具安全进行保护。在合模之前，安全门处于开启状态，不允许进行合模操作。保护装置和系统动作灵活、安全可靠，并有机-电-液-光多路联锁，防止误动作。

（3）SZ-250A型注射机液压系统工作原理

图7.3所示为SZ-250A型注射机液压系统图，电磁铁动作顺序见表7.2。该注射机采用了液压-机械式合模机构。具有较高的强度和刚度，并具有自锁和力放大作用，易于实现高速及平稳变速，能耗小的特点。

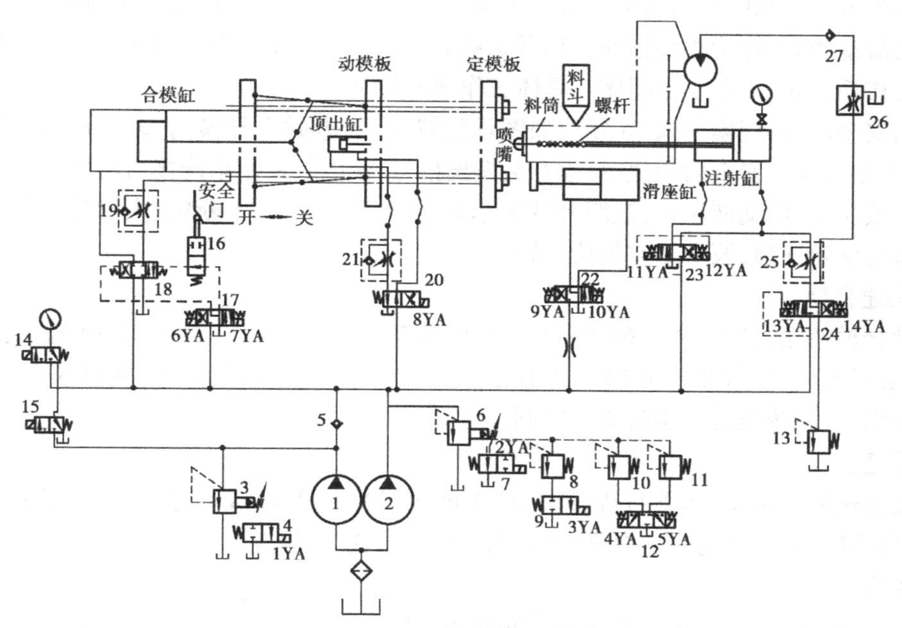

图7.3 SZ-250A型塑料注射机液压系统原理图

表 7.2　SZ-250A 型注射机电磁铁动作顺序表

电磁铁代号	合模			注座前进	注射			马达送料、塑化	注射缸退	注座后退	开模	顶模		原位停止
	慢速	快速	高压合模		快速注射	慢速注射	保压				开启	顶出	顶退	
1YA	+				+	+		+						
2YA	+	+	+	+	+	+	+	+	+	+	+	+	+	
3YA					+	+								
4YA		+												
5YA							+							
6YA	+	+	+											
7YA											+			
8YA												+		
9YA										+				
10YA				+	+	+	+	+	+					
11YA					+									
12YA									+					
13YA					+	+	+							
14YA								+						

该系统采用双联叶片泵做动力源。大流量泵 1 的流量为 q_1，压力由溢流阀 3 调节；小流量泵 2 的流量为 q_2，压力由溢流阀 6 以及远程调压阀 8、10、11 调节。两泵都有卸荷回路。该机一个工作循环含 14 个工作程序。具体工作情况如下。

关闭安全门：行程换向阀 16 复位如图示位置，接通电磁先导换向阀 17 出口与液动换向阀 18 的控制回路。安全门到位，行程开关发出信号，使电气控制系统接通电源。

启动液压泵：启动液压泵，双联叶片泵运转。由于 1YA、2YA 断电，先导溢流阀 3、6 的远程控制口与油箱连通，泵 1、2 空负荷运转。

1）快速合模

启动合模按钮，1YA、2YA、6YA 通电，泵 1、泵 2 向系统供油，先导阀 17 换至左位，并使液动阀 18 换至右位，压力油经阀 18 至合模缸无杆腔，活塞向右快速移动，使动模合模。此时，两泵共同供油，系统压力由溢流阀 6 控制。

2）慢速合模

动模快速移动到位，压下行程开关，1YA 断电，2YA、4YA、6YA 得电，泵 1 经溢流阀 3 卸荷，泵 2 向系统供油，变为慢速合模，压力由远程调压阀 11 控制。

3）保压、锁模

合模后，4YA 断电，系统压力由溢流阀 6 控制保压、锁模，泵 2 向系统供油保压，过剩流量经溢流阀 6 溢流。

4）滑座前进

合模、锁模后，6YA 断电，2YA、10YA 通电，泵 2 供油。经阀 22 右位通路向滑座缸无杆腔供油，滑座前进，驱动注射喷嘴与定模注射孔贴紧。

5）快速注射

1YA、2YA、3YA、10YA、11YA、13YA 通电，阀 22、23、24 换向，泵 1、泵 2 共同向系统供油、滑座缸保持喷嘴与模具注射孔贴紧，注射缸右腔进油，推动螺杆快速移动。压力由远程调压阀 8 控制。

6）慢速注射

1YA、2YA、3YA、10YA、11YA、13YA 保持通电，11YA 断电，泵 1、泵 2 向系统注射缸供油，注射速度由单向节流阀 25 调节，系统压力由远程调压阀 8 控制。此时注射缸推动螺杆，将料筒前端的熔融体注入模腔。

7）注射缸保压

注射完毕，1YA、3YA 断电，5YA 通电，10YA、13YA 保持通电，泵 1 卸荷，泵 2 供油经阀 24、25 向注射缸补油、保压，由注射缸对模腔内熔料保持一定压力以进行补缩、增密并固化。保压压力由远程调压阀 10 控制。

8）液压马达送料、塑化

保压完毕，13YA 断电，模腔内制品进行冷却，1YA、2YA、10YA、14YA 通电，泵 1、泵 2 供油经阀 24 右位通道和溢流节流阀 26、单向阀 27 进入液压马达，螺杆在液压马达驱动下转动，将料斗加入的物料塑化并推向螺杆前端室内。螺杆转动推进物料塑化时，在物料反力作用下同时后退，注射缸活塞后退，无杆腔在背压阀 13 调整压力下排油，有杆腔经阀 23 中位补油。待螺杆后退达到预定位置时，螺杆停止转动，准备下一次注射。与此同时模腔内制品已冷却成型。

9）注射缸退回

2YA、10YA、12YA 通电。此时泵 2 供油，滑座缸仍使喷嘴与模具贴紧，注射缸有杆腔进油，注射缸活塞后退，直至原位。

10）滑座后退

注射缸退回原位，行程开关发出信号，10YA、11YA 断电，9YA 通电，泵 2 经阀 22 左位通路向滑座缸有杆腔供油，滑座后退到原位，喷嘴与模具注射口脱开。

11）模具开启

2YA、7YA 通电，9YA 断电，泵 1 卸荷，泵 2 经阀 18 左位通路经单向节流阀 19 至合模缸有杆腔供油，动模开启至左端终位。

12）顶出缸活塞杆顶出

2YA、8YA 通电，泵 2 工作供油经阀 20 右位、单向节流阀 21 至顶出缸无杆腔，顶出制品。

13）顶出缸活塞杆退回

2YA 通电，8YA 断电，泵 2 供油以阀 20 左位至顶出缸无杆腔，活塞杆退回原位。

14）原位停上

顶出缸活塞杆退回原位后，所有电磁铁断电。系统处于空负载运转，等待下一工作循环工作指令。

（4）系统特点

①该系统动力源采用双联叶片泵组，两泵压力各有溢流阀调整，各自有卸荷回路。

②液压系统采用流量不等的两泵供油,按不同工序配以节流阀或调速阀进行调节。

③安全门装置实现了液压系统的联锁。

7.2.3 QY20B 型液压汽车起重机的液压系统

QY20B 型液压汽车起重机为动臂式全回转液压起重机,属于重型汽车起重机,可分为平台上部和平台下部两部分。整个液压系统的油箱、液压泵、前后支腿和稳定器液压缸布置在平台下部,其他液压元件都布置在平台上部。上部和下部的油路通过中心回转接头 14 连接。液压系统原理如图 7.4 所示。主要的液压回路有 5 个:支腿收放回路、回转机构回路、伸缩臂回路、变幅回路和起升回路,下面按汽车起重机作业的基本程序介绍各回路。

(1)支腿收放液压回路

支腿是汽车起重机的必备工作装置,目的是提高稳定性和安全性。支腿为 H 形,前后共有 4 组,每组支腿有一个水平液压缸,一个垂直液压缸,工作时支腿外伸后呈 H 形,这种形式的支腿容易调平,对地面适应性好,在支反力变化过程中不会爬移。

1)水平缸的动作

当选择阀 6.2 被置于上位时,泵 1.1 排出的油经管路 5、阀 6.2、6.3 至支腿水平缸 9(共 4 个,并联)。当水平缸换向阀 6.3 置于上位时,压力油进入缸 9 的无缸腔,四个并联的水平缸伸出。反之,水平缸缩回。

2)垂直缸的动作

当垂直缸换向阀 6.4 置于上位时,压力油经转阀 7、液压锁 8,分别进入 4 个支腿垂直缸 10 的无杆腔,支腿伸出。反之,压力油经阀 6.4、管路 11、液压锁 8,分别进入 4 个垂直缸 10 的有杆腔,支腿缩回。转阀 7 为两位开关转阀,共 4 个并且相互独立。设置转阀的目的是调平车架,当需要调整单独一个垂直缸 10 的伸出长度时,将相应的开关阀置于“通”位,再扳动阀 6.4 即可,其余 3 个阀关闭 ,另外 3 个缸不工作,这样可根据水平仪将机体调水平。垂直缸上直接安装有液压锁 8,以防止起重机作业时活塞杆因滑阀泄漏而自动缩回(软腿)。同时,如果管路破裂,此缸的活塞杆也不会突然缩回(掉腿),这样就防止了重大翻车事故的发生。液压锁 8 还防止当行驶或停放时支腿在重力作用下自动下沉。为了保证起重机的稳定,一般要求对后支腿实行先放后收的操作,收放顺序可由操作者来控制,也可根据需要同时操纵前、后支腿的动作。汽车起重机还安装了稳定器。稳定器液压缸与后支腿液压缸油路并联,当放后支腿时,稳定器液压缸的活塞杆会因负载阻力小而先于后支腿液压缸伸出,推动挡块将汽车与后桥刚性地连接起来,防止由于钢板弹簧下垂造成后轮胎不能离开地面的弊病,从而改善作业稳定性。在收支腿时,由于车重的作用,支腿液压缸的活塞杆先收回,然后稳定器液压缸的活塞杆才收回,这样可使轮胎平稳着地。

(2)回转机构液压回路

支腿放下将汽车起重机支稳后,就可将上车回转相应角度,将起重吊钩对准作业点。将选择阀 6.2 置于下位时,泵 1.1 排出的油经管路 5、阀 6.2、管路 13、中心回转接头 14 通至上车。回路中设有外控顺序阀 17,其调压范围是 5 ~ 9 MPa。管路 13 的液压压力小于 5 MPa 时,顺序阀关闭,液压油只能经管路 19、组合阀 20 向蓄能器 21 充液。若蓄能器的压力达到 9 MPa(达到工作油压要求),则顺序阀打开,液压油供给回转机构。

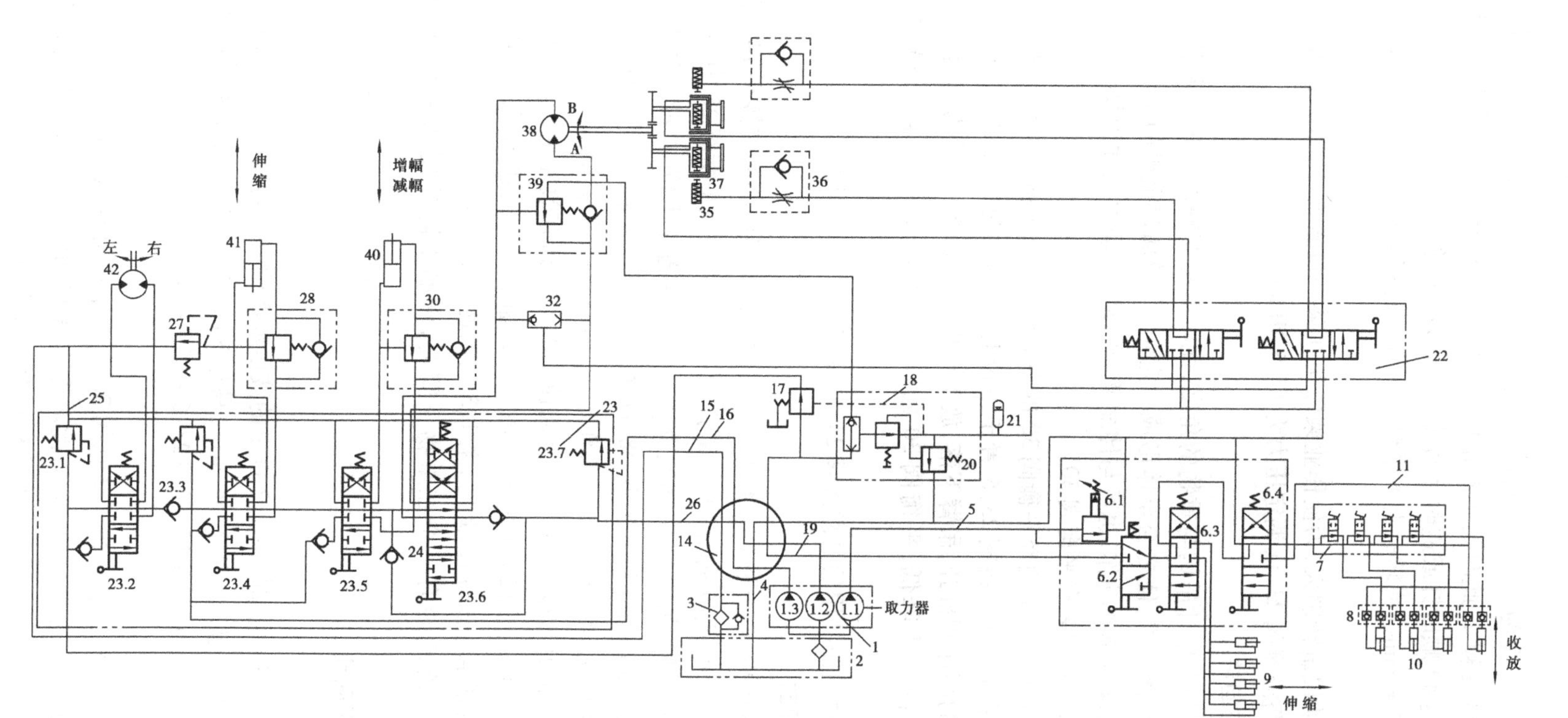

图7.4 QY20B型液压汽车起重机液压系统原理图

1—三联齿轮箱；2—油箱；3—过滤器；4、5、11、12、13、15、16、18、19、25、26、29、31、33、34—管路；6—支腿组合阀；7—转阀；8—液压锁；9—支腿水平缸；10—支腿垂直缸；14—中心回转接头；17—顺序阀；20—组合阀；21—蓄能器；22—操纵阀；23—多路换向阀；24—单向阀；27—溢流阀；28、30、39—平衡阀；32—梭阀；35—制动液压缸；36—单向阻尼阀；37—离合器；38—起升马达；40—变幅缸；41—伸缩臂缸；42—柱塞马达多路换向阀中的阀 23.2 为三位六通换向阀，当其阀芯处于中位时，从泵 1.1 流出的油经回油管和过滤器 3 回到油箱 2，此时处于停止位。当将阀芯置于上位或下位时，液压油驱动 ZBD40 型轴向柱塞马达 42 顺时针或逆时针回转，再通过小齿轮与大齿轮啮合，驱动作业架回转，作业架转速为 1 ~3 r/min。回转时上下平台液压件的连接靠中心回转接头 14 连接，可不受相对转动的影响。

整个作业架的转动惯量特别大，为使作业架停留在某一位置而不滑动，因此在回路中设有一单向阀和回转回路溢流阀 23.1（调定压力为 17.5 MPa）。

(3)臂架变幅液压回路

当回转停止后，操作者估计吊钩与重物的角度，此时需将变幅回路进行调整。变幅回路的作用是改变臂架的起落位置，使之与车体形成一定角度，增加起重机的工作范围。变幅回路与伸缩臂回路并联，既可单独动作，也可与伸缩臂同时动作，动力元件为泵 1.3。变幅缸 40 和三位六通换向阀 23.5 之间装有平衡阀 30。

将阀 23.5 置于上位时，液压油经平衡阀 30 的单向阀进入变幅缸 40 的无杆腔，使变幅缸活塞上移，吊臂上仰，吊起重物。将阀 23.5 置于下位时，液压油进入缸 40 有杆腔，使活塞下移，同时将平衡阀 30 的顺序阀推开，吊臂下落，放下重物。当吊臂由于重力超速下滑时，缸 40 供油腔与控制油路中的压力降低，平衡阀 30 的顺序阀开度变小，以防止吊臂幅度的突然改变。

变幅回路和伸缩臂回路共用的是溢流阀 23.3，调定压力为 20 MPa。

(4)伸缩臂液压回路

伸缩臂回路的液压油来自于泵 1.3，泵 1.3 排出的压力油经中心回转接头 14、管路 16，进入伸缩臂换向阀 23.4。伸缩臂换向阀 23.4 置于下位时，压力油经平衡阀 28 中的单向阀进入缸 41 的无杆腔，使活塞上移，吊臂伸出，吊起重物。阀 23.4 置于上位时，液压油进入缸 41 的有杆腔，同时，液压油经控制油路将平衡阀 28 的顺序阀推开，该缸的无杆腔回油，使活塞下移，吊臂缩回，放下重物。如果吊臂在外负载作用下，缩回速度超过供油速度时，管路中的压力随之降低，平衡阀 28 的开度变小，液压缸缩回速度即可得到有效控制，伸缩臂回路中溢流阀 27 的调定压力为 17 MPa。阀 23.4 置于中位时，液压缸有杆腔迅速卸压，平衡阀迅速关闭，活塞即停止下降，并被锁定在该位置，此时，泵 1.3 的油通至变幅换向阀 23.5。

在阀 23.4 与缸 41 之间装有一个在重物下降时，限制下降速度的平衡阀 28，形成平衡回路。

(5)吊重起升液压回路

1)慢挡上升

将阀 23.6 置于向上第一挡时，泵 1.2 排出的液压油经中心回转接头 14、管路 26、阀 23.6 和平衡阀 39 的单向阀进入起升马达 38 的油口，马达 38 以低转速工作，使重物慢速起升。泵 1.3 排出的油经阀 23.5 的中位排出后，经阀 23.6 和管路 25 回油箱。

2)快挡上升

将阀 23.6 置于向上第二挡时，泵 1.2 从阀 23.5 的中位排出液压油后，经单向阀 24 与泵 1.3 的液压油合流进入马达 38 的油口 A，此时进入 A 口的流量增大，起升马达 38 以高转速工作，重物快速起升。B 口出来的油经阀 23.6、管路 25 回油箱。

3)慢挡下降

将阀23.6置于向下第一挡时,泵1.2的液压油进入马达38的油口B,同时控制油推开平衡阀39的顺序阀,马达38以低转速工作,重物慢速下降。泵1.3排出的油经阀23.6回油箱。

4)快挡下降

将阀23.6置于向下第二挡时,泵1.2与泵1.3的液压油合流进入马达38的油口B,起升马达38以高转速工作,重物快速下降。

阀39为平衡阀,当负载减小及重物的自重使马达超速旋转时会发挥作用,这时马达38的油口B的压力低于油口A的压力,顺序阀的开度减小,马达转速受到限制,以防止负载超速下降。其另一作用是当平衡阀39与阀23.6之间的管路破裂时,可防止负载突然下落。

在起升回路中安装的溢流阀23.7起安全作用,其调定压力值设定为21 MPa。

(6)吊重起升液压回路与其制动、离合的配合

液压回路中设有两个操纵阀22,分别用来控制主、副起升制动器与离合器。操纵阀22置于中位时,离合器缸37(靠蓄能器供给压力油)回油,离合器松开,制动液压缸(靠弹簧复位,弹簧复位时制动器抱紧)也回油,制动器抱死。操纵阀22置于左位时,离合器松开而制动器也松开,重物下行。操纵阀22置于右位时,离合器接合而制动器松开,重物上升或下行。

7.2.4　液压机液压系统

液压机是一种用静压来完成板料的冲压,金属冷挤压、塑料制品的压制的机械,在许多工业部门得到广泛的应用。

(1)工作特点及对液压系统的要求

液压机液压系统的工作特征是以压力变换为主,这类机构在其工作循环中,除了一般的对速度要求外,往往需要加压、保压、延时及泄压等压力变换,其负载特点视不同工作情况而异,通常要求液压系统在加压时,压力能缓慢或急剧升高,产生很大的推力,空程时速度大、压力低。

这种液压系统通常应满足如下要求:

①为完成一般的压制工艺,要求主液压缸驱动上滑块能实现"快速下行→慢速加压→保压延时→快速返回→压力停止"的工作循环;要求顶出缸驱动下滑块能实现"向上顶出→停留→向下退回→原位停止"的动作循环。

②液压系统中的压力要能经常变换和调节,并能产生较大的压力(吨位),以满足工作需要。

③空程与压制时,其速度与压力相差甚大,为合理利用功率,满足低压快速行程和高压慢速行程的要求,系统多采用高低压泵组或恒功率变量泵供油系统。

(2)YA32-315型液压机液压系统工作原理

如图7.5所示,该系统由一高压泵供油,控制油路的压力油则由一低压泵提供。

1)主液压缸快速下行

电磁铁1DT和5DT通电。在控制油路中:压力油从泵1→阀12右位→单向阀13打开;主油路:液压泵2→阀11右位→阀18→主缸上腔,主缸下腔的油经单向阀13→阀11右位→

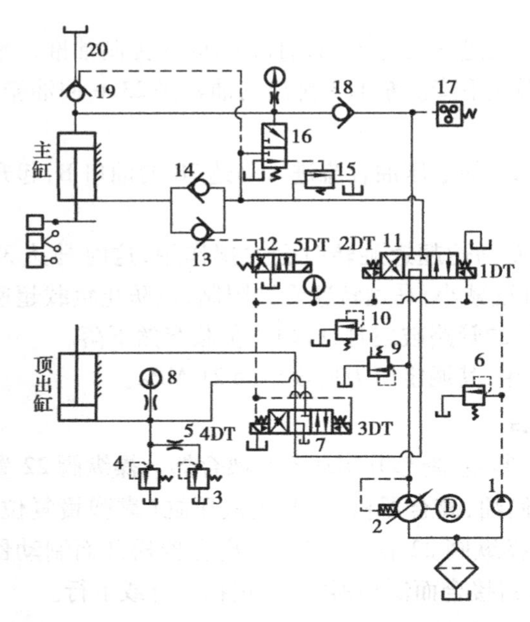

图 7.5　YA32-315 四柱式万能液压机液压系统图

阀 7 中位→油箱。

在主液压缸活塞尚未接触工件的初始阶段，主液压缸活塞在自重作用下快速下行，而液压泵的流量小，所以液压机顶部的充液筒 20 中的油液经液控单向阀 19 也流入液压缸上腔。

2）慢速加压

当主液压缸活塞接触工件时，这时液压缸上腔压力升高、液控单向阀 19 关闭，加压速度由液压泵的流量决定。同时，液压缸挡铁压下行程开关 XK_2，使电磁铁 5DT 断电，液控单向阀 13 关闭，回油经过单向阀 14。

3）保压延时

当主缸上腔的油压达到要求的数值时，由压力继电器 17 发讯号，使电磁铁 1DT 断电，换向阀 11 处于中位，这时泵 2 缸荷，保压时间由时间继电器控制。

4）泄压回程

保压结束后，时间继电器发讯号（定程成形，挡铁压下行程开关 XK_3 发讯号），使电磁铁 2DT 通电，主液压缸接通回程油路。但回程开始时，保压刚结束，主液压缸上腔油压很高，缸上腔的高压油使行程阀 16 换向，接通阀 15，这时泄压油路为：泵 2→阀 11 左位→液控单向阀 19 打开。同时，泵 2→阀 11 左位→阀 16→泄荷阀 15→油箱。泵 2 在卸压阀 15 的阻尼下低负荷运转。主缸上腔有少量的油液经液控单向阀 19→充液筒 20。当主液压缸上腔卸压后，换向阀 16 处于下位，泄荷阀 15 关闭。这时主油路为：泵 2→阀 11 左位→液控单向阀 13→主缸下腔，主缸活塞回程，主油缸上腔的油经液控单向阀 19 回充液筒 20。

5）回程停止

当液压缸活塞上升至预定高度，挡铁压下行程开关 XK_1，使电磁铁 2DT 断电，阀 11 处于中位，主液压缸上下腔油液被封闭，这时主液压缸停止不动，液压泵在较低的压力下卸荷。由于在回路中装有液控单向阀 13 和背压阀 14，以封闭主液压缸上腔的油液而起平衡作用，故可保证主液压缸活塞能可靠地停留在任意位置。

6）顶出液压缸顶出和退回

①当 4DT 通电，泵 2 的压力油→阀 11 中位→阀 7 左位→顶出液压缸下腔，顶出液压缸上腔的油经阀 7 左位回油箱。为了防止大量的油液经背压阀 3 流回油箱，设置节流阀 5，保证了下腔顶出时有足够的液压力。阀 4 为安全阀。

②当电磁铁 4DT 断电，3DT 通电，泵 2 油经阀 11 中位到阀 7 右位进入顶出腔上腔，使顶出缸退回，当退回到位后，3DT 断电，顶出缸退回停止，此时泵 2 卸荷。

③当液压机做薄板拉伸动作时，顶出缸停止在顶出位置上，这时顶出缸下腔油液被换向阀 7 封闭，当主液压缸活塞下压时，顶出缸被追随之下行。此时顶出液压缸下腔的油经节流阀 5 及背压阀 3 回油箱。

(3)液压系统的特点

①本系统属高压、大流量、大功率系统,因此要求合理运用功率,密封性要高,工作安全可靠,它采用了远程调压阀10来调节溢流阀9的安全压力,采用变量泵供油,充液筒自重充油,以实现主液压缸低压快速行程,既满足了工作循环要求,又使泵的功率最小。

②该系统采用预泄换向阀16,使换向平稳,同时减小了由加压状态高压转变为上升回程中零压的压力的剧烈波动,冲击和噪声。

③本系统采用小流量辅助泵供给低压控制油路,不受高压主油路的干扰,工作可靠。

复习思考题

7.1 题图7.1所示为一动力滑台液压系统。根据工作循环,回答下面问题:

①编制电磁铁动作顺序表;

②说明各工步的油路走向。

③系统由哪些基本回路组成? 并说明基本回路的作用。

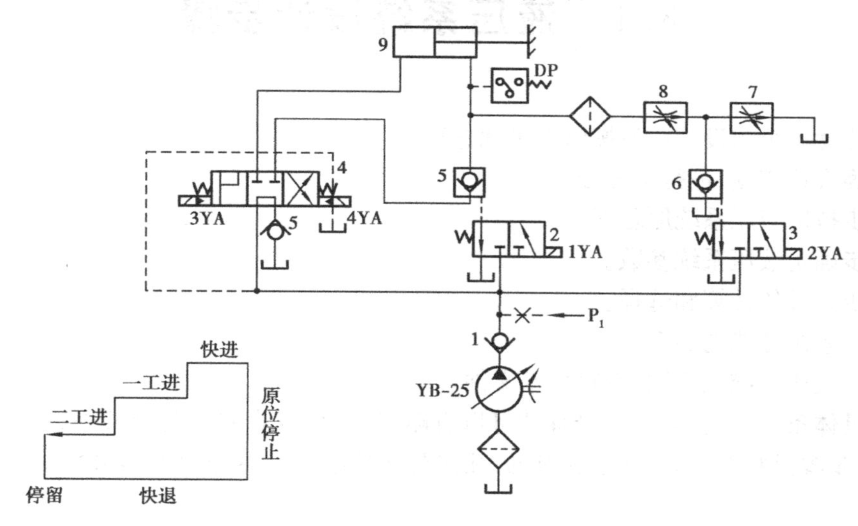

题图7.1 动力滑台液压系统原理图

7.2 试设计一液压系统,要求执行元件为单出杆液压缸,并在任意位置能停车、快进、快退速度相等,采用进油调速方式,其工作循环:快进→工进→死挡铁停留→快退→原位停止。

设计内容:画出执行元件动作循环图、液压系统原理图、编制电磁铁动作顺序表。

第8章 液压系统的设计与计算

本章的任务是在掌握前述各章知识的基础上讨论液压系统设计计算的内容、步骤和方法。要求通过学习,能根据工作要求拟定液压系统图,能进行必要的计算,会合理选择液压元件。

8.1 液压系统设计步骤

液压传动系统的设计一般按以下步骤进行:

①明确设计依据,进行工况分析。

②初步拟定液压系统原理图。

③初步确定液压系统参数。

④液压元件的计算和选择。

⑤液压系统性能的验算。

⑥绘制液压系统工作图,编写技术文件。

根据具体条件不同,上述步骤有的可以省略,有的可以合并。对于某些较复杂系统的设计,各设计步骤是相互联系、相互影响的,往往要交叉进行,并经多次反复才能完成设计工作。

8.1.1 明确设计依据,进行工况分析

(1)明确设计依据

液压系统是主机的配套部分,设计液压系统时,首先要明确主机对液压系统提出的要求,具体包括:

1)主机的动作要求

主要指主机的哪些动作需要用液压传动来完成,这些动作有无联系(如同步、互锁等),是手动循环还是自动循环,在安全可靠方面有无特殊要求等。主机可能对液压系统提出多种要求,设计者应在了解主机用途、工艺过程和总体布局的基础上对这些要求进行分析,看其是否

合理，以便协调解决。

2）主机的性能要求

主要指主机内采用液压传动的各执行元件在力和运动方面的要求。各执行元件在各工作阶段所需力和速度的大小、调速范围、速度平稳性、完成一个循环所需的时间等方面应有明确的数据。此外，对一些高精度、高生产率和高自动化的主机，不仅要求液压系统的静态指标良好，而且对其动态指标也提出要求。

3）液压系统的工作环境

主要指液压系统工作环境的温度、湿度、污染和振动冲击情况，以及有无腐蚀性和易燃性物质存在等。这涉及液压元件和工作介质的选用以及所需采取何种防护措施等，故应有明确的说明。

4）其他要求

主要指液压系统在重量、外形尺寸、经济性等方面的要求。

(2) 工况分析

工况分析就是分析主机内采用液压传动的执行元件，在工作过程中的速度和负载的变化规律。对于动作较复杂的系统，需绘制速度循环图和负载循环图；对较简单的系统，可以不绘图，但需找出其最大负载、最大速度和最小速度点。实际上，工况分析就是进一步明确主机在性能方面的要求。

1）速度分析

根据工艺要求，将各执行元件在一个完整的工作循环内各阶段的速度用图表示出来。一般用速度-时间（v-t）或速度-位移（v-s）曲线表示，称速度循环图。例如，图8.1表示组合机床动力滑台（单执行元件驱动）的速度-位移曲线，左侧为其工作循环图。应指出，此图为稳态下的速度-位移曲线，没考虑瞬态脉动。显然，变速段均作为匀变速看待，这样处理有利于简化计算。

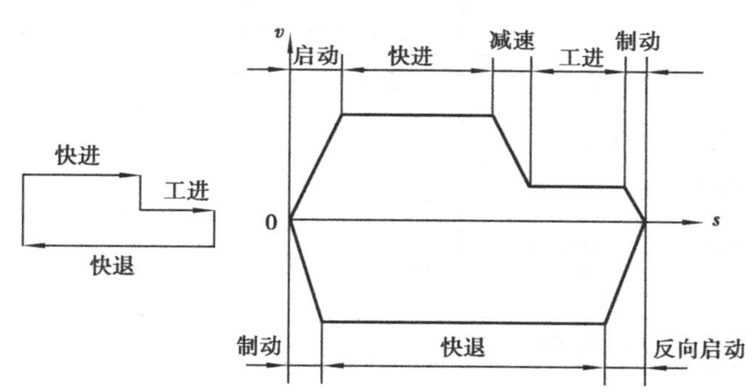

图8.1　组合机床动力滑台速度-位移曲线

2）负载分析

根据工艺要求，将各执行元件在整个工作循环内各阶段所需克服的外负载用图表示出来。一般用负载-时间（F-t）或负载-位移（F-s）曲线表示，称负载循环图。

①液压缸的负载分析：液压缸所需克服的外负载 F 包括3种类型，即

$$F = F_W + F_f + F_a \tag{8.1}$$

式中　F_W——工作负载。不同机械的工作负载其形式各不相同。对金属切削机床，沿活塞运

动方向的切削力为工作负载；对起升机构，重物的重量为工作负载。工作负载可以是恒定的，也可以是变化的，可以与运动方向相反（取正值），也可与运动方向相同（取负值）。

F_f——摩擦阻力负载。指执行元件在运动时所需克服的导轨或支承面上的摩擦阻力。一般计算式为：

$$F_f = \sum_{i=1}^{n} N_i f_i \tag{8.2}$$

式中 N_i——作用在第 i 个导轨面或支承面上的法向力；

f_i——第 i 个摩擦副的摩擦系数，其与润滑条件、摩擦副的配对材料以及运动状态有关，详情可参阅有关资料，正常润滑条件下的摩擦系数列于表 8.1，供参考；

F_a——惯性负载，指运动部件在启动和制动过程中的惯性力。一般计算式为：

$$F_a = ma = \frac{G}{g} \cdot \frac{\Delta v}{\Delta t} \tag{8.3}$$

式中 m——运动部件质量；

a——运动部件加速度；

G——运动部件重量；

g——重力加速度；

Δv——运动部件速度变化量；

Δt——启动或制动的时间。

表 8.1 导轨摩擦系数

导轨种类	导轨材料	工作状态	摩擦系数
滑动导轨	铸铁对铸铁	启动	0.16～0.2
		低速运行（v<10 m/min）	0.1～0.12
		高速运行（v>10 m/min）	0.05～0.08
	自润滑尼龙	低速中载（也可润滑）	0.12
	金属塑料复合材料		0.042～0.15
滚动导轨	铸铁导轨+滚柱（珠）		0.005～0.02
	淬火钢导轨+滚柱（珠）		0.003～0.006
静压导轨	铸铁		0.005
气浮导轨	铸铁、钢或大理石		0.001

此外，液压缸运动时还需克服缸内密封装置的摩擦阻力，其大小与密封形式、液压缸的工作压力和制造质量有关。为使问题简化，可不做专门计算，将其包括在液压缸的机械效率 η_{gJ} 内，一般情况，η_{gJ}=0.90～0.97。

计算出工作循环中各阶段的外负载后，便可作出负载循环图。上述组合机床动力滑台的负载循环图见图 8.2。

②液压马达的负载分析：液压马达所需克服的外负载力矩 M 也有 3 种类型，即

$$M = M_W + M_f + M_a \tag{8.4}$$

式中 M_W——工作负载折合到液压马达输出轴上的力矩；

M_f——摩擦阻力负载折合到液压马达输出轴上的力矩；

M_a——执行机构、传动装置在启动或制动时的惯性力(力矩)折合到液压马达输出轴上的力矩的总和。

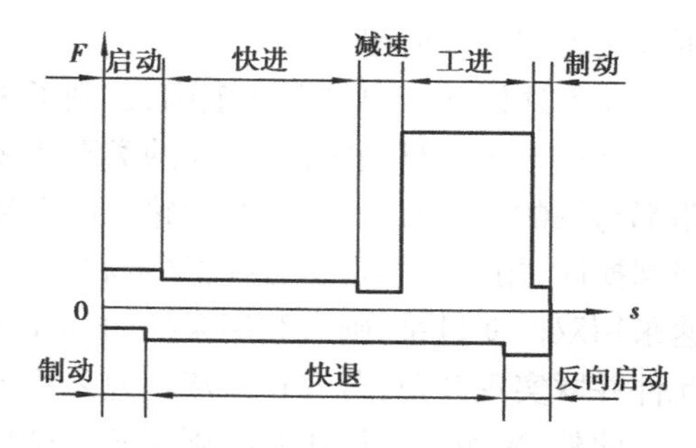

图8.2 组合机床动力滑台负载-位移曲线

液压马达的内摩擦力矩仍包含在其机械效率 η_{mJ} 中,不进行专门计算。一般情况下,齿轮式和柱塞式液压马达, $\eta_{mJ}=0.90\sim0.95$;叶片式液压马达, $\eta_{mJ}=0.8\sim0.9$。

根据式(8.4)可确定液压马达在工作循环中各阶段所需克服的外负载力矩,并可画出其负载循环图。

8.1.2 初步拟定液压系统原理图

拟定液压系统原理图是整个设计工作最关键的步骤,它对系统的性能以及设计方案的经济性、合理性都具有决定性的影响。这一步骤涉及的知识面广,需综合运用所学知识。其一般方法是:根据主机动作和性能要求,先分别选择液压元件和基本回路,然后将它们有机地组合成一个完整的系统。

在拟定液压系统原理图时,一般可按以下步骤进行:

(1)确定执行元件的类型

执行元件的类型可以根据主机工作部件所要求的运动形式来确定。一般来说,对于行程不大的直线往复运动可选用液压缸,对于连续回转运动可选液压马达,对于小于360°的摆动可选摆动式液压缸。应该指出,通过多种机构都可对运动形式进行转换,因而在选择执行元件类型时不能过分拘泥于上述形式。应根据工作部件的性能要求,充分发挥执行元件的特点,采用执行元件搭配适当的机构,以得到所需的运动形式。例如:对于长行程的往复直线运动,可采用液压马达通过齿轮齿条机构、链轮链条机构或螺母螺杆机构来驱动;对于断续回转运动,可采用液压缸通过齿条齿轮机构或棘爪棘轮机构配合超越离合器来驱动。至于执行元件的具体结构形式,可参考第三章内容结合具体情况来确定。

(2)选择液压基本回路

液压系统原理图的核心是调速回路,它对其他回路的选择往往具有决定性的影响。一般来说,许多机器的液压系统都以调速为其主要要求,因而速度的调节就成为这些系统的核心问题。往往调速回路一经确定,其他回路的形式就基本确定了。因此,选择基本回路应从选择调速回路开始。

选择调速回路可按以下原则进行:

①对于调速范围大、低速稳定性好、允许有较大温升的小功率液压系统可采用节流调速回路。

②上述回路若不允许有较大温升,则可采用容积节流调速回路。

③对于调速范围不大、速度稳定性要求不高,但不允许有较大温升的中高压大功率系统

可采用容积调速回路。

④上述回路若要求调速范围大,则可采用多泵分级调速回路。

调速方案一旦确定,液压泵的类型也就基本确定了,而系统中换向、卸荷、压力控制等回路都与泵的类型有关,故这些回路也就大致明确了。例如:节流调速采用定量泵,则必须用换向阀换向,用溢流阀定压,这时又可利用换向阀的中位机能或溢流阀的遥控口卸荷;若容积调速采用双向变量泵,则可利用泵换向,而不必采用换向阀,这时可利用二位二通换向阀与执行元件并联实现卸荷;若容积节流调速采用限压式变量泵,则可利用泵卸荷等。

此外,采用节流调速时必须用开式循环,带有较大的油箱,而采用容积调速时才有可能采用闭式循环,采用较小的油箱。总之,对调速方案必须慎重考虑。

(3)选择控制方式

控制方式主要根据主机工艺要求来确定。如果机器只要求手动操作,则系统中采用手动换向阀;如果机器要求实现一定自动循环,这就涉及采用行程控制、压力控制和时间控制的问题。一般来说,行程控制动作可靠,是最通用的控制方式;合理使用压力控制方式可以简化系统,但在一个系统中不宜多次使用;时间控制不单独使用,往往与行程或压力控制配合使用,由于其难以准确控制换接点,故使用得较少。按不同控制方式设计出的系统,其繁简程度可能相差很大,故应合理选择适当的控制方式,以得到既简单而性能又完善的系统。

(4)合成液压系统原理图

根据选定的各基本回路,配上一些辅助元件或回路,如滤油器、压力表、压力表开关等,即可组合成液压系统原理图。组合时应注意以下几点:

①尽可能去掉多余的液压元件,力求系统简单,元件数量和品种规格要少。

②应避免各回路间的干扰,保证各回路能满足动作和性能的设计要求。例如,在用单液压泵驱动两个执行元件的系统中,一个执行元件需保压,而另一个执行元件运动时的负载变化会使油路压力变化,对保压有干扰,这就需在系统中增设单向阀、蓄能器等元件。

③合理布置测压点。测压点的布置应便于调整压力阀的压力和观察系统中的压力。合理布置测压点对于调试系统和寻找系统故障是很重要的。一般在液压泵的出口、液压缸的前后腔、减压阀出口、顺序阀的控制油路和需保压的回路等处,均应布置测压点。若系统有多个测压点,可采用多点压力表开关,以减少台面上压力表的数目。

8.1.3 初步确定液压系统参数

液压系统参数主要是由执行元件的工作参数确定的。因此,初步确定液压系统参数实际上是确定执行元件的主要参数。

(1)系统工作压力 p 的确定

由于主机的性能和使用场合不同,液压系统的工作压力也不尽相同。系统的工作压力是在设计液压系统时,由设计者自行选定的。系统工作压力选得越低,执行元件的容量越大,即尺寸大、重量重,系统所需的流量也大,但对液压元件的制造精度与密封要求较低。系统工作压力选得越高,则与上相反。因此,系统工作压力的选择取决于尺寸、成本、使用可靠性等多方面因素,一般可参考现有的同类液压系统来初步确定系统工作压力。目前常用液压设备的工作压力见表8.2。若执行元件为液压缸,系统工作压力的确定还可参考第三章第二节内容。应该指出,随着液压技术水平的提高,就目前的材质和生产水平看,液压系统的工作压力有向高压化发展的趋势。有资料表明,低压系统的价格要比高压系统的价格高出50%~200%,因此,系统工作压力向高压化发展也符合技术经济的要求。

表8.2 常用液压设备工作压力

设备类型	磨床	车、铣、刨床	组合机床	珩磨机床	拉床 龙门刨床	农业机械 小型工程机械	液压机 挖掘机 重型机械 起重运输机械
工作压力 p/MPa	0.8~2	2~4	3~5	2~5	<10	10~16	20~32

(2)执行元件主要结构参数的确定

这里主要确定液压缸的有效工作面积、活塞直径和活塞杆直径,确定液压马达的每转排量。这些结构参数的确定也是确定液压系统流量和功率的前提。

1)执行元件为液压缸

液压缸的有效工作面积A由负载条件确定,即

$$A = \frac{F_{\max}}{(p - cp_B)\eta_{gJ}} \tag{8.5}$$

式中 $F_{\max}$——液压缸的最大外负载,由式(8.1)确定;

p——液压缸的工作压力,即进油腔压力;

p_B——液压缸回油腔压力,即背压,可参考表8.3选取;

c——液压缸两腔有效工作面积之比,$c \leqslant 1$,可根据液压缸往返运动速度或其他给定条件确定;

η_{gJ}——液压缸的机械效率。

表8.3 执行元件背压的估计值

系统类型		背压/MPa
中、低压系统 0~8 MPa	简单的系统和一般轻载的节流调速系统	0.2~0.5
	回油路带调速阀的调速系统	0.5~0.8
	回油路带背压阀	0.5~1.5
	采用带补油泵的闭式回路	0.8~1.5
中高压系统>8~16 MPa	同上	比中、低压系统高50%~100%
高压系统>16~32 MPa	如锻压机械等	初算时背压可忽略不计

当工作速度很低时,按式(8.5)计算出的有效工作面积不一定能满足最低稳定工作速度的要求,还需按最低稳定工作速度来验算,即有效工作面积应满足下式:

$$A \geqslant \frac{q_{F\min}}{v_{\min}} \tag{8.6}$$

式中　$q_{F\min}$——流量阀最小稳定流量,由产品样本查取;

$v_{\min}$——主机要求的液压缸最低稳定工作速度。

如果验算结果不满足要求,应由式(8.6)来确定液压缸有效工作面积,然后回头调整系统工作压力 p。

求得有效工作面积后,根据液压缸的不同结构形式,不难求出活塞和活塞杆直径,见 3.2 节,此处不再赘述。

2)执行元件为液压马达

液压马达的每转排量 V 由负载条件确定,即

$$V = \frac{2\pi M_{\max}}{(p - p_B)\eta_{mJ}} \tag{8.7}$$

式中　$M_{\max}$——液压马达的最大外负载力矩,由式(8.4)确定;

p——液压马达的工作压力,即进油压力;

p_B——液压马达回油腔压力,即背压,可参考表 8.3 选取;

η_{mJ}——液压马达的机械效率。

必要时,也需按最低转速进行验算,即每转排量应满足下式:

$$V \geqslant \frac{q_{F\min}}{n_{\min}} \tag{8.8}$$

式中　$q_{F\min}$——流量阀最小稳定流量,由产品样本查取;

$n_{\min}$——主机要求的液压马达最低转速。

(3)绘制执行元件工况图

这里的主要目的是要明确系统在整个工作循环的各阶段中流量、功率和压力的变化情况,为确定系统的动力源提供依据。

执行元件工况图包括压力循环图(p-t)或(p-s)、流量循环图(q-t)或(q-s)和功率循环图(P-t)或(P-s)。其作法是:

①利用负载循环图,根据负载、压力和有效工作面积(或每转排量)的关系,求出各阶段的压力值,即可作出压力循环图。

②利用速度循环图,根据速度、流量和有效工作面积(或每转排量)的关系,求出各阶段的流量值,即可作出流量循环图。若同时有多个执行元件工作,应将各执行元件在同一时刻的流量叠加,作出总流量循环图。

③根据压力循环图和流量循环图,利用公式 $P=p\cdot q$,可求出各阶段的功率值,即可作出功率循环图。前述组合机床动力滑台液压缸的工况图如图 8.3 所示。

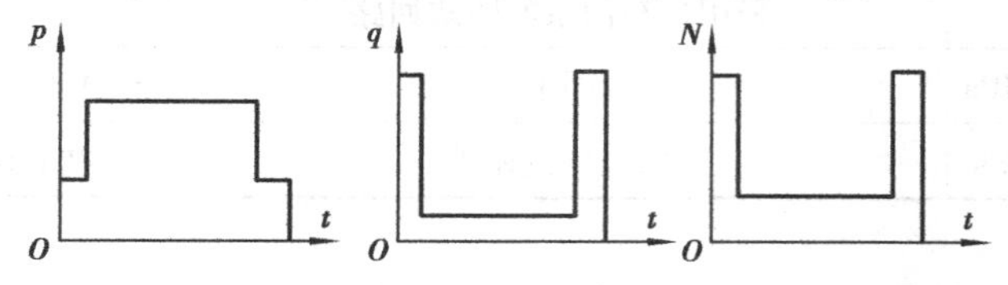

图 8.3　组合机床动力滑台液压缸工况图

执行元件工况图具有如下用途:

①通过工况图可以找出最大压力、最大流量、最大功率点,它们是选择液压泵、电动机和

控制阀的依据。

②对系统的动力配置有指导意义。例如,在流量循环图中,若各阶段流量相差很大,并且在各流量下的工作时间也较长,则该系统不宜采用单定量泵供油,应考虑采用“一大一小”的双泵供油或采用限压式变量泵供油。

③可用来评定工作循环中各阶段所定工作参数的合理性。例如,在功率循环图上,若各阶段功率相差太大,说明在设计依据中所定的速度参数不太合理。在工艺条件允许的情况下,适当调整各阶段的速度,使系统在各阶段所需的功率趋于均匀,可提高系统的效率。

8.1.4 液压元件的计算和选择

(1)执行元件的计算

液压系统的执行元件是液压缸和液压马达。一般来说,液压缸大都需要根据主机性能要求自行设计,而液压马达大都作为标准件来看待,只需根据主机性能要求在产品系列中选取。

对于液压缸,在前述“初步确定液压系统参数”部分已求出了液压缸的有效工作面积、活塞直径和活塞杆直径,此处的任务是确定液压缸的其余结构参数,并进行必要的校核。应该指出,若在此处的活塞杆稳定校核不合格,则要返回前面重新确定液压缸的主要结构参数。因此,此处的计算内容也可安排在上一步骤“初步确定液压系统参数”部分进行,以减少重复工作量。

对于液压马达,其类型、规格(即每转排量)在前面已经确定,只需按确定的类型、规格选用便可,此处不必再计算了。

(2)液压泵和电机的选择

1)液压泵的选择

①计算液压泵的工作压力 p_b:液压泵的工作压力是执行元件工作压力和执行元件进油路压力损失之和,即

$$p_b = p + \sum \Delta p_1 \tag{8.9}$$

式中 p——执行元件的工作压力;

$\sum \Delta p_1$——执行元件进油路中的总压力损失,在液压元件规格及管道尺寸未确定前可粗略估计,简单系统 $\sum \Delta p_1 = 0.2 \sim 0.5$ MPa,复杂系统 $\sum \Delta p_1 = 0.5 \sim 1.5$ MPa。

②计算液压泵的流量 q_b:液压泵的供油量是执行元件的最大流量与各种泄漏量之和,可用下式计算:

$$q_b = K(\sum q)_{\max} \tag{8.10}$$

式中 $(\sum q)_{\max}$——同时工作的执行元件所需流量之和的最大值,可在流量循环图上找出;

K——系统的泄漏系数,一般取 K=1.1~1.3,大流量取小值,小流量取大值。

对于节流调速回路,如果最大流量点处于调速状态,泵的流量还应加上流量阀的最小稳定流量,一般取 3 L/min。

若系统中设有蓄能器,则泵的流量按一个工作循环中的平均流量选取,即

$$q_b \geqslant \frac{K}{T}\sum_{i=1}^{n} q_i \Delta t_i \tag{8.11}$$

式中　q_i——整个工作循环中第 i 阶段所需流量；

Δt_i——第 i 阶段持续的时间；

T——整个工作循环的周期；

n——整个工作循环的阶段数。

③选择液压泵的规格：上面计算的液压泵工作压力 p_b 是系统处于稳态时泵的工作压力。而系统在工作中会出现瞬时超载或动态超调等，使得动态压力峰值远高于 p_b，故在选泵时，其额定压力（公称压力）应比计算值 P_b 高 25% ~60%。泵的额定流量与计算值相当即可。

2）电动机的选择

选择电动机主要依据电动机功率。至于电动机的额定转速，与液压泵额定转速相当即可。

确定电动机功率，应考虑实际工况的差异。

若在整个工作循环中，液压泵功率变化较小，可根据最大功率点来选择电动机，电动机功率 P_b 可由下式计算：

$$P_b = \frac{(p_b \cdot q_b)_{\max}}{\eta_b} \tag{8.12}$$

式中　$(p_b \cdot q_b)_{\max}$——液压泵输出压力和输出流量乘积的最大值，即液压泵的最大输出功率。利用功率循环图可查出最大功率点，根据该点所对应的执行元件工作压力 p 和流量 q 利用式（8.9）和式（8.10）便可求出。

η_b——液压泵的总效率。齿轮泵取 0.6 ~0.7，叶片泵取 0.7 ~0.8，柱塞泵取 0.8 ~0.9。

若在整个工作循环中，液压泵的功率变化较大，并且最高功率点持续的时间很短，按上式的计算结果选电动机，功率将偏大，不经济。此时，可按电动机的允许发热（温升）来确定电动机功率。先按下式计算出整个循环中各阶段所需的功率，即

$$P_{bi} = \frac{p_{bi} \cdot q_{bi}}{\eta_b}$$

式中　P_{bi}——整个工作循环中，第 i 阶段液压泵所需功率；

p_{bi}——第 i 阶段液压泵的工作压力；

q_{bi}——第 i 阶段液压泵输出流量；

η_b——液压泵总效率。

再按下式计算出电动机功率的平方根：

$$\bar{P}_b = \sqrt{\frac{\sum_{i=1}^{n} P_{bi}^2 \cdot \Delta t_i}{T}} \tag{8.13}$$

式中符号意义同前。

求出电动机功率的平方根后，还应将其与由式（8.12）计算出的电动机最大功率相比较，如果 $P_b \leqslant 1.25\bar{P}_b$，则可按 $\bar{P}_b$ 来选择电动机，因电动机一般具有 25% 的允许超载能力。

（3）液压控制阀的选择

选择液压控制阀的主要依据是该阀在系统中的最大工作压力和流经该阀的最大流量。

同时还应结合使用要求,确定阀的操纵方式、安装方式等。

在选择时,应注意以下几个问题:

①尽量选择标准定型产品。

②控制阀的额定压力应大于该阀在系统中的最大工作压力。

③控制阀的额定流量一般应大于或等于通过该阀的最大流量,必要时,也允许实际流量大于额定流量,但不得超过20%。

④流量阀应按系统中流量调节范围来选取,其最小稳定流量应满足主机最低速度要求。

⑤应注意单出杆液压缸由于面积差形成的不同回油量对控制阀的影响。

(4)液压辅助元件的选择

液压辅助元件包括滤油器、蓄能器、油箱、管道和管接头、仪表等,可按第五章中的有关原则选用。其中,油管和管接头的通径最好与其相连接的液压元件的通径一致,以简化设计和安装。

8.1.5　液压系统性能的验算

在液压系统设计计算结束后,需对所设计的系统技术性能进行验算,判断设计质量,以便调整设计参数及方案。一般技术性能验算包括系统压力损失验算、系统发热及温升验算、系统效率验算等,其中前两项是必不可少的。

(1)系统压力损失验算

当系统的液压元件、安装形式确定之后,画出管路安装图,便可对系统的压力损失进行较准确的计算。其目的在于较准确地确定液压泵的工作压力,为较准确地调节有关液压元件提供依据,以保证系统的工作性能。

系统压力损失的计算基于能量叠加原理。

$$\left.\begin{aligned}&\text{按损失能量的路段叠加:}\quad \sum \Delta p = \sum \Delta p_1 + \sum \Delta p_2\\&\text{按能量损失的类型叠加:}\quad \sum \Delta p = \sum \Delta p_l + \sum \Delta p_r\end{aligned}\right\} \tag{8.14}$$

式中　$\sum \Delta p$——系统的总压力损失;

$\sum \Delta p_1$——执行元件进油路上的总压力损失,包括沿程压力损失和局部压力损失;

$\sum \Delta p_2$——执行元件回油路上的总压力损失,包括沿程压力损失和局部压力损失;

$\sum \Delta p_l$——系统管路中的沿程压力损失之和;

$\sum \Delta p_r$——系统中各种局部压力损失之和。

压力损失的计算方法参照第1章1.4节的内容,此处不再赘述。

在计算压力损失时,应注意以下几点:

①产品样本中查出的液压阀的压力损失是在公称流量下的压力损失,当流经阀的实际流量与公称流量相差较大时,应按下式折算:

$$\Delta p_r = \Delta p_e \left(\frac{q}{q_e}\right)^2 \tag{8.15}$$

式中 Δp_r——实际流量下阀的压力损失；

Δp_e——公称(额定)流量下阀的压力损失；

q——流经阀的实际流量；

q_e——阀的公称流量。

②流经节流阀、调速阀时应保证的最小压力损失和流经背压阀时的压力损失与通过的流量基本无关,不需折算。

③执行元件快速、慢速工作时,流量不同,压力损失也不同,快速时,压力损失大,慢速时,压力损失小,应分别计算。

④执行元件为单出杆液压缸时,进油路和回油路的流量不同,压力损失应分别计算。

当验算出的压力损失与初估值相差较大时,应以验算值代替初估值,重新调整工作压力(已设计出的或选用的执行元件不变,以减少工作量)。具体做法如下：

a. 执行元件为液压缸时

联系式(8.5)和式(8.9),可得：

$$
\begin{aligned}
p &= \frac{F_{\max}}{A\eta_{gJ}} + c\sum \Delta p_2 \\
p_b &= \frac{F_{\max}}{A\eta_{gJ}} + c\sum \Delta p_2 + \sum \Delta p_1
\end{aligned}
\tag{8.16}
$$

符号意义同前。

b. 执行元件为液压马达时

根据式(8.7)和式(8.9),可得：

$$
\begin{aligned}
p &= \frac{2\pi M_{\max}}{q\eta_{mJ}} + \sum \Delta p_2 \\
p_b &= \frac{2\pi M_{\max}}{q\eta_{mJ}} + \sum \Delta p_1 + \sum \Delta p_2
\end{aligned}
\tag{8.17}
$$

符号意义同前。

上两式中,用验算后的进、回油路压力损失分别代替原式中的进油路压力损失和背压。

式(8.16)和式(8.17)的结果将作为系统压力调节和选择液压泵的依据。

(2)液压系统的发热及温升验算

系统工作时的各种能量损失最终都转化为热量,使系统的油温升高。油温的升高会使油液黏度减小,泄漏增加,并使油液经过节流元件时的节流特性变化,造成执行元件速度不稳定。此外,油温升高,还会加速油液氧化变质。因此,必须使油温控制在允许范围内。

1)系统发热量的计算

系统发热量计算一般只是粗略估算,要准确计算出系统发热量是很困难的。下面介绍近似计算的一种方法。

把液压系统看作一个能量载体,电动机为它输入能量(功率),而它又通过执行元件向外输出能量(功率),进出能量之差便为发热能量(功率)。因此,液压系统单位时间内的发热量由下式计算：

$$
H = P_E - P_o \tag{8.18}
$$

式中 H——系统单位时间发热量；

P_E——系统的输入功率，即液压泵的输入功率，可用式 $P_E=p_b\dfrac{q_b}{\eta_b}$计算；

P_o——系统的输出功率，即执行元件的输出功率，由下面方法计算：对液压缸 $P_o=F\cdot v$，对液压马达 $P_o=2\pi M\cdot n$；

式中 F——液压缸外负载，由式(8.1)确定；

v——液压缸的运动速度；

M——液压马达的外负载力矩，由式(8.4)确定；

n——液压马达的转速。

若在整个工作循环内，功率有变化，则应根据单位时间内系统在各阶段的发热量求出系统在单位时间内的平均发热量，计算式为：

$$H=\frac{1}{T}\sum_{i=1}^{n}(P_{Ei}-P_{oi})\cdot\Delta t_i \tag{8.19}$$

式中 P_{Ei}——在整个工作循环中，系统（液压泵）在第 i 阶段的输入功率；

P_{oi}——在整个工作循环中，系统（执行元件）在第 i 阶段的输出功率；

Δt_i——第 i 阶段持续的时间；

T——整个工作循环的周期。

2）系统散热量计算

由于液压系统管线不长，液体在管路中的流速相对较快，故近似认为系统发热量全部由油箱散发。油箱单位时间的散热量 H' 由下式计算，即

$$H'=C_T\cdot A\cdot\Delta T \tag{8.20}$$

式中 ΔT——系统温升，$\Delta T=t_2-t_1$(℃)，其中 t_1 为系统环境温度，t_2 为系统达到热平衡时的油温；

A——油箱散热面积，m^2；

C_T——油箱散热系数，$kW/m^2\cdot ℃$，自然通风良好时取 $(15\sim17.5)\times10^{-3}$，自然通风很差时取 $(8\sim9)\times10^{-3}$。

3）系统热平衡温度估算

当液压系统达到热平衡时，系统发热量等于系统散热量，即 $H=H'$。联系式(8.20)可得出系统热平衡温度（简称系统油温）为：

$$t_2=t_1+\frac{H}{C_T\cdot A} \tag{8.21}$$

如果油箱 3 个边长的尺寸比例在 1∶1∶1到 1∶2∶3之间，油液面达油箱高度的 80%，油箱散热面积由下式计算：

$$A=0.065\sqrt[3]{V^2} \tag{8.22}$$

式中 V——油箱的有效容积，L。

为保证液压系统能正常工作，系统油温应满足下面条件，即

$$t_2\leqslant[t] \tag{8.23}$$

式中 $[t]$——液压系统的允许温度。允许温度视具体系统而异，如组合机床，$[t]=55\sim70$ ℃。一般来说，系统温度保持在 30～50 ℃，最高不超过 60 ℃，最低不低

于15 ℃。

如果系统油温超过允许值，必须采取降温措施，如增设冷却器、增大油箱体积等。

8.1.6 绘制系统工作图，编写技术文件

所设计的液压系统经验算后，即可对初步拟定的液压系统进行修改，并绘制正式的系统工作图和编写技术文件。

系统工作图包括液压系统原理图、液压缸等非标准元件的装配图和零件图、液压系统装配图。

液压系统原理图中应附有液压元件明细表，表中标明各种元件的型号、规格和压力、流量的调整值。一般还应给出各执行元件的工作循环图和电磁铁动作顺序表等。

液压系统装配图是液压系统正式安装、施工的图纸，包括泵站（由液压泵、电动机和油箱组成）装配图、管路安装图等。管路安装图一般只需绘制示意图，说明管路走向，但要标明液压元件、部件的位置和固定方式，油管的长度及尺寸规格，各种管接头的形式和规格等。

技术文件一般包括液压系统设计计算书、液压系统操作使用说明书、标准件和非标准件明细表等。

8.2 液压系统设计与计算举例

设计一台板料折弯机的液压系统。

8.2.1 设计依据

折弯机压头的上下运动用液压传动，其工作循环为：快速下降、慢速下压（折弯）、快速退回。给定条件：

折弯力		1×10^6 N
滑块重量		1.5×10^4 N
快速空载下降	行程 s_1	180 mm
	速度 v_1	23 mm/s
慢速下压	行程 s_2	20 mm
	速度 v_2	12 mm/s
快速退回	行程 s_3	200 mm
	速度 v_3	53 mm/s

液压缸采用V型密封圈，其机械效率为0.91。

8.2.2 工况分析

(1)负载分析

折弯机的液压缸和压头垂直放置,压头重量较大,为防止因自重而自行下滑,系统中设平衡回路。因此在对压头向下运动作负载分析时,压头自重所产生的向下作用力不再计入。另外,为简化问题,压头导轨上的摩擦力不计。

设压头启动和制动过程的加、减速都在0.2秒内完成,则惯性负载F_a为:

启动时: $$F_a=\frac{G}{g}\cdot\frac{\Delta v}{\Delta t}=\frac{1.5\times10^4}{9.81}\times\frac{0.023}{0.2}\ \text{N}=176\ \text{N}$$

制动时: $$F_a=\frac{G}{g}\cdot\frac{\Delta v}{\Delta t}=\frac{1.5\times10^4}{9.81}\times\frac{0.053}{0.2}\ \text{N}=405\ \text{N}$$

折弯时压头上的工作负载可区分为两个阶段:第一阶段负载缓慢地线性增加,达到最大折弯力的5%左右,其行程为15 mm;第二阶段负载急剧增加到最大折弯力,上升规律也近似于线性,行程为5 mm,则工作负载F为:

初压阶段上升到 $F_{w1}=1\times10^6\times5\%\ \text{N}=5\times10^4\ \text{N}$

终压阶段上升到 $F_{w2}=1\times10^6\ \text{N}$

循环中各阶段的外负载见表8.4,其负载循环图如图8.4所示。

表8.4 折弯机外负载和液压缸工作压力

工作阶段		外负载/N	液压缸工作压力p/Pa $\dfrac{F}{\eta_{gJ}\cdot A_1(或A_2)}$
快速下降	启动	$F=F_a=176$	4 270
	等速	$F=0$	0
慢速折弯	初压	$F=5\times10^4$	1.22×10^6
	终压	$F=1\times10^6$	24.3×10^6
快速退回	启动	$F=F_a+G=405+15\ 000=15\ 405$	0.85×10^6
	等速	$F=G=15\ 000$	0.83×10^6
	制动	$F=G-F_a=15\ 000-405=14\ 595$	0.81×10^6

(2)运动分析

根据给定条件可知:空载快速下降行程180 mm,速度23 mm/s;慢速折弯行程20 mm,其中在开始15 mm的初压段等速运动,速度为12 mm/s,最后5 mm的终压段速度均匀地减至零;快速回程以53 mm/s的速度上升。利用以上数据,并在速度过渡段做粗略的线性处理后便得到折弯机的速度循环图,如图8.5所示。

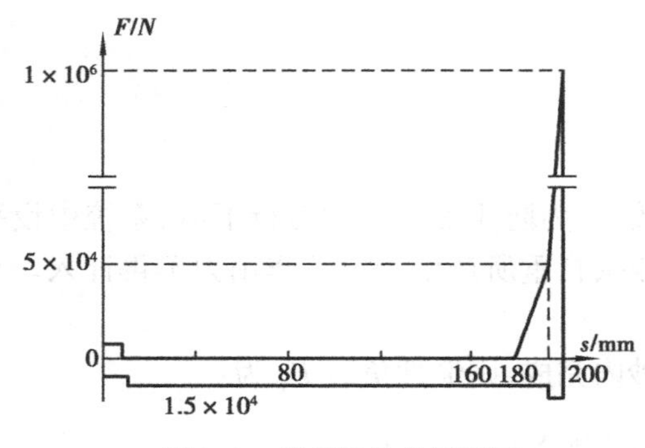

图 8.4 折弯机负载循环图

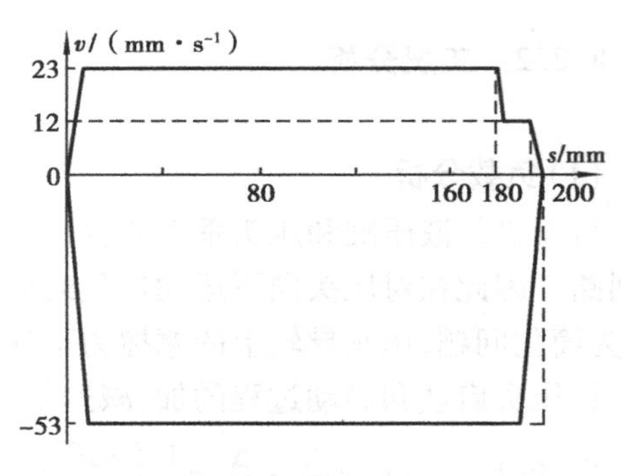

图 8.5 折弯机速度循环图

8.2.3 初步拟定液压系统原理图

折弯机压头做上下直线往复运动,且行程只有 200 mm,故可选液压缸做执行元件。根据折弯行程负载大而速度慢,上升速度快的要求,应选用单出杆液压缸。

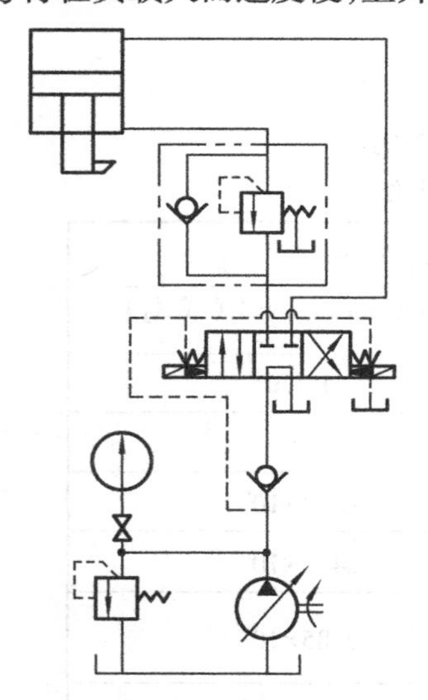
图 8.6 折弯机液压系统原理图

折弯机工作时需要较大的功率,故应采用容积调速回路。为满足速度的有级变化,可采用机动变量泵(CCY型)。即在快速下降时,液压泵以全流量供油。当转换成慢速折弯行程时,行程挡块使泵的流量减小,在最后 5 mm 内,挡块使泵流量减到零。当液压缸工作行程结束而反向时,行程挡块又使泵的流量恢复到全流量。

采用三位四通 M 型电液换向阀换向,停机时换向阀处中位,泵卸荷。

为防止压头在下降过程中由于自重而出现速度失控现象,在液压缸下腔回油路上设置一个平衡阀(内控单向顺序阀)。

本机采用行程控制,利用行程开关来切换电液换向阀,以实现自动循环。

折弯机液压系统原理图,如图 8.6 所示。

8.2.4 初步确定液压系统参数

(1)确定系统工作压力

系统工作压力 p 参考表 8.2,初选系统工作压力 $p=23$ MPa。

(2)确定液压缸主要结构参数

液压缸有效工作面积由式(8.5)计算,由于下行时回油路设有平衡阀,在液压缸回油腔造成的背压恰好与压头自重平衡,故式中取 $p_B=0$:

$$A=\frac{F_{\max}}{(p-cp_B)\cdot\eta_{gJ}}=\frac{1\times10^6}{23\times10^6\times0.91}\ \mathrm{m^2}=0.048\ \mathrm{m^2}$$

活塞直径 D 为：

$$D=\sqrt{\frac{4A}{\pi}}=\sqrt{\frac{4\times 0.048}{\pi}}\ \text{mm}=0.246\ \text{m}=246\ \text{mm}$$

按标准选取 $D=240$ mm。

根据快速下降与上升的速比求活塞杆直径 d，即

$$\frac{v_3}{v_1}=\frac{D^2}{D^2-d^2}=\frac{53}{23}=2.3$$

所以，$d=180$ mm。

液压缸实际有效面积为：

$$A_1=\frac{\pi}{4}D^2=\frac{\pi}{4}\times 24^2\ \text{cm}^2=452\ \text{cm}^2$$

$$A_2=\frac{\pi}{4}(D^2-d^2)=\frac{\pi}{4}(24^2-18^2)\ \text{cm}^2=198\ \text{cm}^2$$

面积比为： $$c=\frac{A_2}{A_1}=\frac{198}{452}=0.44$$

(3)绘制液压缸工况图

利用求得的液压缸有效工作面积和负载循环图，求得的液压缸在循环中各阶段的工作压力值见表8.4。由此可绘出液压缸的压力循环图，如图8.7(a)所示。

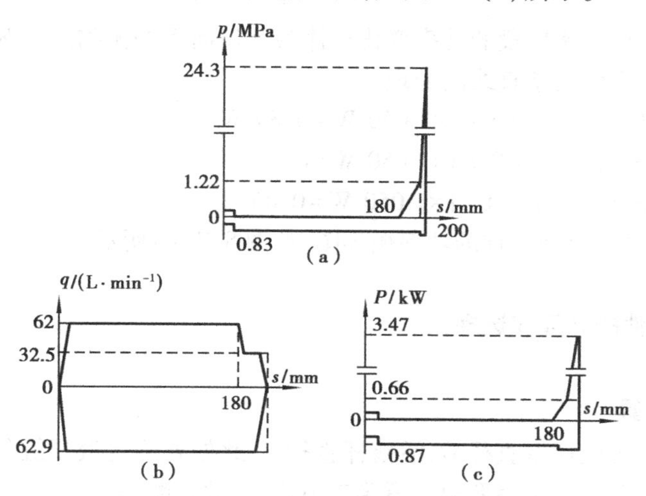

图8.7 液压缸压力、流量和功率循环图

循环中各阶段的流量分别为：

快速下降时 $q_1=A_1\cdot v_1=452\times 2.3\ \text{cm}^3/\text{s}=1\ 034\ \text{cm}^3/\text{s}=62\ \text{L/min}$；

折弯初压段 $q_2=A_1\cdot v_2=452\times 1.2\ \text{cm}^3/\text{s}=542\ \text{cm}^3/\text{s}=32.5\ \text{L/min}$；

折弯终压段 流量由32.5 L/min均匀降至零；

快速上升时 $q_3=A_2\cdot v_3=198\times 5.3\ \text{cm}^3/\text{s}=1\ 050\ \text{cm}^3/\text{s}=62.9\ \text{L/min}$。

根据以上数据，考虑到速度过渡段的线性变化规律，可近似认为流量也具有类似的变化规律。从而可作出液压缸的流量循环图，如图8.7(b)所示。

循环中各阶段的功率分别为:

快速下降(启动)　$P_1'=p_1 \cdot q_1=4\ 270\times1\ 034\times10^{-6}$ W=4.4 W

快速下降(匀速)　$P_1''=0$

折弯行程(初压)　$P_2'=p_2 \cdot q_2=1.22\times10^6\times542\times10^{-6}$ W=661 W

折弯行程(终压)　在行程只有5 mm的该段,压力、流量都在变化,情况较复杂,可作如下处理:

压力由1.22 MPa增至24.3 MPa,其变化规律为:

$$p = 1.22 + \frac{24.3 - 1.22}{5} \cdot s = 1.22 + 4.62s;$$

流量由542 cm^3/s降至零,其变化规律为:

$$q = 542\left(1 - \frac{s}{5}\right)$$

式中　s——终压段行程,取值范围0~5 mm。

由此可得该段功率变化规律:

$$P = p \cdot q = 542(1.22 + 4.62s)\left(1 - \frac{s}{5}\right)$$

求其极值,令$\frac{\partial P}{\partial s}=0$得:$s=2.36$。此处功率最大,其值为:

$$P_{\max} = 542(1.22 + 4.62 \times 2.36)\left(1 - \frac{2.36}{5}\right)\ \text{W} = 3\ 470\ \text{W}$$

由上可得出折弯行程终压段的功率变化规律为开口向下的抛物线。为简化绘图,此处将抛物线顶点两侧近似当作两条直线段处理。

快速上升时,启动　$P_3'=p_3' \cdot q_3=0.85\times1\ 050$ W=0.89 W

匀速　$P_3''=p_3'' \cdot q_3=0.83\times1\ 050$ W=0.87 W

制动　$P_3'''=p_3''' \cdot q_3=0.81\times1\ 050$ W=0.85 W

根据以上数据,可作出液压缸的功率循环图,如图8.7(c)所示。

8.2.5　液压元件的计算和选择

(1)液压缸的计算

前面已求出液压缸的活塞直径D、活塞杆直径d,此处要确定液压缸的其余结构尺寸,并进行必要的校核。有关计算可参照第三章第二节进行,此处略去。

(2)液压泵和电动机的选择

1)选择液压泵

①计算液压泵的最高工作压力p_b

液压泵最高工作压力处在折弯终压段结束时,由式(8.9),并估取$\sum \Delta p_1=0.5$ MPa,则

$$p_b = p + \sum \Delta p_1 = (24.3 + 0.5)\text{MPa} = 24.8\ \text{MPa}$$

②计算液压泵的流量q_b

由式(8.10),并取系统泄漏系数$K=1.1$,则

$$q_b = K(\sum q)_{max} = 1.1 \times 62.9 \text{ L/min} = 69 \text{ L/min}$$

③选择液压泵的规格：根据压力和流量值，选取轴向柱塞泵的型号规格为63CCY14-1B，其额定压力为32 MPa，额定流量为63 L/min。额定压力满足25% ~60%的压力储备要求。额定流量比液压缸所需的最大流量略有减少，所以快速退回行程的速度略有下降。

2）选择电动机

按液压泵最大功率来确定电机功率。从功率循环图上可看出，当折弯机压头在折弯终压行程（共5 mm）进行到2.36 mm处时，出现功率最大点。此时液压缸的压力为12.12 MPa，流量约为286 cm^3/s。根据式（8.9）和式（8.10）可求得此刻液压泵的压力和流量，即

$$p_b = p + \sum \Delta p_1 = (12.12 + 0.5)\text{MPa} = 12.62 \text{ MPa}$$

$$q_b = K(\sum q) = 1.1 \times 286 \text{ cm}^3/\text{s} = 315 \text{ cm}^3/\text{s}$$

所以

$$(p_b \cdot q_b)_{max} = 12.62 \times 315 \text{ W} = 3\,975 \text{ W}$$

由式（8.12）得：

$$P_b = \frac{(p_b \cdot q_b)_{max}}{\eta_b} = \frac{3\,975}{0.85} \text{ W} = 4\,677\text{W} = 4.7 \text{ kW}$$

选用功率为5 kW，同步转速为1 000 r/min的电动机。

（3）液压控制阀的选择

根据在系统中各阀的最大工作压力和最大流量选择阀件。选出的液压控制阀见表8.5。

表8.5 折弯机所用液压元件一览表

元件名称	型 号	规 格	数 量
轴向变量柱塞泵	63CCY14-1B	32 MPa，63 L/min	1
单向阀	DF-B20K1	32 MPa，100 L/min，通径20	1
电液换向阀	34DYM-B32H-T	32 MPa，190 L/min，通径32	1
溢流阀	YF-B20K	32 MPa，100 L/min，通径20	1
单向顺序阀	XDF-B32E	1 ~3 MPa，150 L/min，通径32	1
压力表开关	KF-L8/E	通径8	1
压力表	Y-100	0 ~40 MPa	1
液压缸	自行设计		1

（4）液压辅助元件的选择

1）油箱容积的确定

参照第5章5.3节，油箱容积为：

$$V = 6q_b = 6 \times 63 \text{ L} = 378 \text{ L}$$

2）确定油管直径

根据阀件的连接油口尺寸决定油管直径，取管内径为32 mm。

3）选择其他辅助元件

可参照第5章内容选取，此处从略。

8.2.6 液压系统性能的验算

(1)系统压力损失计算

1)快速退回时

快速退回阶段的流量最大,并且液压缸有杆腔进油,故回油流量更大,是进油量的$\frac{1}{c}$倍,$\frac{1}{c}=\frac{1}{0.44}=2.27$。进、回油路压力损失应分别计算。

①进油路:已知管长$l\approx 2$ m,流量$q=1\ 050\ \text{cm}^3/\text{s}=62.9$ L/min,管径$d=32$ mm,黏度$\nu=20\times10^{-2}\text{cm}^2/\text{s}$,密度$\rho=900\ \text{kg/m}^3$。单向阀一个,$\Delta p_{e1}=0.2$ MPa;换向阀一个,$\Delta p_{e2}=0.2$ MPa;单向顺序阀(反向流)一个,$\Delta p_{e3}=0.2$ MPa;直角弯头一个,$\xi=1.12$。

由此可算得:

流速 $v=\dfrac{q}{\frac{\pi}{4}d^2}=\dfrac{1\ 050}{\frac{\pi}{4}\times3.2^2}\ \text{cm/s}=131\ \text{cm/s}=1.31\ \text{m/s}$

雷诺数 $Re=\dfrac{v\cdot d}{\nu}=\dfrac{131\times3.2}{20\times10^{-2}}=2\ 096$(属层流)

沿程阻力系数 $\lambda=\dfrac{75}{Re}=\dfrac{75}{2\ 096}=0.036$

沿程压力损失 $\sum\Delta P_{l1}=\lambda\cdot\dfrac{l}{d}\cdot\dfrac{\rho v^2}{2}=0.036\times\dfrac{2}{0.032}\times\dfrac{900\times1.31^2}{2}\ \text{MPa}=0.002\ \text{MPa}$

局部压力损失 $\sum\Delta p_{r1}=\Delta p_{e1}\left(\dfrac{q}{q_{e1}}\right)^2+\Delta p_{e2}\left(\dfrac{q}{q_{e2}}\right)^2+\Delta p_{e3}\left(\dfrac{q}{q_{e3}}\right)^2+\zeta\cdot\dfrac{\rho v^2}{2}$

$=\left[0.2\times\left(\dfrac{62.9}{100}\right)^2+0.2\times\left(\dfrac{62.9}{190}\right)^2+0.2\times\left(\dfrac{62.9}{150}\right)+\dfrac{1.12\times900\times1.31^2\times10^{-6}}{2}\right]\ \text{MPa}$

$=0.14\ \text{MPa}$

进油路总压力损失 $\sum\Delta p_1=\sum\Delta p_{l1}+\sum\Delta p_{r1}=(0.002+0.14)\ \text{MPa}=0.142\ \text{MPa}$

②回油路:已知流量$q=\dfrac{1\ 050}{c}=\dfrac{1\ 050}{0.44}\ \text{cm}^3/\text{s}=2\ 386\ \text{cm}^3/\text{s}=143$ L/min,管长$l\approx1$ m。换向阀一个,$\Delta p_e=0.2$ MPa;直角弯头一个,$\zeta=1.12$。其余与进油路一样。

由此可算得:

流速 $v=\dfrac{q}{\frac{\pi}{4}d^2}=\dfrac{2\ 386}{\frac{\pi}{4}\times3.2^2}\ \text{cm/s}=297\ \text{cm/s}=2.97\ \text{m/s}$

雷诺数 $Re=\dfrac{vd}{\nu}=\dfrac{297\times3.2}{20\times10^{-2}}=4\ 752$(属紊流)

沿程阻力系数 $\lambda=0.316\ 4Re^{-\frac{1}{4}}=0.316\ 4\times4\ 752^{-\frac{1}{4}}=0.038$

沿程压力损失　$\sum \Delta p_{l2}=\lambda \cdot \frac{l}{d} \cdot \frac{\rho v^2}{2}=0.038\times\frac{1}{0.032}\times\frac{900\times2.97^2}{2}$

$=4\ 713.7\ \text{Pa}=0.004\ 7\ \text{MPa}$

局部压力损失　$\sum \Delta p_{r2}=\Delta p_e\left(\frac{q}{q_e}\right)^2+\zeta \cdot \frac{\rho v^2}{2}$

$=\left[0.2\left(\frac{143}{190}\right)^2+1.12\times\frac{900\times2.97^2\times10^{-6}}{2}\right]\ \text{MPa}=0.12\ \text{MPa}$

回油路总压力损失　$\sum \Delta p_2=\sum \Delta p_{l2}+\sum \Delta p_{r2}=(0.004\ 7+0.12)\ \text{MPa}=0.125\ \text{MPa}$

2)慢速折弯时

从快速退回行程的压力损失计算可看出,沿程压力损失与局部压力损失相比很小。在慢速折弯行程,流量更小,使得沿程压力损失更小,故可忽略不计,只考虑局部压力损失。

①进油路:已知流量 $q=542\ \text{cm}^3/\text{s}=32.5\ \text{L/min}$。其余与前相同。

由此可算得:

进油路压力损失　$\sum \Delta p_1=\sum \Delta p_{r1}=\Delta p_{e1}\left(\frac{q}{q_{e1}}\right)^2+\Delta p_{e2}\left(\frac{q}{q_{e2}}\right)^2+\zeta \cdot \frac{\rho v^2}{2}$

$=\left[0.2\times\left(\frac{32.5}{100}\right)^2+0.2\times\left(\frac{32.5}{190}\right)^2+1.12\times\frac{900\times0.67^2\times10^{-6}}{2}\right]\ \text{MPa}$

$=0.03\ \text{MPa}$

②回油路:已知流量 $q=542c=542\times0.44\ \text{m}^3/\text{s}=238\ \text{cm}^3/\text{s}=14.28\ \text{L/min}$,单向顺序阀(正向流),$\Delta p_e=0.3$,其余同前。

由此可算得:

回油路压力损失　$\sum \Delta p_2=\sum \Delta p_{r2}=\Delta p_{e2}\left(\frac{q}{q_{e2}}\right)^2+\zeta \cdot \frac{\rho v^2}{2}+\Delta p_e\left(\frac{q}{q_e}\right)^2$

$=\left[0.2\times\left(\frac{14.28}{190}\right)^2+1.12\times\frac{900\times0.3^2\times10^{-6}}{2}+0.3\times\left(\frac{14.28}{150}\right)^2\right]\ \text{MPa}$

$=0.004\ \text{MPa}$

3)系统压力的调节

根据式(8.16),对工作行程(慢速折弯)时的系统压力调节如下:

安全阀调节压力　$p>\frac{F_{\max}}{A_1 \cdot \eta_{gJ}}+c\sum \Delta p_2+\sum \Delta p_1$

$=\left(\frac{1\times10^6}{0.045\ 2\times0.91}+0.44\times0.004\times10^6+0.03\times10^6\right)\ \text{Pa}$

$=24.35\times10^6\text{Pa}=24.35\ \text{MPa}$

单向顺序阀调节压力　$p>\frac{G}{A_2}-\sum \Delta p_2=\left(\frac{15\ 000}{0.019\ 8}-0.004\times10^6\right)\ \text{Pa}$

$=0.75\times10^6\text{Pa}=0.75\ \text{MPa}$

(2)系统发热及温升计算

1)发热量估算

从整个工作循环看,功率变化较大,故应按式(8.19)计算平均发热量。从速度循环图可近似计算各阶段的时间：

快速下降 $\Delta t_1 \approx \dfrac{s_1}{v_1}=\dfrac{180}{23}=7.85\ \text{s}$

慢速折弯 初压 $\Delta t_2'=\dfrac{s_2'}{v_2}=\dfrac{15}{12}\ \text{s}=1.25\ \text{s}$ 终压 $\Delta t_2''=\dfrac{2s_2''}{v_2}=\dfrac{2\times5}{12}\ \text{s}=0.83\ \text{s}$

快速退回 $\Delta t_3=\dfrac{s_3}{v_3}=\dfrac{200}{53}\ \text{s}=3.77\ \text{s}$

循环周期 $T=\Delta t_1+\Delta t_2'+\Delta t_2''+\Delta t_3$

$=(7.85+1.25+0.83+3.77)\ \text{s}=13.7\ \text{s}$

从功率循环图可求出各阶段液压缸的输出功率。但应扣除液压缸的机械效率因素的影响，因功率循环图反映的是液压缸的输入功率的变化规律。

快速下降 $P_{o1}\approx 0$

慢速折弯，初压 $P_{o2}'\approx\dfrac{0.66+0}{2}\cdot\eta_{gJ}=\left(\dfrac{0.66+0}{2}\times0.91\right)\ \text{kW}=0.3\ \text{kW}$

终压 该段较复杂，可从速度、负载循环图来求均值：

$$P''_{o2}=F\cdot v=\left(\frac{1\times10^6+5\times10^4}{2}\times\frac{0.012+0}{2}\right)\ \text{W}$$

$$=3\ 150\ \text{W}=3.15\ \text{kW}$$

快速退回 $P_{o3}\approx0.87\eta_{gJ}=(0.87\times0.91)\ \text{kW}=0.79\ \text{kW}$

从压力、流量循环图求各阶段液压泵输入功率：

快速下降

$q_{b1}=K\cdot q_1=1.1\times62\ \text{L/min}=68.2\ \text{L/min}=1\ 137\ \text{cm}^3/\text{s}$

$p_{b1}=p+\sum\Delta p_1=(0+0.142)\ \text{MPa}$

$=0.14\ \text{MPa}$（近似用快退工况压力损失数据）

$$P_{E1}=\frac{q_{b1}\cdot p_{b1}}{\eta_b}=\frac{1\ 137\times10^{-6}\times0.14\times10^6}{0.85}\ \text{W}=187\ \text{W}$$

慢速折弯，初压

$q_{b2}'=K\cdot q_2=1.1\times32.5\ \text{L/min}=35.75\ \text{L/min}=596\ \text{cm}^3/\text{s}$

$$p_{b2}'=\frac{1.22+0}{2}+\sum\Delta p_1=(0.61+0.04)\ \text{MPa}=0.65\ \text{MPa}$$

$$P_{E2}'=\frac{q_{b2}'\cdot p_{b2}'}{\eta_b}=\frac{596\times10^{-6}\times0.65\times10^6}{0.85}\ \text{W}=456\ \text{W}$$

终压

$$q_{b2}''=K\cdot\frac{q_2+0}{2}=1.1\times\frac{32.5+0}{2}\ \text{L/min}=17.88\ \text{L/min}=298\ \text{cm}^3/\text{s}$$

$$p_{b2}''=\frac{24.3+1.22}{2}+\sum\Delta p_1=(12.76+0.03)\ \text{MPa}=12.8\ \text{MPa}$$

$$P_{E2}''=\frac{q_{b2}''\cdot p_{b2}''}{\eta_b}=\left(\frac{298\times10^{-6}\times12.8\times10^6}{0.85}\right)\ \text{W}=4\ 488\ \text{W}$$

快速退回

$p_{b3}=p+\sum\Delta p_1=(0.83+0.142)\ \text{MPa}=0.97\ \text{MPa}$

$q_{b3}=Kq_3=1.1\times62.9\ \text{L/min}=69.19\ \text{L/min}=1\ 153\ \text{cm}^3/\text{s}$

$$P_{E3}=\frac{q_{b3}\cdot p_{b3}}{\eta_b}=\frac{1\ 153\times10^{-6}\times0.97\times10^6}{0.85}\ \text{W}=1\ 316\ \text{W}$$

系统单位时间发热量由式(8.19)计算:

$$H = \frac{1}{T}\sum_{i=1}^{n}(P_{Ei} - P_{oi}) \cdot \Delta t_i$$

$$= \frac{1}{T}[(P_{E1} - P_{o1}) \cdot \Delta t_1 + (P'_{E2} - P'_{o2}) \cdot \Delta t'_2 + (P''_{E2} - P''_{o2}) \cdot \Delta t''_2 + (P_{E3} - P_{o3}) \cdot \Delta t_3]$$

$$= \left\{\frac{1}{13.7}[(0.187 - 0)\times7.85+(0.456-0.3)\times1.25+(4.488-3.15)\times0.83+(1.316-0.79)\times3.77]\right\} \text{ kW}$$

$$= 0.347 \text{ kW}$$

2)系统热平衡温度计算

设油箱边长比在1:1:1~1:2:3范围,由式(8.22),油箱散热面积为:

$$A = 0.065\sqrt[3]{V^2} = 0.065\sqrt[3]{378^2} \text{ m}^2 = 3.4 \text{ m}^2$$

假定自然通风不好,取油箱散热系数:

$$C_T = 8 \times 10^{-3} \text{ kW/m}^2\text{℃}$$

设室内环境温度为30 ℃,系统热平衡温度:

$$t_2 = t_1 + \frac{H}{C_T \cdot A} = \left(30 + \frac{0.347}{8 \times 10^{-3} \times 3.4}\right) \text{℃} = 43 \text{ ℃}$$

满足$t_2 \leqslant [t] = 50$,油箱容量合适。

8.2.7 绘制液压系统工作图,编写技术文件

(略)

复习思考题

8.1 何谓速度循环图、负载循环图、压力循环图、流量循环图和功率循环图?它们之间有无关系?根据速度循环图和负载循环图可以作出功率循环图,根据压力循环图和流量循环图也可作出功率循环图,两者之间有什么区别?

8.2 一台专用铣床,工作台要求完成快进→工作给进→快退→停止的自动工作循环。铣床工作台重4 000 N,工件及夹具重1 500 N,铣削阻力最大为9 000 N;工作台快进、快退速度均为0.075 m/s,工作进给速度为0.001 3 m/s;启动和制动时间均为0.05 s;工作台采用平导轨,静、动摩擦系数分别为$f_s = 0.2$,$f_d = 0.1$;工作台快进行程为0.3 m,工作进给行程为0.1 m。试设计该机床工作台给进液压系统。

第9章 液压伺服系统

液压伺服系统是以液压伺服阀为核心的高精度自动控制系统，也称液压控制系统或液压随动系统，它除具有液压传动的所有优点外，还具有响应速度快、抗负载刚性大、控制精度高等显著优点，在冶金、机械、化工、船舶、航天等部门的自动控制中得到广泛的应用。

本章仅就液压伺服系统的基本原理、性能和应用作一概略介绍。

9.1 液压伺服系统的工作原理、组成、特点及分类

9.1.1 液压伺服系统的工作原理及组成

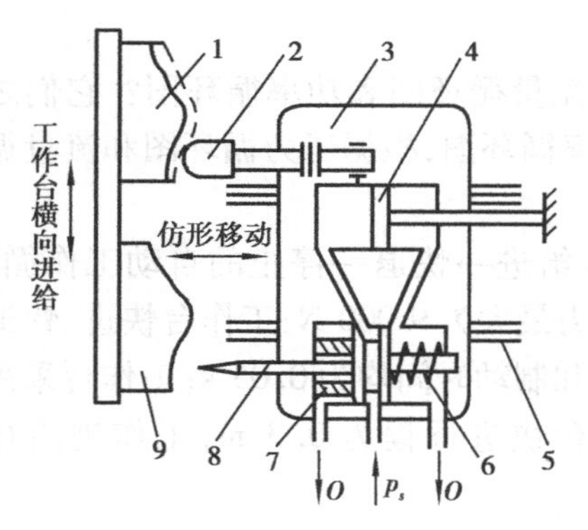

图 9.1 原始液压仿形铣示意图
1—工件；2—铣刀；3—刀架；
4—工作活塞；5—导轨；6—弹簧；
7—挡套；8—触销；9—靠模

图 9.1 是一种原始的液压仿形铣的示意图。如图所示，液压源（未画出）接滑阀的中间输入口，当触销 8 还没碰到靠模 9 时，在弹簧 6 作用下，滑阀阀芯紧靠左边挡套 7，打开了进出油的通路，中间的压力油引至液压缸无杆腔，同时，有杆腔通油箱，使缸体带着刀架 3 上的铣刀轴和触销一起向左移动，铣刀 2 便对工件 1 进行铣削。随着工件被逐渐铣深，触销也逐渐靠近靠模。当触销触及靠模时，触销和阀芯停止运动，而阀体随着刀架仍在运动，使阀出油口变小，铣刀左移的速度开始减小。当阀芯凸肩恰好堵住阀出油口时，铣刀就不再左移。此时，便完成了初始对刀。然后，工作台横向进给移动。进给时，靠模的高度有 3 种可能：第一是高度不变，这时因油口仍被堵死，所以被铣工件的高度不变；第二是进给后的高度凸起，这时靠模推动触销右移压

缩弹簧,阀芯右移,油口开通,中间的压力油进入液压缸有杆腔,同时无杆腔通油箱,缸体带着刀架上的铣刀轴右移,铣刀的右移运动与工件的横向进给运动合成后,铣刀就在工件表面铣出相应的凸起轮廓;第三是进给后的高度凹下,这时在弹簧作用下,阀芯左移,中间压力油进入液压缸无杆腔,有杆腔通油箱,使缸体带着刀架上的铣刀轴左移,铣刀的左移运动与工件的横向进给运动合成后,铣刀在工件表面铣出相应的下凹轮廓。

如上所述,只要靠模在进给中与触销触点的高度一有变化,触点与铣刀的位置关系立刻出现差异,也就是有偏差信号的存在,此偏差信号经触销传递,液压缸就随之产生相应的变化。液压缸这一变化反过来又要影响原来的偏差信号,使铣刀与触点的位置误差减小,直至为零,液压缸停止运动。这样,触销一动,铣刀便随之运动,而铣刀的运动是靠液压力推动的,这种系统就称为液压伺服系统,更形象地称作液压随动系统。

下面将结合上例来看一下液压伺服系统的组成。

一个实际的液压伺服系统,无论其多么复杂,都是由一些基本的元件组成的,可用图 9.2 所示的职能方块图表示。各基本元件在系统中的功能如下:

1)给定元件(又称指令元件)

它给出输入信号(指令信号),加在系统的输入端。

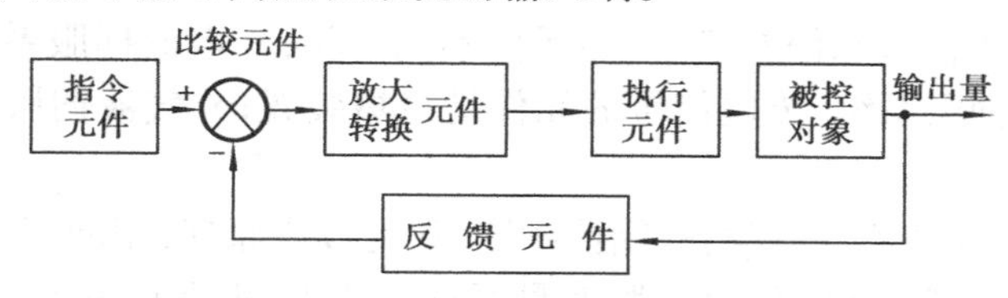

图 9.2 液压伺服系统职能方块图

2)反馈元件

用来检测系统输出量,并回输给比较元件。

3)比较元件

用来比较输入信号与反馈信号,并将其差值作为偏差信号输送给后面的元件。

4)放大转换元件

用来把比较元件输出的偏差信号加以放大并转换成另一物理量,进而控制执行元件的动作。

5)执行元件

用来直接驱动被控对象。

6)被控对象

其接受液压伺服系统的控制,并输出被控制量。

概括起来,液压伺服系统由以下 4 个最基本部分构成,即偏差检测器、转换放大装置(包括液压能源)、执行机构和被控制对象。

9.1.2 液压伺服系统的特点

①它是一个跟踪系统:被控对象(例如铣刀)能自动跟踪输入信号(例如触销位移)的变化而动作。

②它是一个放大系统:系统的输出功率(执行元件输出功率)是系统的输入功率(例如触销处的输入功率)的数百倍至数千倍。

③它是一个负反馈闭环系统:被控对象(或执行元件)产生的运动量(输出量)必须经反馈元件回输到比较元件,力图抵消使被控对象(或执行元件)产生运动的控制信号,即力图使偏差信号减小到零,从而形成一个负反馈闭环系统。这从图 9.2 中的系统职能方块图可直观地看出。

④它是一个误差系统:执行元件的运动状态只取决于输入信号与反馈信号的偏差大小,而与其他无关。偏差信号为零时,执行元件不动;偏差信号为正(负)时,执行元件正(反)向运动;偏差信号绝对值增大(减小)时,执行元件输出的力和速度增大(减小)。

9.1.3 液压伺服系统的分类

液压伺服系统按不同的原则有多种分类方法,最常见的有以下 3 种:

①按被控物理量的不同分类:a. 位置控制系统;b. 速度控制系统;c. 力控制系统;d. 其他被控输出量控制系统等。

②按传递信号(指输入和偏差信号)的元件不同分类:a. 电液伺服系统,传递信号的元件为电气元件;b. 机液伺服系统,传递信号的元件是机械装置;c. 气液伺服系统,传递信号的元件是气动元件。

③按液压控制元件的不同分类:a. 阀控系统,利用节流原理,用液压伺服阀控制进入执行元件流量的系统;b. 泵控系统,利用伺服变量泵改变泵排量的方法控制进入执行元件流量的系统。

9.2 液压伺服阀

液压伺服阀又叫液压放大器,在它的输入端输入较小的机械控制功率,在输出端就可输出很大的液压功率。在液压伺服系统中,液压伺服阀是最关键的元件。

液压伺服阀主要有 3 种结构形式:滑阀式伺服阀、喷嘴挡板式伺服阀、射流管式伺服阀。滑阀式伺服阀具有很高的功率放大倍数,既可作为单级伺服阀使用,又可作为多级伺服阀的功率放大级。后两种阀的功率放大倍数小,一般用于多级(二、三级)伺服阀的前置放大级。下面分别介绍这 3 种伺服阀的结构及工作原理。

9.2.1 滑阀式伺服阀

滑阀式伺服阀具有优良的控制性能,在液压伺服系统中应用最广。滑阀式伺服阀是一种比例控制的液压放大器,每个阀口具有连续变化的开启度,以便连续调节通过液体的流量,其加工精度(特别是轴向尺寸加工精度)要求很高。

滑阀式伺服阀有 3 种分类方法,如图 9.3 所示:①按液流进入和流出滑阀的通道数目,可分为二通、三通和四通滑阀;②按滑阀的节流工作边数目,可分为单边、双边、四边控制滑阀;③按滑阀的开口形式,即滑阀处零位(无输入控制信号)时,阀芯台肩节流工作边与阀套槽边的相对位置,可分为负开口($x<0$)或正重叠、零开口($x=0$)或零重叠、正开口($x>0$)或负重叠滑阀,如图9.4所示。开口形式对滑阀的流量特性影响很大,其中零开口滑阀的流量特性是线性的,应用最广。

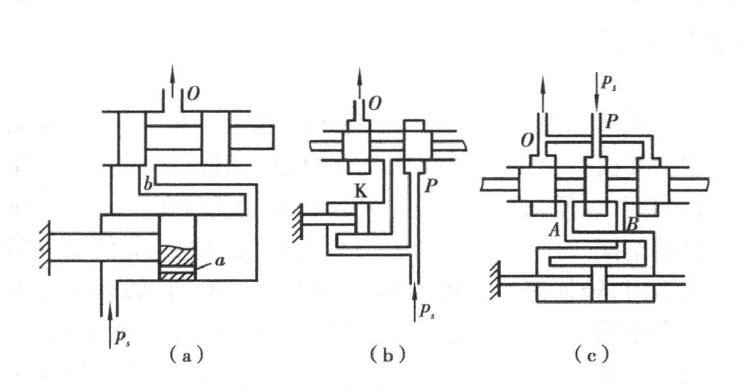

图9.3 滑阀式伺服阀的结构形式
(a)单边 (b)双边 (c)四边

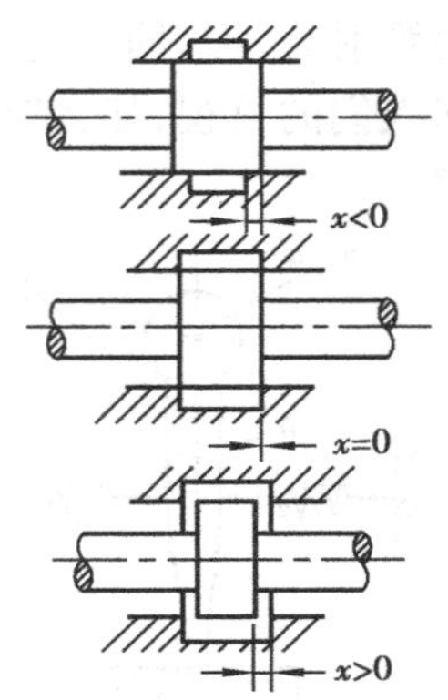

图9.4 滑阀的开口形式

9.2.2 喷嘴挡板式伺服阀

喷嘴挡板式伺服阀有单喷嘴和双喷嘴两种,由于后者具有较高的功率放大倍数,因而应用较多。这里只介绍双喷嘴挡板式伺服阀。至于单喷嘴挡板式伺服阀,其工作原理与双喷嘴挡板式伺服阀相似。

图9.5为双喷嘴挡板式伺服阀的结构及工作原理示意图。在结构上,该阀左右完全对称,各有一直径为d_0的固定节流口和直径为d_n的喷嘴,两喷嘴的正中间有一挡板,挡板与各喷嘴就形成了一可变节流口。液压源提供的恒压压力油p_s同时进入左、右输入端,经两固定节流口流入左、右控制腔,又沿喷嘴高速喷向挡板,并由喷嘴与挡板之间的缝隙流回油箱。当伺服阀处零位(无输入信号,挡板未发生偏转)时,挡板到两喷嘴的距离均为x_0,两喷嘴处的节流压降相同,从而使两控制腔的压力p_1及p_2相等,因此,液压缸左、右腔压力也相等,活塞不动。当输入信号使挡板顺时针转动一微小转角而靠近左喷嘴时,左喷嘴处的节流压降增大,右喷嘴处节流压降减小,导致左控制腔的压力p_1大于右控制腔的压力p_2,液压缸左腔进油,右腔排油,活塞向右运动。当挡板逆时针转动一微小角度而靠近右喷嘴时,结果与上正好相反,活塞向左运动。很明显,活塞移动的速度以及产生推力的大小与输入信号(或挡板的偏移量)的大小成正比,活塞运动的方向取决于输入信号的极性(或挡板偏移的方向)。

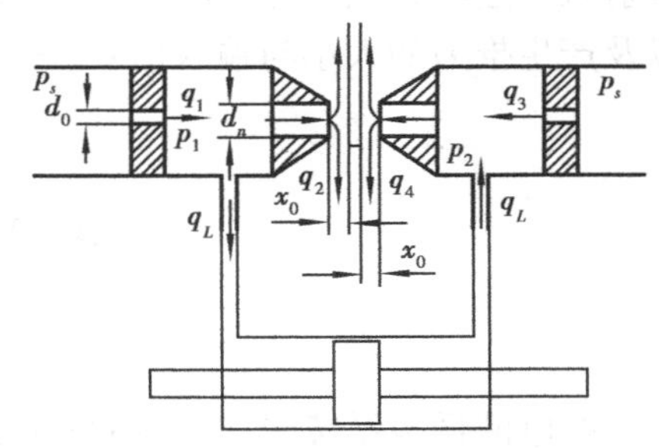

图9.5 双喷嘴挡板式伺服阀

与滑阀式伺服阀相比,喷嘴挡板式伺服阀结构简单,加工精度要求不高,制造容易,运动部件(挡板)质量轻,惯性小,位移量小,故灵敏度高,动态响应快,对油液的污染不太敏感。喷嘴挡板式伺服阀多用于多级伺服阀(二、三级)的前置放大级。

9.2.3 射流管式伺服阀

尽管射流管式伺服阀的应用不如滑阀式和喷嘴挡板式伺服阀广泛,但它具有的一些优点已引起人们的重视,如:结构非常简单,制造容易,使用寿命长,事故率低,对污染最不敏感,工作可靠。

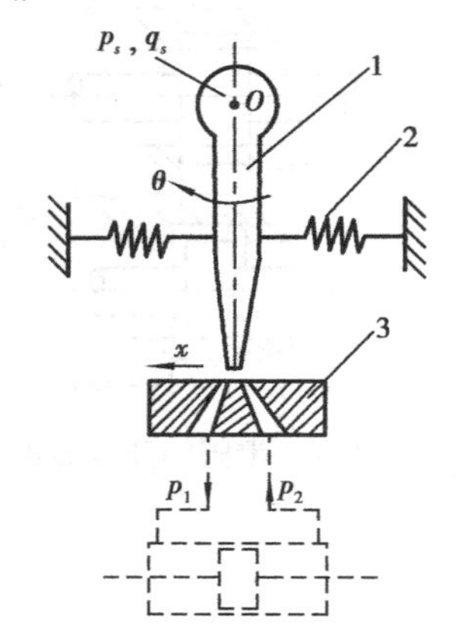

图9.6 射流管式伺服阀示意图
1—射流管;2—复位弹簧;3—接收器

图9.6为射流管式伺服阀的结构及工作原理示意图,它主要由一个射流管和接收器组成。射流管内孔断面呈收缩型,以便对液体加速,它由 O 点处的绕轴支承并可随绕轴偏摆。压力 p_s 和流量 q_s 均为恒值的能源液体输入射流管内,经加速后向接收器表面高速喷出。接收器表面有两个小圆接受孔,小孔呈扩散型并通向伺服阀的输出口,与下一级液压元件(图中为液压缸)的两腔相连。恒压恒流液体由射流管喷口高速喷出时,高压液体的压力能转变成高速液体的动能。高速液体喷进接受小孔后,因断面扩大而减速,动能又转变为压力能。当伺服阀处零位(支承绕轴处无输入转角信号)时,两小孔中的压力相等,液压缸不运动。当射流管在输入信号控制下顺时针偏转微小角度 θ 后,喷口中心由原始位置向左偏移一微小距离 x,左孔的压力 p_1 升高,右孔的压力 p_2 下降,压力差(即负载压力)$p_L(=p_1-p_2)$ 推动液压缸活塞右行;若射流管逆时针偏转,则发生与上相反的结果,液压缸活塞向左运动。显然,活塞移动的速度以及产生推力的大小与输入信号——射流管喷口偏移量 x 成比例。

9.3 电液伺服阀

在电液伺服系统中,电液伺服阀是核心部分。如图9.7所示,输入信号 e_i 及反馈信号 e_f 均为微弱的电信号,两者经过比较,在电伺服放大器中放大,并转化为差动电流 Δi 输入到力矩马达中,再转换成机械位移而拨动下级液压放大元件工作。液压放大元件输出具有一定压力和流量的压力油,推动液压执行元件拖动负载运动。输出位移量 x_p 经反馈元件转化为电压信号 e_f 后返回比较元件,形成负反馈闭环系统。这里,电液伺服阀是联系电信号和液压信号的桥梁,也被称为电液伺服系统的心脏。

从图中看出,电液伺服阀由力矩马达和液压放大元件构成。其中,力矩马达是电气-机械转换器,它将差动电流信号转换成平动或摆动的机械位移信号,推动液压放大元件工作。而液压放大元件将力矩马达输出的小功率机械位移信号转换并放大成大功率的液压信号,驱动执行元件运动。

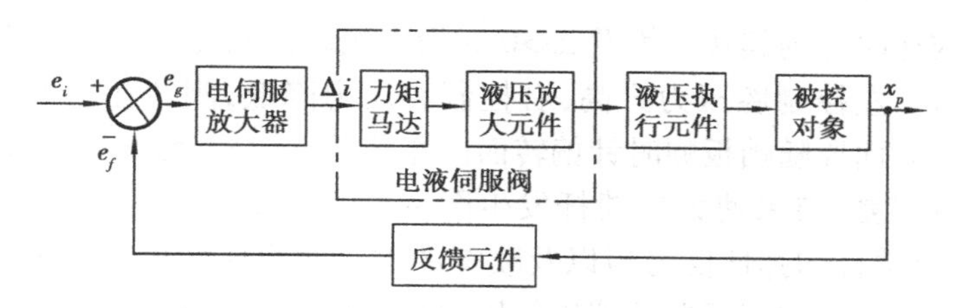

图9.7 电液伺服系统的组成

下面主要阐述双喷嘴挡板式电液伺服阀的结构及工作原理。

在双喷嘴挡板式电液伺服阀中，最常用的是力反馈式，如QDY系列。图9.8为力反馈双喷嘴挡板式电液伺服阀的结构原理图。它由上部电磁元件和下部液压元件两大部分组成。电磁元件就是力矩马达，由永久磁铁1、4，导磁体2，衔铁3，弹簧管5，以及绕在衔铁上的控制线圈组成。控制线圈有两组，根据需要可将它们串联、并联或差动联接，如图9.8所示。液压元件是一个两级液压伺服阀，前置放大级是双喷嘴挡板式伺服阀，功率放大级是四边控制滑阀。阀芯9通过力反馈杆8的小球与衔铁挡板组件相连。

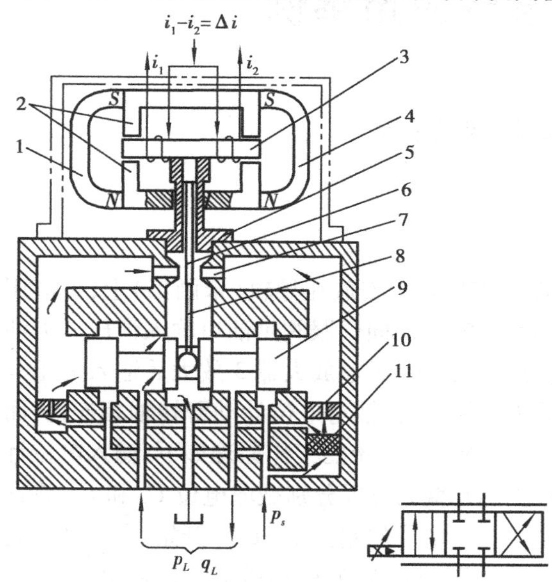

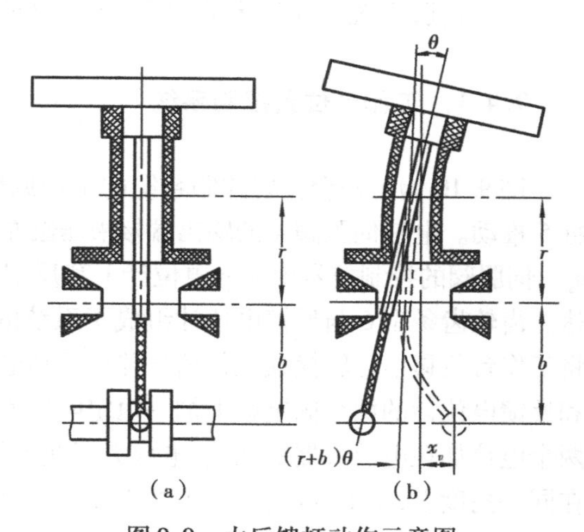

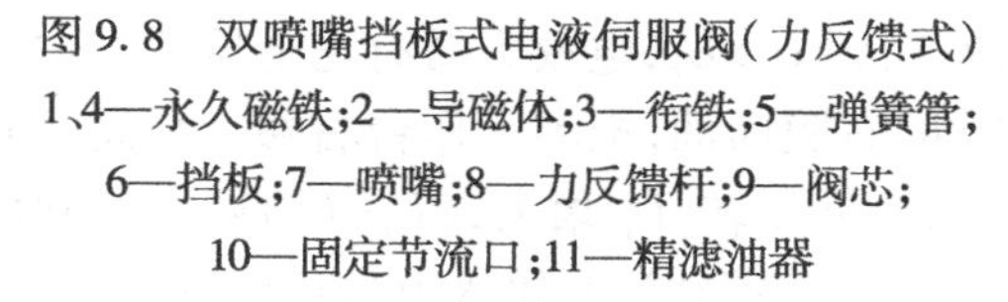

图9.8 双喷嘴挡板式电液伺服阀（力反馈式）

1、4—永久磁铁；2—导磁体；3—衔铁；5—弹簧管；6—挡板；7—喷嘴；8—力反馈杆；9—阀芯；10—固定节流口；11—精滤油器

图9.9 力反馈杆动作示意图

(a)当 $\Delta i=0$ 时 (b)当 $\Delta i>0$ 时

当输入力矩马达的差动电流 Δi 为零时，衔铁由弹簧管支承在上、下导磁体之间的正中位置。此时，挡板6也位于两喷嘴7之间的正中位置，即伺服阀处于零位，液压源提供的恒压压力油 p_s 经精滤油器11、两固定节流口10进入控制腔，并从喷嘴喷出，通过回油路流回油箱。由于挡板到两喷嘴的距离相同，两控制腔的压力相等，作用于阀芯左、右端面的压力也相等，阀芯在力反馈杆的约束之下处于中间位置，四边控制滑阀的各阀口封死，电液伺服阀无压力油输出。

若力矩马达有差动电流输入，视差动电流的极性（$\Delta i>0$ 或 $\Delta i<0$），衔铁将在电磁力矩作

用下发生顺时针或逆时针的偏转。假设 $\Delta i>0$ 时衔铁顺时针偏转，如图 9.9 所示，挡板随之偏转并向左喷嘴靠近。左控制腔压力升高，右控制腔压力降低，阀芯在压差作用下向右移动。这时的力反馈杆一方面要随挡板顺时针偏转而向左移动，另一方面又要随阀芯向右移动而迫使挡板向中间位置回复，结果使力反馈杆发生图示的弯曲变形。当作用于衔铁上的电磁力矩，与弹簧管和力反馈杆的弹性反力矩以及喷嘴的液流力形成的反力矩平衡时，衔铁处于一个新的平衡位置，同时，作用于阀芯的液压作用力与力反馈杆的变形弹性力也处于平衡，阀芯也处于一新的平衡位置。结果是阀芯向右移动了 x_v，阀口对应一相应的开启度，伺服阀输出端输出相应的流量 q_L。由于力矩马达的电磁力矩与输入的差动电流 Δi 成正比，也可以证明，阀芯的位移量与力矩马达的电磁力矩成正比，因而阀芯的位移量与输入差动电流成正比，也就意味着伺服阀输出流量与输入差动电流成正比，而输出液流的方向取决于输入差动电流的极性。这样，输出流量与输入差动电流就对应起来了，满足了电液伺服阀的功能要求。

9.4 液压伺服系统应用举例

液压伺服系统的应用十分广泛，下面仅举几例常见的系统。

9.4.1 工作台位置控制系统

图 9.10 为工作台位置控制系统的工作原理图。工作台 7 安放在导轨(未画出)上，由液压缸 5 推动。电液伺服阀 4 的输出端接液压缸左、右腔。液压源向伺服阀供油口输入恒压压力油 p_s。伺服阀的控制信号由输入电位计 1 和反馈电位计 2 提供，经电放大器 3 放大后输入力矩马达。齿轮齿条副 6 与反馈电位计组成了系统的反馈元件，齿轮轴与电位计动臂转轴相连，从而将工作台位移信号转换成电位信号并反馈到电液伺服阀中。系统的工作原理如下：输入电位计和反馈电位计的两个固定端上加一恒定电压 U，根据两动臂的位置分别截取电位 U_r 和 U_c，将这两个电位加在电放大器的两极，电放大器获得的电压为两电位的差值 U_r-U_c。开始，令两动臂处在同一角度上，则 $U_r=U_c$，电放大器无输入信号，电液伺服阀处零位，输出端无流量输出，活塞停在某一位置上。若输入电位计动臂顺时针旋转一角度，则 $U_r>U_c$，电放大器有正电压信号输入，电液伺服阀主阀芯向右移动一距离，液压缸左腔进油，右腔回油，推动工作台右移。与此同时，齿条也带动齿轮顺时针旋转，使反馈电位计动臂也顺时针旋转，U_c 增大，(U_r-U_c) 减小，伺服阀阀口开启度减小，工作台右移的速度降低。当反馈电位计动臂转到与输入电位计动臂处相同角度时，又使得 $U_r=U_c$，电放大器无输入信号，电液伺服阀又处零位。这样，系统又处在一个新的平衡状态。若再反时针旋转输入电位计动臂一个角度，则 $U_r<U_c$，电放大器输入一负的电压信号，系统又将出现与上相反的动作，直到处于一新的平衡状态为止。

由以上分析可见，工作台完全跟随输入电位计动臂转动而产生相应的位移，移动的距离与输入电位计动臂的转角成正比。该系统是一个带有负反馈的电液伺服位置控制系统，其职能方块图如图 9.11 所示。应指出，此处的比较元件实际上是一个由两导线在电放大器中构成的串联电路。

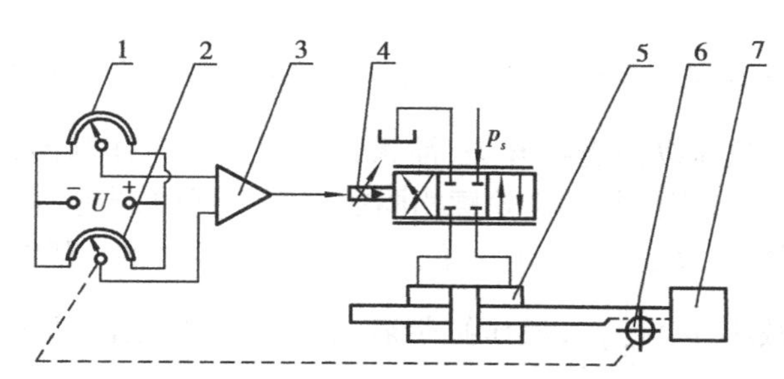

图9.10 工作台位置电液控制系统

1—输入电位计;2—反馈电位计;3—放大器;4—电液伺服阀;

5—液压缸;6—齿条齿轮副;7—工作台

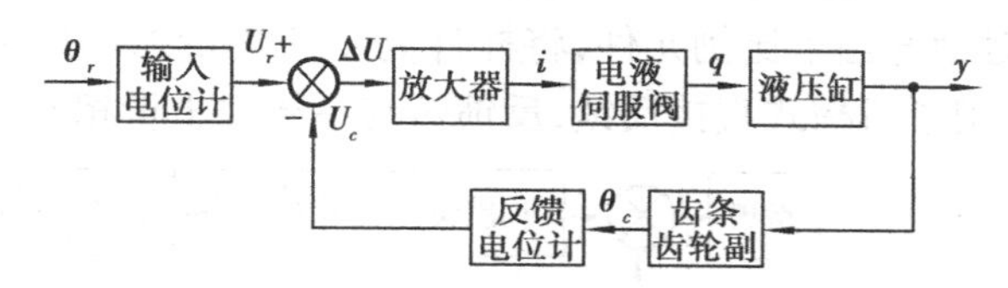

图9.11 电液伺服系统的职能方块图

θ_r—输入电位计转角;θ_c—反馈电位计转角;U_r—输入电位计输出端电位;U_c—反馈电位计输出端电位;

i—电液伺服阀输入电流;$\Delta U = U_r - U_c$;q—电液伺服阀输出流量;y—活塞位移

9.4.2 液压仿形刀架

图9.12是液压仿形刀架示意图。溜板4可沿导轨3纵向运动。仿形刀架2、液压缸缸体5和伺服阀阀体6固连成一组合体,并借助于倾斜导轨(未画出)安放在溜板上。液压缸活塞杆的端部则固连在溜板上,在液压力作用下,刀架组合体可沿倾斜导轨(与纵向进给方向成一定角度)相对于溜板作前后运动,伺服阀采用正开口双边控制滑阀。

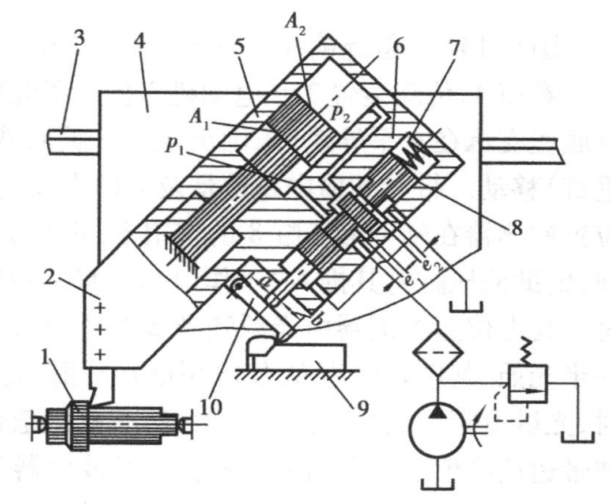

图9.12 液压仿形刀架

1—工件;2—仿形刀架;3—导轨;4—溜板;

5—缸体;6—阀体;7—弹簧;

8—阀芯;9—样件;10—触销

液压仿形刀架的工作原理是:开机前,仿形刀架组合体处在最后位置,伺服阀阀芯8在其尾部弹簧7作用下处在最前端,阀控制开口$e_1 = 0$,e_2为最大。启动液压泵后,压力油直接进入液压缸的有杆腔(面积为A_1),无杆腔(面积为A_2)回油到油箱,刀架组合体快速向前运动。在触销10尚未接触样件9时,阀芯与阀体一起运动,阀控制开口大小不变。当触销接触样件后,阀芯的运动受到限制而不再前移,阀体6继续前移,控制开口e_1逐渐增大,e_2逐渐减小,无杆腔压力p_2逐渐增大,刀架组合体向前运动的速度随之降低。当$e_1 = e_2$时,伺服阀处零位,两控制开口的节流压降相等,使

得 $p_2=\frac{1}{2}p_1$，液压缸停止运动（因 $A_2=2A_1$）。之后，刀架组合体将跟踪阀芯运动，伺服系统处于正常工作状态。开动机床纵向进给开关，溜板带着刀架组合体纵向进给，触销沿样件表面运动，刀架上的刀具便可车削出与样件轮廓相同的工件。例如，当触销沿样件平直面运动时，伺服阀仍处零位，液压缸不动，刀具车削出平直面；当触销沿样件"爬坡"时，阀芯在触销杆作用下后退，e_1 增大，e_2 减小，$p_2>\frac{1}{2}p_1$，液压缸带着刀架组合体后退，刀具车削出"爬坡"面，反之，刀具将车削出"下坡"面。

在该系统中，由于阀体与液压缸缸体连在一起，使刀具的位移量直接反馈给伺服阀，因而液压缸缸体（或刀具）将完全跟随阀芯（或触销）运动，实现仿形。系统的职能方块图如图9.13所示。这里，触销充当了比例元件，将样件高度变化量缩小后传给阀芯，系统中没有专门的反馈元件，而采用了机械式直接反馈，反馈量与系统输出量相同。

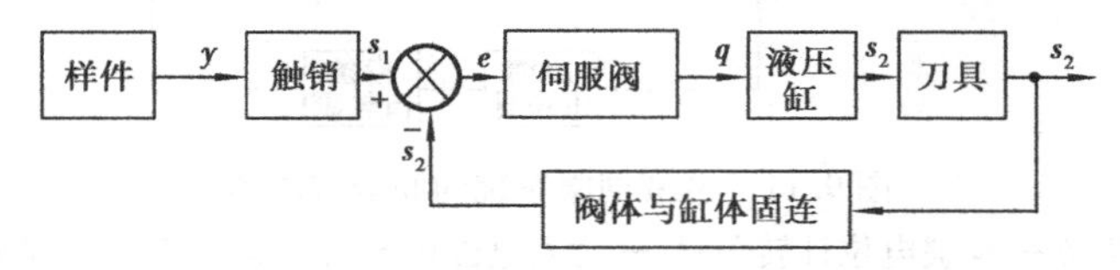

图9.13　仿形刀架职能方块图

y—样件高度变化量（或触销顶尖位移量）；s_1—阀芯位移量，$s_1=\frac{a}{a+b}y$；s_2—阀体、刀具、缸体位移量；

e—阀口开启度变化量，$e=s_1-s_2$；q—伺服阀输出流量

9.4.3　跑偏控制系统

图9.14(a)是跑偏控制系统工作原理图，图9.14(b)是液压系统图。

卷筒4、传动装置3和电动机2构成了卷带机主机部分，它们的机架固定在同一底座上，该底座支承在水平导轨（未画出）上，在伺服液压缸1的驱动下，主机整体可横向（与卷带方向垂直）移动。带材的横向跑偏量及方向由光电位置检测器5检测。安放在卷筒机架上的光电位置检测器在辅助液压缸8的作用下，相对于卷筒有"工作"和"退出"两个位置：在开始卷带前，辅助液压缸将其推入"工作"位置，自动对准带边；当卷带结束后，又将其退出，以便切断带材。光电位置检测器由光源和光敏电桥组成，当带材正常运行时，电桥一臂的光敏电阻接收一半光照，其电阻值为 R，使电桥恰好平衡，输出电压信号为零。当带材偏离检测器中间位置时，光敏电阻接收的光照量发生变化，电阻值也随之变化，使电桥的平衡被打破，电桥输出反映带边偏离值的电压信号。该信号经放大器7放大后输入电液伺服阀9，伺服阀则输出相应的液流量，推动伺服液压缸，使卷筒带着带材向纠正跑偏的方向移动。当纠偏位移与跑偏位移相等时，电桥又处平衡状态，电压信号为零，卷筒停止移动，在新的平衡状态下卷取带材，完成自动纠偏过程。

该系统中，由于检测器和卷筒一起移动，形成了直接位置反馈，无专门的反馈元件。图9.14(b)中电磁换向阀的作用是使伺服液压缸与辅助液压缸互锁。正常卷带时，电磁铁 DT_2 通电，辅助液压缸锁紧；卷带结束时，DT_1 通电，伺服液压缸锁紧。

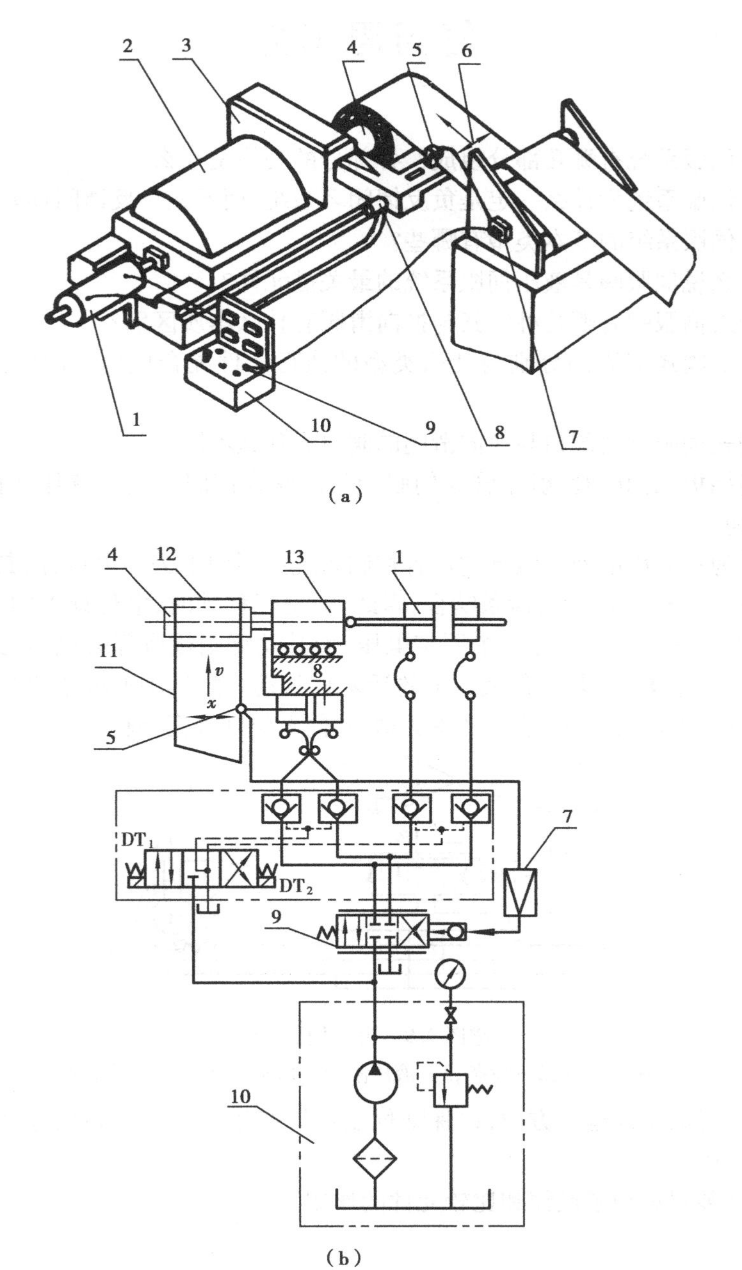

图9.14 跑偏控制块图

(a)工作原理图 (b)液压系统图

1—伺服液压缸;2—电动机;3—传动装置;4—卷筒;5—光电检测器;6—跑偏方向;7—伺服放大器;8—辅助液压缸;9—伺服阀;10—能源装置;11—钢带;12—钢卷;13—卷取机

复习思考题

9.1　液压伺服系统有哪几部分组成？各部分的功能是什么？

9.2　液压伺服系统为什么一定是负反馈闭环系统，而不是正反馈闭环系统？

9.3　液压伺服系统的基本类型有哪些？

9.4　为什么说伺服阀是液压伺服系统的最关键元件？

9.5　滑阀式伺服阀有哪几种？其与换向滑阀有什么本质区别？

9.6　各类滑阀式伺服阀分别与什么类型的执行元件配合使用？油路连接方式有什么不同？

9.7　滑阀式伺服阀的阀口与换向滑阀的阀口有什么不同？

9.8　喷嘴挡板式伺服阀、射流管式伺服阀与滑阀式伺服阀相比有什么特点？它们各自的应用场合如何？

9.9　图示为一采用电液伺服阀的位置控制系统。图中1为一电位计，其外壳上有齿轮，而活塞杆上带有齿条2。齿轮与齿条啮合，因此，活塞杆移动时，电位计1的外壳将绕自己的中心旋转。电位计两个定臂上加一个固定电压，而其动臂则截取部分电压，经放大器5放大后供给伺服阀4。伺服阀的输出使液压缸的活塞杆移动。如果动臂处于零位位置，活塞杆不动。当动臂按某一方向旋转时，活塞杆将运动，并使电位计外壳旋转。

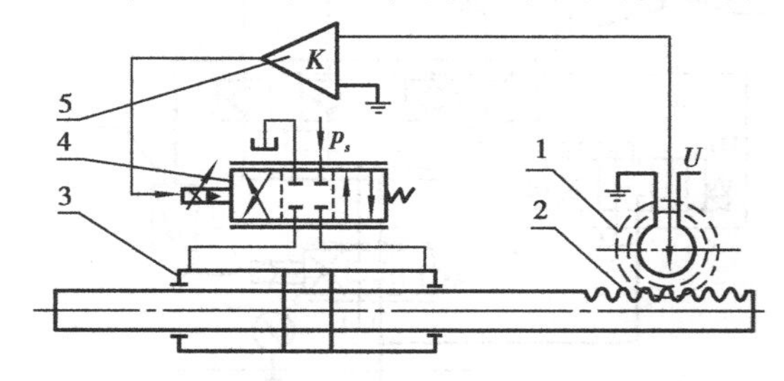

题图9.9　电液伺服系统

1—电位计；2—齿条；3—液压缸；4—电液伺服阀；5—放大器

①判断活塞杆的正确运动方向，以保证伺服系统能正常工作。如果运动方向不对，采取什么简便方法可改正？

②说明哪个装置承担了反馈和比较元件的作用。

附　录

常用液压与气动元件图形符号(GB/T 786.1—93)

附录 A　基本符号、管路及连接

名　　称	符　　号	名　　称	符　　号
工作管路		管端连接于油箱底部	
控制管路		密闭式油箱	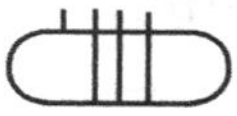
连接管路	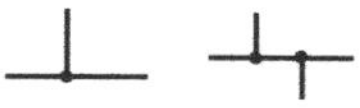	直接排气	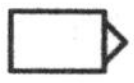
交叉管路		带连接排气	
柔性管路		带单向阀快换接头	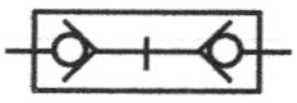
组合元件线		不带单向阀快换接头	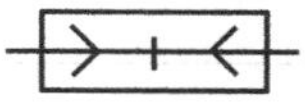
管口在液面以上的油箱	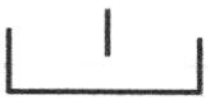	单通路旋转接头	
管口在液面以下的油箱	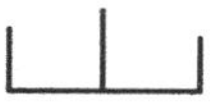	三通路旋转接头	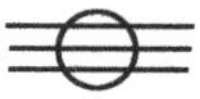

附录 B　控制机构和控制方法

名　　称	符　　号	名　　称	符　　号
按钮式人力控制	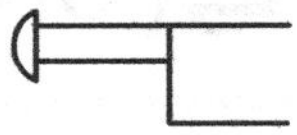	单向滚轮式机械控制	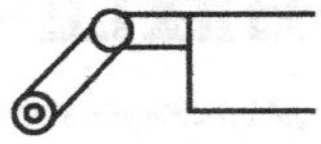
手柄式人力控制	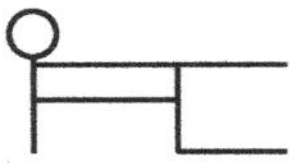	单作用电磁控制	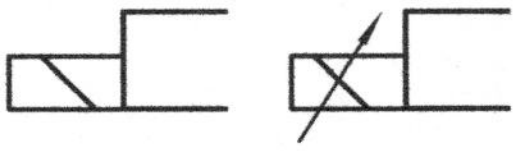
踏板式人力控制	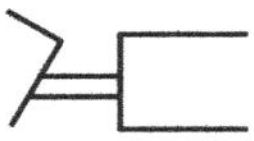	双作用电磁作用	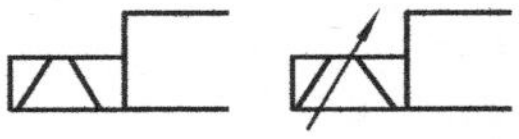
顶杆式机械控制	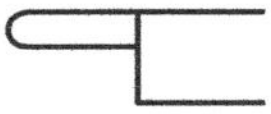	电动机旋转控制	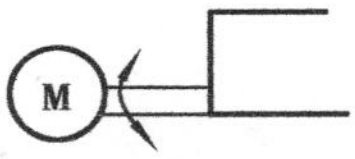 M
弹簧控制		加压或泄压控制	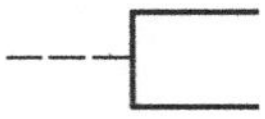
滚轮式机械控制	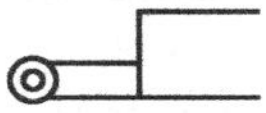	内部压力控制	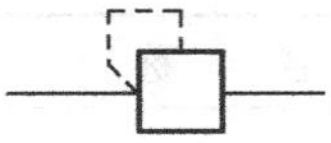
外部压力控制		电-液先导控制	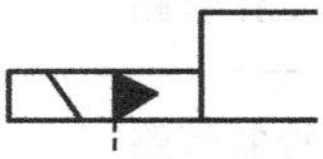
气压先导控制	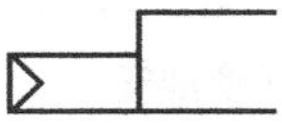	电-气先导控制	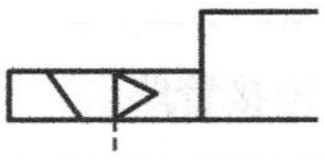
液压先导控制	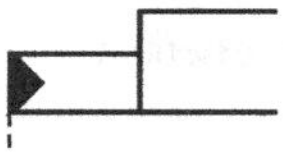	液压先导泄压控制	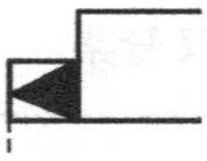
液压二级先导控制	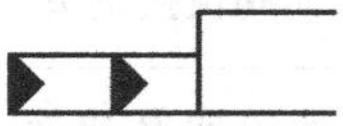	电反馈控制	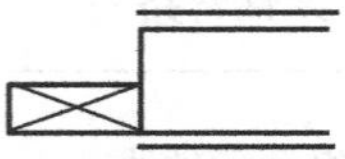
气-液先导控制	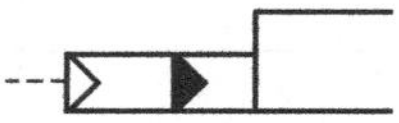	差动控制	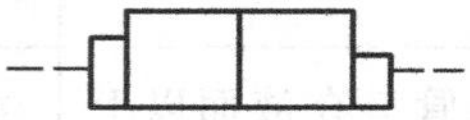

附录C　泵、马达和缸

名　称	符　号	名　称	符　号
单向定量液压泵		定量液压泵-马达	
双向定量液压泵		变量液压泵-马达	
单向变量液压泵		液压整体式传动装置	
双向变量液压泵		摆动马达	
单向定量马达		单作用弹簧复位缸	
双向定量马达		单作用伸缩缸	
单向变量马达		双作用单活塞杆缸	
双向变量马达		双作用双活塞杆缸	
单向缓冲缸		双作用伸缩缸	
双向缓冲缸		增压器	

附录D 控制元件

名称	符号	名称	符号
直动型溢流阀	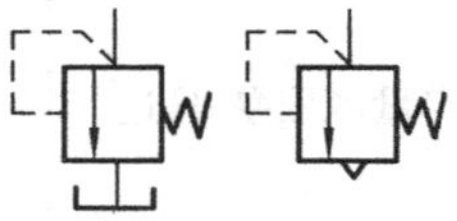	溢流减压阀	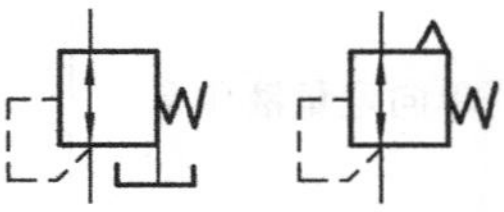
先导型溢流阀	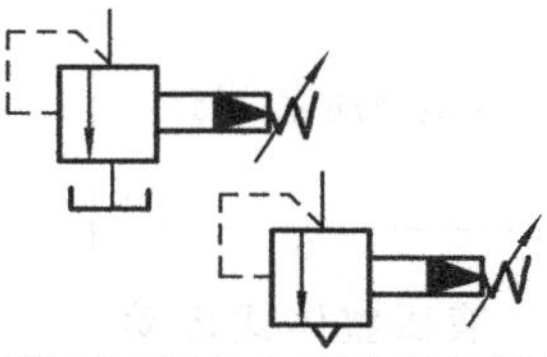	先导型比例电磁式溢流阀	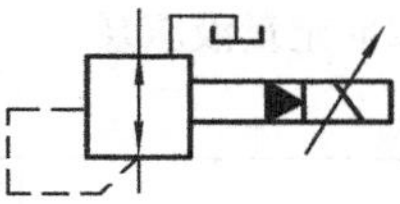
先导型比例电磁溢流阀	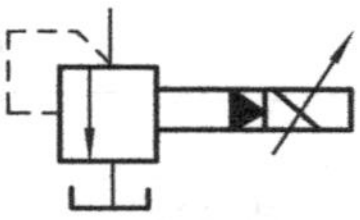	定比减压阀	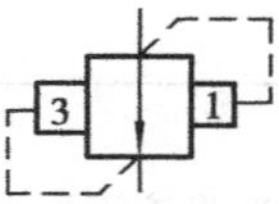 3 1
卸荷溢流阀	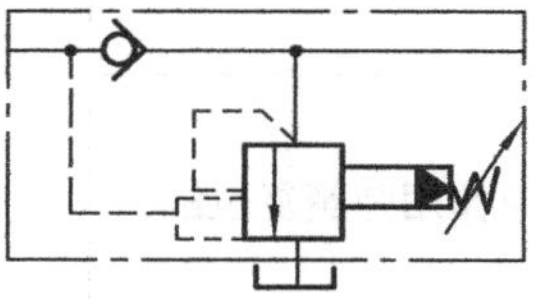	定差减压阀	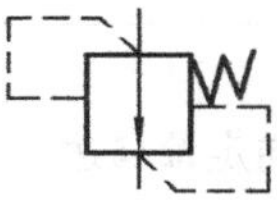
双向溢流阀	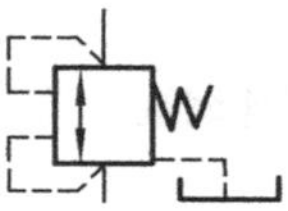	直动型顺序阀	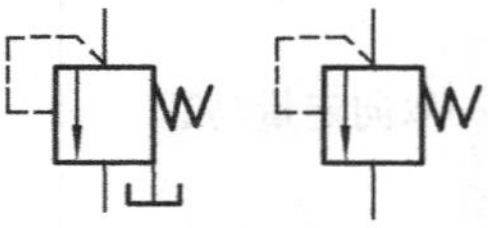
直动型减压阀	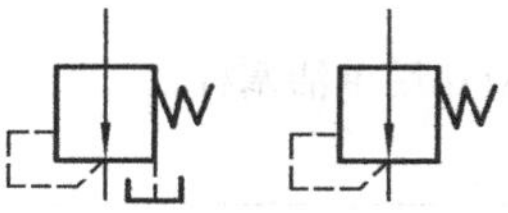	先导型顺序阀	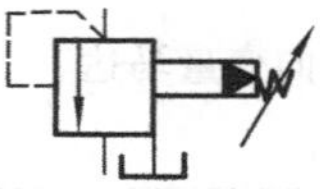
先导型减压阀	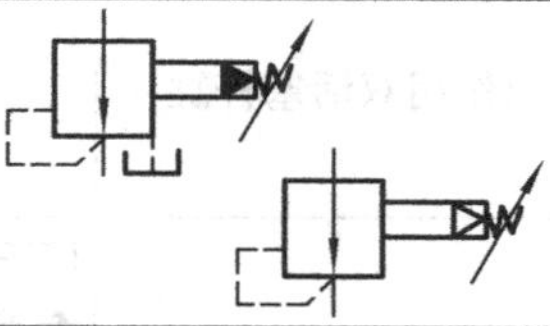	单向顺序阀(平衡阀)	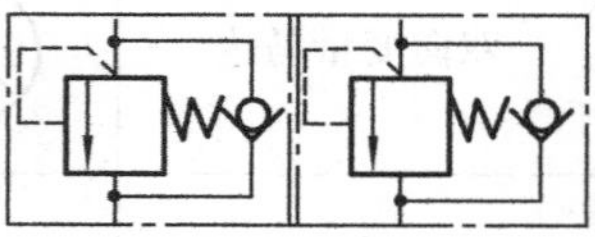
直动型卸荷阀	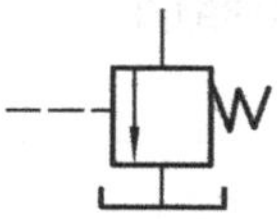	集流阀	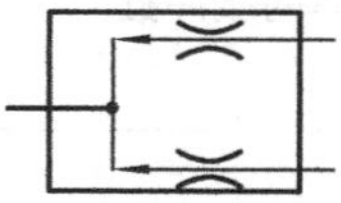

续表

名　　称	符　　号	名　　称	符　　号
制动阀	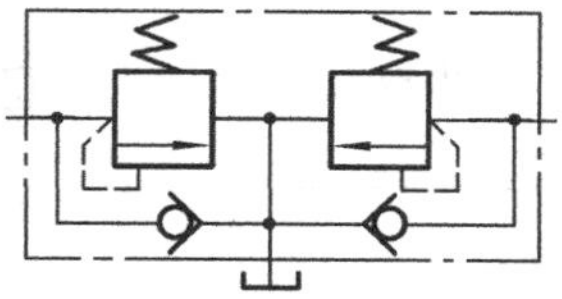	分流集流阀	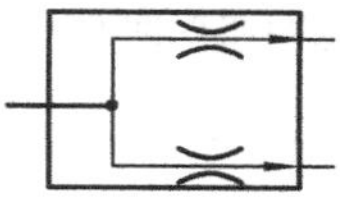
不可调节流阀		单向阀	
节流阀		液控单向阀	
单向节流阀	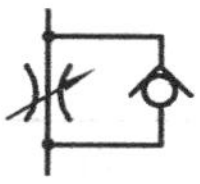	液压锁	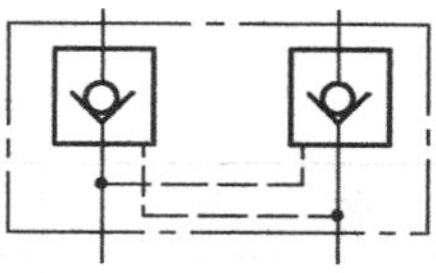
减速阀	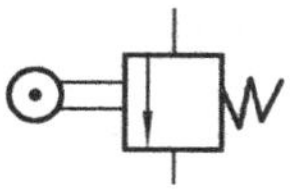	或门型梭阀	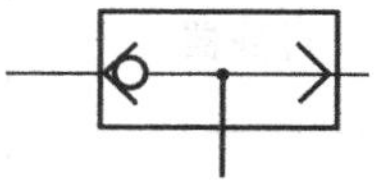
带消声器的节流阀	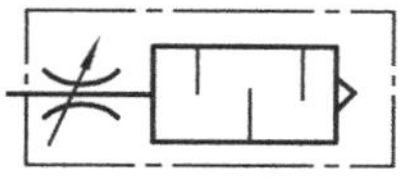	与门型梭阀	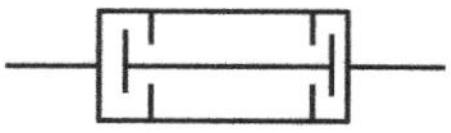
调速阀	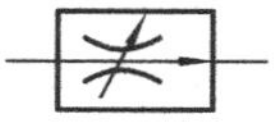	快速排气阀	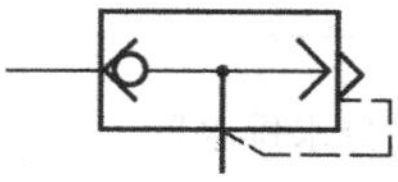
温度补偿调速阀	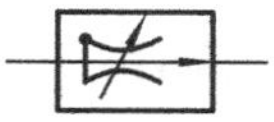	二位二通换向阀	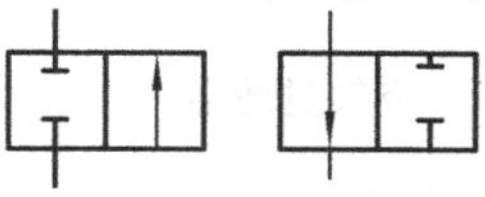
旁通型调速阀	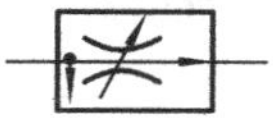	二位三通换向阀	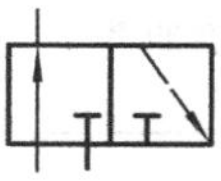
单向调速阀	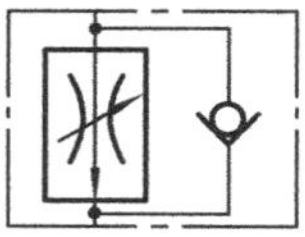	二位四通换向阀	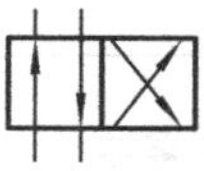
分流阀	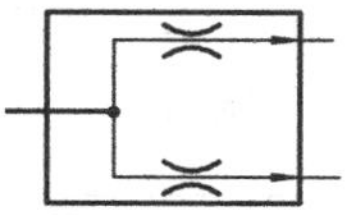	二位五通换向阀	

续表

名　　称	符　　号	名　　称	符　　号
三位四通换向阀	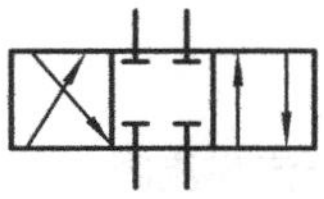	电液伺服阀	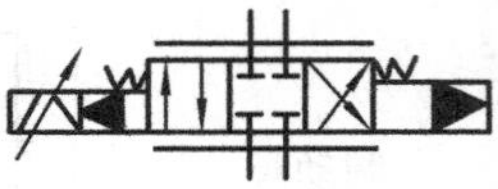
三位五通换向阀	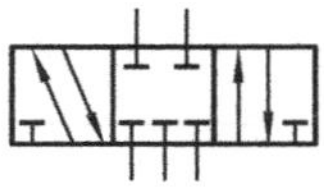		

附录 E　辅助元件

名　　称	符　　号	名　　称	符　　号
过滤器		气罐	
磁芯过滤器		压力计	
污染指示过滤器	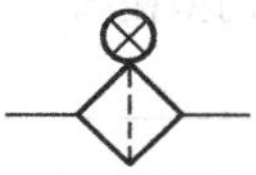	液面计	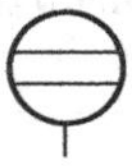
分水排水器	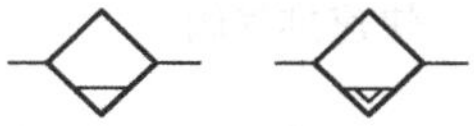	温度计	
空气过滤器	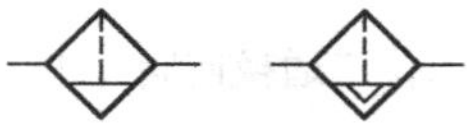	流量计	
除油器		压力继电器	
空气干燥器		消声器	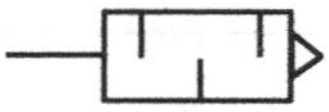
油雾器		液压源	
三联件	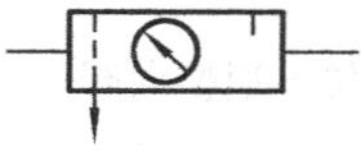	气压源	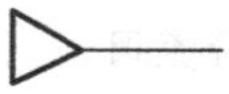
冷却器		电动机	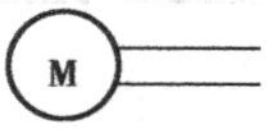

续表

名　　称	符　　号	名　　称	符　　号
加热器		原动机	M
蓄能器		气-液转换器	

参考文献

[1] 雷天觉. 液压工程手册[M]. 北京:机械工业出版社,1990.
[2] 何存兴. 液压传动与气压传动[M]. 武汉:华中科技大学出版社,2005.
[3] 刘延俊. 液压与气压传动[M]. 北京:机械工业出版社,2007.
[4] 卢光贤. 机床液压传动与控制[M]. 西安:西北工业大学出版社,1993.
[5] 程啸凡. 液压传动[M]. 西安:冶金工业出版社,1992.
[6] 王春行. 液压控制系统[M]. 北京:机械工业出版社,2004.
[7] 骆简文,等. 液压传动与控制[M]. 重庆:重庆大学出版社,1994.
[8] 孙久质. 液压控制系统[M]. 北京:国防工业出版社,1985.